U0927837

“城市轨道交通控制专业”教材编写委员会

高职高专“十二五”规划教材
——城市轨道交通控制专业

通信原理

黄根岭　主编
张惠敏　主审

化学工业出版社
·北京·

本书以通信系统为分析对象、从信号传输的角度系统地介绍了模拟和数字两大通信系统的基本模型、基本原理和基本分析方法，重点讨论了数字通信系统原理，并对通信网和通信系统仿真作了适当的介绍。本书各章前附有本章导读，各章后附有本章小结和思考题与习题，既便于教学，也利于自学。

本书适用于高职高专院校通信技术、电子信息工程技术、移动通信技术、计算机通信等电子信息类专业的通信原理课程教学，也可供从事通信领域工作的工程技术人员和科技工作者参考。

图书在版编目（CIP）数据

通信原理/黄根岭主编．—北京：化学工业出版社，2015.7
高职高专“十二五”规划教材——城市轨道交通控制专业
ISBN 978-7-122-24007-1

Ⅰ.①通… Ⅱ.①黄… Ⅲ.①通信原理-高等职业教育-教材 Ⅳ.①TN911

中国版本图书馆 CIP 数据核字（2015）第 111288 号

责任编辑：张建茹 潘新文　　装帧设计：尹琳琳
责任校对：吴 静

出版发行：化学工业出版社（北京市东城区青年湖南街 13 号 邮政编码 100011）
印　　装：高教社（天津）印务有限公司
787mm×1092mm 1/16 印张 11 字数 276 千字 2015 年 9 月北京第 1 版第 1 次印刷

购书咨询：010-64518888（传真：010-64519686） 售后服务：010-64518899
网　　址：http：//www.cip.com.cn
凡购买本书，如有缺损质量问题，本社销售中心负责调换。

定　　价：28.00 元

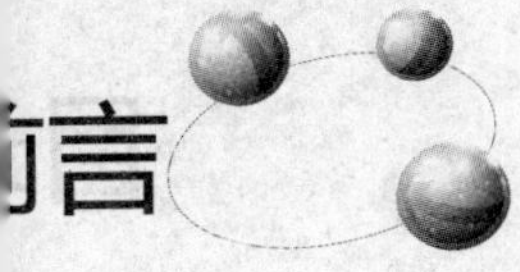

前言

通信是人类传递信息、交流思想、传播文化知识、促进科技发展和人类文明进步的重要手段。自从人类存在开始，通信就已经存在，随着社会的发展，通信的目的一直没有发生过改变，通信的方式却在不断进步，尤其是近些年，通信技术与传感技术、计算机技术紧密结合，使得其应用领域更加广泛，通信技术迅猛发展，正向着数字化、宽带化、智能化、综合化和个人化等方向不断迈进。

总体而言，通信技术就是研究通信系统和通信网的技术，通信系统是指点对点通信所需的全部设施，通信网是指由多个通信系统组成的多点之间相互通信的全部设施。现代通信技术主要涉及传输、复用、交换和网络四大技术。"通信原理"的研究对象是通信系统，内容主要涉及以调制、编码为主要特征的物理层信息传输和复用技术。

"通信原理"是电子信息领域中的一门非常重要的必修课程，更是通信专业敲门砖般的专业主干课程，起着"领专业之门、夯专业之基、引专业之路"的重要作用。学完本课程，应学会把高等数学、物理以及电路、信号与系统、数字信号处理等先修课程的理论用于解决通信问题的方法和思路，建立起有关通信的一系列基本概念和数学模型，明白系统的框架和原理，掌握通信行业必备的基础知识和专业技能，为下一步学习交换技术、光纤通信、移动通信、数据通信等课程打下坚实的理论基础。

目前，有关通信原理方面的教材可谓汗牛充栋，但绝大多数教材都是针对本科生和研究生编写的，在理论体系和数学论证方面论述过于详细，对高职院校的学生来说，由于他们的数学功底比较薄弱，对教材中的很多数学推导难以理解，进而影响了学习效果。而市场上的一些高职类的通信原理教材，很多都是在本科教材的基础上，由编者进行简单删减、压缩组合而成的，针对性不强，实践应用偏轻。针对上述状况，本书以"必需、够用、突出应用"为原则，以"明概念、熟模型、会分析、能应用"为主线，弱化数学推导，注重物理概念的理解和直观的图形分析，并结合多年的教学经验，力争做到内容简明、语言通俗易懂。本教材的另一个突出特点是充分利用 MATLAB 在通信领域强大的仿真功能，对通信原理课程中出现的通信系统进行 MATLAB 仿真，这样不仅能节省构建实际通信系统的资金和周期，同时调整系统参数也很方便，只需输入不同的参数就能得到不同情况下系统的性能，而且在系统运行结果的显示和存储方面比传统的实验箱教学有很大的优势。实践教学证明：每个仿真模型建立的过程，从构思、构建到调试通过，直到最后得到结果，都是一次对先修课程的复习、巩固、完善和提高，同时，学生的创造性、想象力也可以在仿真平台上得到发挥与施展。为了更好地突出重点，并从整体上了解和把握章节内容，在每章的开始我们设置了"本章导读"，每章的后面我们设置了"本章小结"和"思考题与习题"。

本书由郑州铁路职业技术学院黄根岭担任主编并编写第 1 章～第 4 章，郑州铁路职业技术学院赵新颖编写第 5 章和第 6 章，郑州铁路局郑州通信段金立新编写第 7 章～第 9 章，郑州铁路局郑州通信段杜胜军编写第 10 章～第 12 章，本书由郑州铁路职业技术学院张惠敏教授担任主审。

鉴于编者学识水平有限，书中不妥之处在所难免，敬请同行和读者批评指正。

编者

2015 年 5 月于郑州

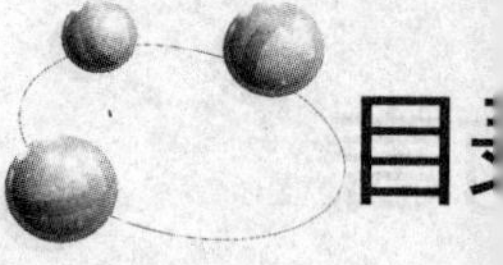

目

第1章　绪　论

【本章导读】

- 通信系统的模型
- 通信系统的分类
- 通信方式
- 通信系统的性能指标

1.1　通信的基本概念

通俗地讲，通信（communication）就是信息的传递。其中信息（information）是消息（message）中所包含的有效内容，或者说是消息中不确定的部分。消息有多种表现形式，比如语音、文字、音乐、数据、图片等都是消息。信息传递必须要有合适的物理载体，比如古代的烽火传警、击鼓作战、鸣金收兵等，就是利用光或声音这些载体来传递战争信息的实例，我们把传递信息的物理载体称之为信号（signal）。可见，信息、消息和信号之间有着密切联系，信息以消息的形式表现出来，并通过信号来传递，即消息是外壳，信息是消息的内核，信号是信息的载体。

关于信息和数据（data）的区别，一般认为，数据是反映客观事物的性质、形态、结构和特征的符号，数据可以是具体的数字，也可以是文字或图形等形式。信息则是数据加工的结果，是有用的数据。

1837 年摩尔斯发明的有线电报和 1876 年贝尔发明的电话，使通信步入了利用“电”这个载体来传递信息的新时代，在电通信系统中，信息的传递以电信号的形式（电压或电流）来实现，由于电通信具有迅速、准确、可靠且不受时间、地点、距离的限制，因此得到了飞速发展和广泛应用。当今在自然科学领域涉及“通信”这一术语，一般都是指“电通信”（即电信）。本书中讨论的通信均指电通信。

1.2　通信系统的组成和分类

1.2.1　通信系统的一般模型

通信是由通信系统来实现的。通信系统是指完成信息传递的传输媒介和全部设备。以最简单的点对点通信为例，通信系统的一般模型如图 1-1 所示。

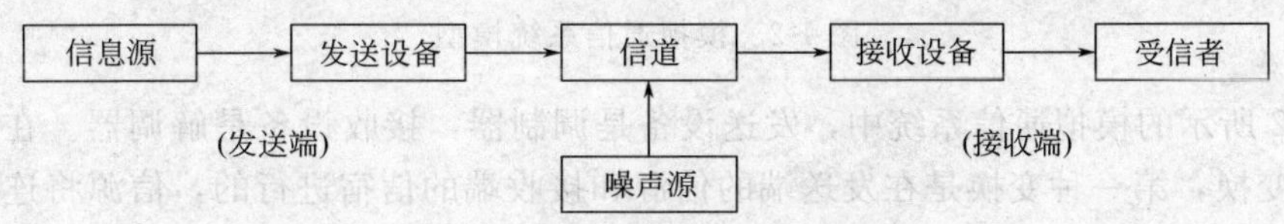

图 1-1　通信系统的一般模型

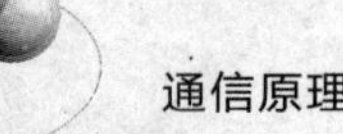

下面简要概述各组成部分的功能。

(1) 信源

信源的功能是将各种不同形式的消息转换成原始电信号。根据消息种类的不同，信源可分为模拟信源和数字信源，模拟信源输出连续的模拟信号，比如话筒、电视机和摄像机的信号；离散信源输出离散的数字信号，比如电传机、计算机等各种数字终端。

(2) 发送设备

发送设备的功能是将信源产生的信号变换成适合在信道上传输的信号。发送设备可能是调制电路、编码电路或滤波电路等。

(3) 信道和噪声源

信道是传输信号的物理媒介。信道有多种形式，通常分为有线信道和无线信道，在有线信道中，信道可以是架空明线、双绞线、电缆或光缆，在无线信道中，信道可以是大气（自由空间）。

噪声是通信系统中客观存在的各种干扰。噪声的来源是多方面，为分析方便起见，在通信系统模型中，将各种噪声集中由一个噪声源来表示。关于信道与噪声的详细内容将在第 3 章中讨论。

(4) 接收设备

接收设备的功能是完成发送设备的反变换。接收设备可能是解调电路、译码电路或滤波电路等。

(5) 信宿

信宿的功能与信源相反，即将原始电信号恢复为相应的消息。比如扬声器。

图 1-1 所示的通信系统模型高度概括了各种通信系统传递信息的全过程和各种设备的工作原理，反应了通信系统的共性，今后的讨论就是围绕通信系统的模型展开的。

1.2.2 通信系统的分类

(1) 按信号特征分类

在电学中，信号实质上是一种赋予物理意义的函数（function），一般以时间为自变量，以携带信息的某个参量（比如正弦波的幅度、频率或相位；脉冲序列的幅度、脉宽和相位）为因变量。根据信号的因变量的取值是连续还是离散，可分为模拟信号和数字信号，若因变量的取值是连续的，则为模拟信号；若因变量的取值是离散的，则为数字信号。注意，连续的含义是指在某一个取值范围内，信号可以有无穷多个取值，若为有限多个取值，则为离散。

根据信道传输的是模拟信号还是数字信号，通信系统对应分为模拟通信系统和数字通信系统。其模型分别如图 1-2 和图 1-3 所示。

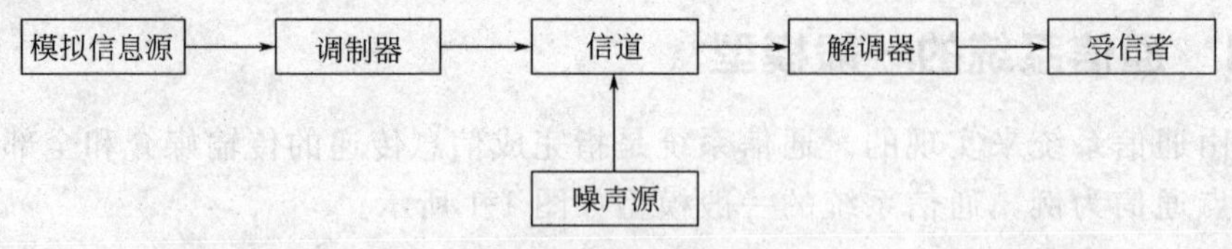

图 1-2　模拟通信系统模型

在图 1-2 所示的模拟通信系统中，发送设备是调制器，接收设备是解调器。在该系统中存在两种重要变换，第一种变换是在发送端的信源和接收端的信宿进行的，信源将连续的消息变换成原始的电信号，信宿完成相反的变换。这里所说的原始电信号通常称为基带信号，基带的

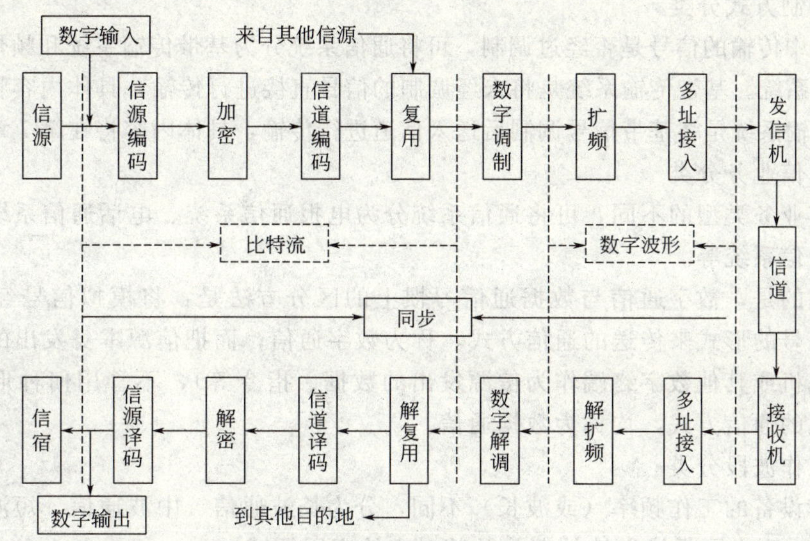

图 1-3　数字通信系统模型

含义是指信号的频率分布从零频附近开始，如语音信号的频率分布为 300～3400Hz，图像信号的频率分布为 0～6MHz。由于基带信号具有很低的频率分量，一般不宜进行直接传输，因此还要进行第二种变换，即把基带信号变换成适合在信道上传输的信号，并在接收端进行反变换，完成这种变换和反变换的设备通常是调制器和解调器。我们把经过调制后的信号称为已调信号或频带信号。已调信号具有三个特征：一是携带基带信息；二是适合在信道上传输；三是信号的频谱具有通带形式且中心频率远离零频，即调制是实现频谱搬移的过程。

模拟通信系统中，除了调制器和解调器，还有滤波器、放大器等辅助电路。

图 1-3 示出了一个较为完善的数字通信系统模型。它的发送端与接收端各包括 9 个功能单元，还有传输信道及收发同步系统等。从图中可以看出，数字通信系统与模拟通信系统的主要区别是多了信源编码（译码）、信道编码（译码）、加密（解密）、复用（解复用）、扩频（解扩频）和多址接入等模块。这里主要介绍一下信源编码（译码）和信道编码（译码）模块的功能。信源编码的功能主要有两个，一是将信源输出的模拟信号转换成数字信号，以实现模拟信号的数字化传输；另一个功能是通过相关措施降低码元速率（即减少编码位数），提高系统传输的有效性。信源译码是信源编码的逆过程，信道编码的主要功能是将信源编码输出的数字信号变换成适合信道传输的码型，以提高通信系统传输的可靠性，信道译码是信道编码的逆过程。

需要说明的是，实际的数字通信系统不一定包括图 1-3 的所有环节，比如数字基带传输系统中就没有调制和解调模块，而有的模块由于分散在系统各处，图 1-3 并未画出，比如同步系统。

数字通信系统与模拟通信系统相比，有很多优点，比如抗干扰能力强、信号便于处理、变换、存储、加密等，缺点是需要较大的传输带宽和严格的收发同步。

（2）按传输媒介分类

按照传输媒介的不同，通信系统分为有线通信和无线通信。利用无线电波、红外线、超声波、激光等媒介传输的系统称为无线通信系统，比如广播系统、电视系统、移动电话系统等；利用导线（包括明线、电缆、光缆或波导等）作为媒介的系统称为有线通信系统，比如市话系统、有线电视系统等。

随着通信技术、计算机技术和网络技术的发展，单纯的有线或无线通信已越来越少，常常是“有线”中有“无线”，“无线”中有“有线”。

（3）按调制方式分类

按照信道中传输的信号是否经过调制，可将通信系统分为基带传输系统和频带（又叫调制或带通）传输系统。基带传输系统是将未经调制的信号直接进行传输，具体内容将在第 6 章中讨论；频带传输系统是将基带信号调制后送入信道进行传输，具体内容将在第 7 章中讨论。

（4）按通信业务分类

按照通信业务类型的不同，可将通信系统分为电报通信系统、电话通信系统、数据通信系统和图像通信系统等。

需要说明的是，数字通信与数据通信习惯上的区分方法是：将模拟信号经数字化处理后，用数字信号的形式来传送的通信方式，称为数字通信；而把信源本身发出的数字形式的消息（如计算机或其他数字终端作为信源发出的数据、指令等），不管用何种形式的信号来传输这类消息的通信方式，均称为数据通信。

（5）按工作波段分类

按照通信设备的工作频率（或波长）不同，分为长波通信、中波通信、短波通信和微波通信等。表 1-1 列出了无线电波的划分及其对应的应用领域。

表 1-1　通信用无线电波段划分表

波　段	波长范围	频率范围	频段	主要用途
超长波	10～100km	3～30kHz	甚低频(VLF)	高功率、长距离、点对点通信，如声纳、水下通信等
长波	1～10km	30～300kHz	低频(LF)	长距离点对点通信，如导航、越洋通信等
中波	100～1000m	300～3000kHz	中频(MF)	广播、遇险求救通信，港口船舶调度通信等
短波	10～100m	3～30MHz	高频(HF)	中远距离的各种广播与通信，如电离层反射通信等
米波	1～10m	30～300MHz	甚高频(VHF)	短距离通信、雷达、电视、交通管制及散射通信等
分米波	10～100cm	300～3000MHz	特高频(UHF)	卫星通信、微波接力通信、雷达、导航、全球定位等
厘米波	1～10cm	3～30GHz	超高频(SHF)	短距离通信、波导通信、微波接力、雷达、空间通信等
毫米波	1～10mm	30～300GHz	极高频(EHF)	遥感遥测、光通信等
亚毫米波	＜1mm	＞300GHz		

（6）按复用方式分类

传输多路信号有三种复用方式：频分复用、时分复用和码分复用。频分复用是用频谱搬移的方法使不同信号占用不同的频段，如图 1-4(a) 所示；时分复用是用抽样（脉冲调制）

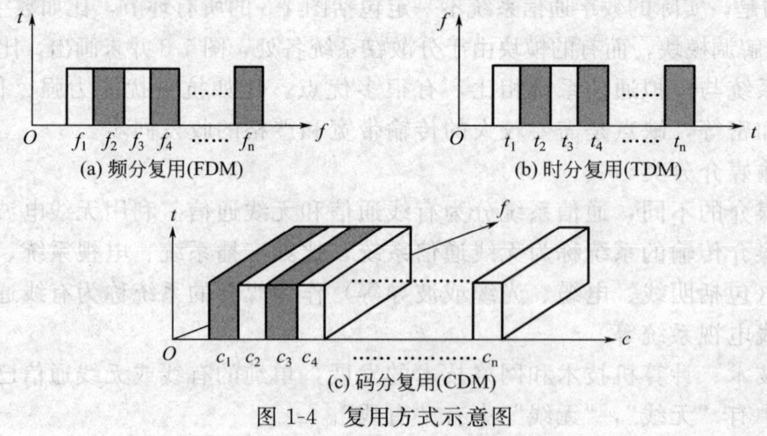

图 1-4　复用方式示意图

的方法使不同信号占用不同的时隙，如图 1-4(b) 所示；码分复用是用正交的脉冲序列分别携带不同信号，如图 1-4(c) 所示。

另外，通信还有其他一些分类方法，如按用户类型可分为公用通信和专用通信。

1.3 通信方式

通信方式是指通信双方之间的工作方式或信号传输方式。

1.3.1 单工、半双工和全双工

对于点对点通信，按照信息传递的方向和时间，通信方式分为单工通信、半双工通信和全双工通信三种。

• 单工通信是指信息只能单方向传输的工作方式，如图 1-5(a) 所示。广播、遥控就是单工通信方式。

• 半双工通信是指通信双方都能收发信息，但不能同时进行收和发的工作方式，如图 1-5(b) 所示。对讲机就是半双工通信方式。

• 全双工通信是指通信双方可同时进行收发信息的工作方式，如图 1-5(b) 所示。电话就是全双工通信方式。

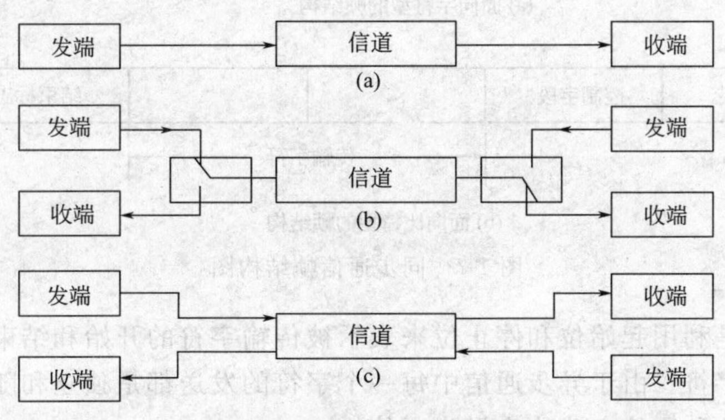

图 1-5　通信方式示意图

1.3.2 串行通信和并行通信

在数据通信中，按照数字信号码元排列方式的不同，可分为串行通信和并行通信。串行通信是将数字信号码元序列以串行方式一个码元接一个码元地在一条信道上传输，如图 1-6

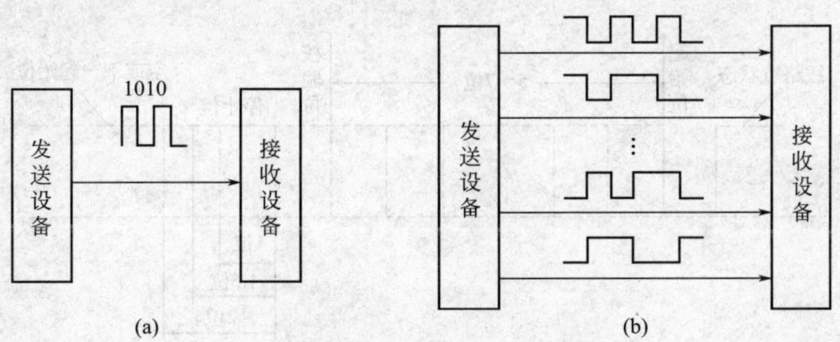

图 1-6　串行通信和并行通信

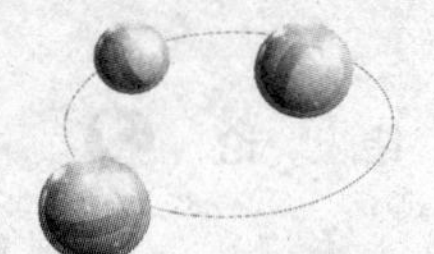

(a) 所示；并行通信是将数字信号码元序列以成组的方式在两条或两条以上的并行信道上同时传输，如图 1-6(b) 所示。

1.3.3 同步通信和异步通信

在数据通信中，发送端和接收端必须严格做到同步，按照同步方式的不同，可分为同步通信和异步通信。在同步通信中，可采用外同步和自同步两种方式实现收发同步。外同步是占用另外一条信道传送同步信号，接收端根据收到的同步信号来进行码元同步和字符同步或帧同步；自同步是从收到的信号中提取同步信号。如果一帧长度比较短（如一个字符长），则只需发帧同步信号即可，不需要另加码元同步信号，如果一帧长度较长，则除了帧同步外，还要进行位同步。图 1-7 表示出了面向字符型和面向比特型的帧结构。面向字符型的方案，每个数据块以一个或多个同步字符 syn 作为开始，后文是一个确定的控制字符。面向比特型的方案，如果采用高级数据链路控制规程（HDLC），则前文和后文采用标志字段 01111110，以区分一帧的开始和结束。

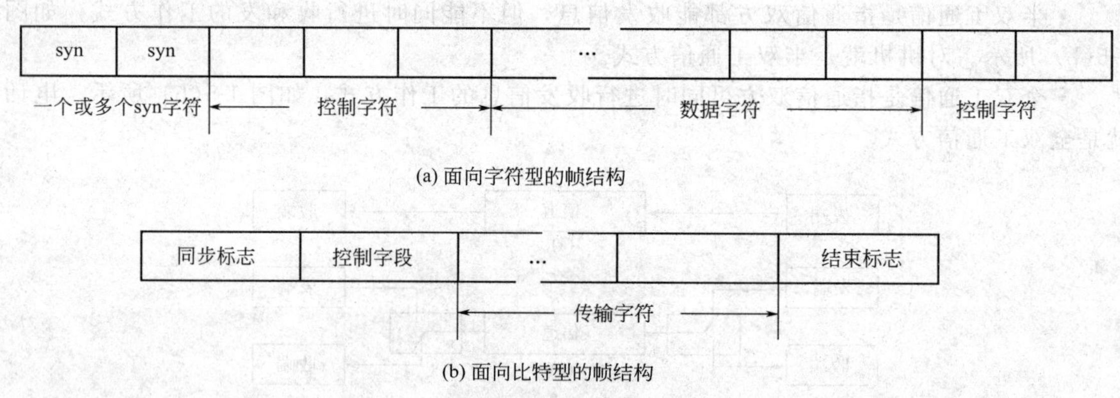

(a) 面向字符型的帧结构

(b) 面向比特型的帧结构

图 1-7　同步通信帧结构图

在异步通信中是利用起始位和停止位来表示被传输字符的开始和结束，每个起始位和停止位之间只传一个字符。由于异步通信中每一个字符的发送都是独立和随机的，并以不均匀的速率发送，所以这种通信方式称为异步通信。

在异步传输中，字符的传输由起始位引导，表示字符的开始，起始位为逻辑 0，用低电平表示，其宽度为一个码元的时间，被编码的字符后面通常附加一个校验位，校验位后面为停止位，停止位为逻辑 1，用高电平表示，通常为 1、1.5 或 2 个码元宽度，可根据需要选择。在下一个字符的起始位收到之前，线路一直处于逻辑 1 状态，接收端根据从 1 到 0 的跳变来识别一个新字符的开始，如图 1-8 所示。

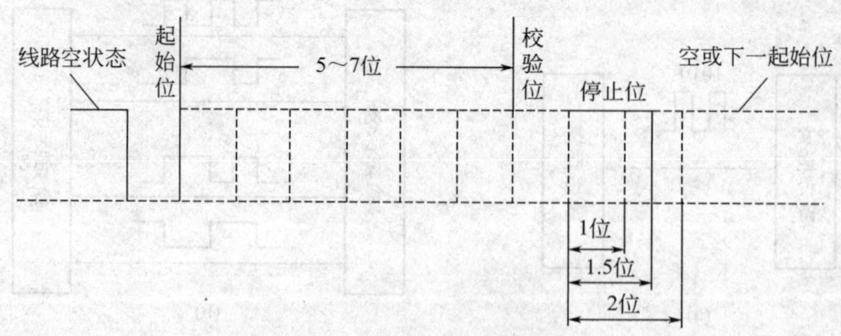

图 1-8　异步通信帧结构图

1.3.4 点对点通信和网通信

按照通信设备与传输线路之间的连接类型，可分为点对点通信（专线通信，如图 1-9 所示）、点到多点和多点之间通信（网通信，如图 1-10 所示）。

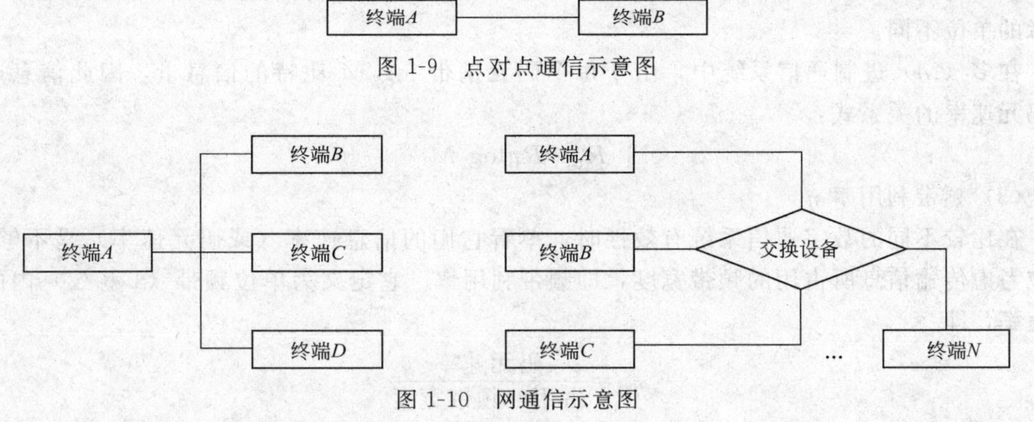

图 1-9　点对点通信示意图

图 1-10　网通信示意图

由于通信网的基础是点对点通信，所以本书重点讨论点对点通信。

1.4 通信系统的主要性能指标

衡量一个通信系统性能优劣的基本因素是有效性和可靠性。有效性是指传输一定量信息时所占用的信道资源（频带宽度和时间间隔），或者说是传输“速度”的问题；可靠性是指信道传输信息的准确程度，或者说是传输“质量”的问题。这两个因素相互矛盾而又相互统一，并且还可以相互转化。

1.4.1 模拟通信系统的性能指标

模拟通信系统的有效性用信号在传输中所占用的传输带宽来表示，传输带宽越窄，有效性越好，反之越差；可靠性用接收端最终输出的信噪比来度量，输出信噪比越高，可靠性越好，反之越差。

信噪比是输出端信号的平均功率与噪声平均功率比值的简称，用 SNR（Signal to Noise Ratio）或 S/N 表示，它的单位一般使用分贝（dB），其值为 10 倍对数信噪比，即 $SNR=10\lg S/N$。

1.4.2 数字通信系统的性能指标

数字通信系统的有效性可用码元传输速率、信息传输速率和频带利用率来衡量。

（1）码元传输速率 R_B

在数字通信中，常用时间间隔相同的符号来表示数字信号，这样的时间间隔内的符号称为码元。对应的时间间隔称为码元长度（宽度）。

码元传输速率是指单位时间内传送码元的数目，又称为码元速率、波特率或传码率。用符号 R_B 来表示，单位为“波特”，常用符号“Baud”表示，简写为“B”。

需要注意的是，码元速率仅表示每秒钟传输的码元数，而没有限定此时的码元是何种进制，码元的进制数取决于发送码元的通信系统。

(2) 信息传输速率 R_b

信息传输速率又称为比特率或传信率，是指每秒钟传送二进制的位数，单位为比特/秒，简记为 b/s 或 bps。

在二进制通信系统中，每个码元携带 1 比特的信息量，因此信息速率等于码元速率，但两者的单位不同。

在多（M）进制通信系统中，由于每个码元携带 $\log_2 M$ 比特的信息量，因此信息速率与码元速率的关系式：

$$R_b = R_B \log_2 M$$

(3) 频带利用率 η

在比较不同的数字通信系统有效性时，单看它们的信息速率（或码元速率）是不够的，还应考虑传输信息所占用的频带宽度，即频带利用率。它定义为单位频带（1 赫兹）内的传输速率，即

$$\eta_B = \frac{码元速率}{占用的频带宽度}$$

$$\eta_b = \frac{信息速率}{占用的频带宽度}$$

数字通信系统的可靠性常用误码率和误比特率来衡量。

误码率是指接收的错误码元数与传输的总码元数的比值，即

$$P_e = \frac{错误码元数}{传输总码元数}$$

误比特率是指接收的错误比特数与传输的总比特数的比值，即

$$P_b = \frac{错误比特数}{传输总比特数}$$

1.5 通信技术发展简史

1820 年，法国物理学家安培首次提出利用电磁现象传递电报信号，标志着近代数字通信研究的开始，此后电报通信技术理论不断发展。

1831 年，英国物理学家、化学家法拉第发现电磁感应定律，解释了电与磁之间的关系。

1837 年美国发明家摩尔斯成功研制出世界上第一台电报机，他利用自己设计的电码（摩尔斯电码），将信息转换成一串或长或短的电脉冲传向目的地，再转换为原来的信息，从而实现了长途电报通信。

1873 年，英国物理学家麦克斯韦完成巨著《电磁学通论》，建立了一套电磁理论，预言了电磁波的存在，说明了电磁波与光具有相同的性质，两者都是以光速进行传播。

1876 年，美国发明家贝尔发明世界上第一部电话机，将声音信号转变为电信号沿导线传送，1878 年在相距 300 公里的波士顿和纽约之间进行了首次长途电话实验，并获得了成功，这是模拟通信的开始。

1888 年，德国物理学家赫兹用实验证实了电磁波的存在，证明了麦克斯韦的电磁理论。

1895 年，意大利物理学家马可尼首次利用电磁波完成了仅数百米的无线电通信实验，1901 年实现了横渡大西洋的无线通信，从而开辟了无线电通信技术的新领域。

1904 年，英国物理学家弗莱明发明真空二极管。

1906 年，美国科学家德富雷斯特发明真空三极管。

1928 年，美国物理学家奈奎斯特建立数据信号传输理论，并相继提出消除符号（码元）间干扰的三个准则。

1937 年，英国人里夫斯提出脉冲编码调制（PCM）理论，从而推动了模拟信号数字化的进程，到了 20 世纪 40 年代末，美国制造出第一台实验用的 PCM 多路通信设备，首次实现了数字通信技术。

1948 年，晶体二极管问世。

1948 年，美国数学家，信息论的创始人香农发表论文《通信的数学理论》，奠定了信息论的理论基础。

1951 年，晶体三极管问世。

1966 年，华裔科学家高锟发表《光频率介质纤维表面波导》论文，开创性地提出光导纤维在通信上应用的基本原理，被誉为“光纤之父”；如今，光纤构成了信息社会的环路系统，推动了全球宽带通信系统的发展。

随着通信技术、计算机技术和网络技术的发展，通信已经由单一的通信设备、技术、制式发展演变为一个集光纤通信、移动通信、卫星通信和微波中继通信等多种通信手段于一体、具有多种业务功能的复杂的综合通信网，满足人们在任何地方、任何时间进行通信联络的需求。

本章小结

（1）通信的目的是信息传递。信息是消息中不确定的部分，信号是信息的载体。

（2）通信系统是指完成通信任务的传输媒介和全部设备。按照传输信号的特征，通信系统分为模拟通信系统和数字通信系统；按照传输媒介，通信系统分为有线通信系统和无线通信系统；按调制方式，通信系统分为基带传输系统和频带传输系统；按复用方式，通信系统分为频分复用通信系统、时分复用通信系统和码分复用通信系统。

（3）通信方式是指通信双方之间的工作方式或信号传输方式。按照信息传递的方向和时间，通信方式分为单工通信、半双工通信和全双工通信三种；按照数字信号码元排列方式，可分为串行通信和并行通信两种通信方式；按照同步方式，可分为同步通信和异步通信两种通信方式。

（4）衡量一个通信系统性能优劣的基本因素是有效性和可靠性。模拟通信系统的有效性用信号在传输中所占用的传输带宽来表示，可靠性用接收端最终输出的信噪比来度量；数字通信系统的有效性可用码元传输速率、信息传输速率和频带利用率来衡量，可靠性常用误码率和误比特率来衡量。

思考题与习题

1-1 简述消息、信息、信号和数据之间的区别和联系。

1-2 什么是通信？什么是通信系统？

1-3 画出通信系统的一般模型，并简述各组成部分的功能。

1-4 按传输信号的特征，通信系统如何分类？

1-5 数字通信有哪些主要优缺点？

1-6　按调制方式，通信系统如何分类？

1-7　按复用方式，通信系统如何分类？

1-8　按照信息传递的方向和时间，可分为哪三种通信方式？并举例说明。

1-9　按数字信号码元的排列顺序可分为哪两种通信方式？

1-10　衡量数字通信系统有效性和可靠性的性能指标有哪些？

1-11　何谓码元速率？何谓信息速率？它们之间的关系如何？

1-12　何谓误码率？何谓误比特率？

1-13　已知二进制信号的信息传输速率为4800bps，若保持信息速率不变，试问变换成四进制和八进制数字信号时码元传输速率各为多少？

1-14　某八进制数字传输系统传送码元的速率为1600Baud，试求该系统的信息速率；若保持信息速率不变，改用二进制系统传输，二进制系统的码元传输速率是多少？

1-15　某信道每秒传输1200个码元，如采用二进制信号传输，其信息传输速率为多少？如采用四进制传输，其信息传输速率为多少？

1-16　某二进制通信系统的信息传输速率为2400bps，用四进制码元传输和采用八进制码元传输，其码元速率各为多少？

1-17　在125μs内传输256个二进制码元，计算码元传输速率和信息传输速率。若该信息在4s内有5个码元产生错误，则误码率为多少？

1-18　某系统的码元传输速率为3600KBaud，接收端在一小时内共收到148个错误码元，试求该系统的误码率。

第2章　信号分析基础

【本章导读】

- 信号的分类及常用信号的时域特性
- 信号时域分析的基本思想
- 卷积运算
- 信号频域分析的基本思想
- 傅里叶分析和常用信号的频谱
- 单位冲击响应和系统函数

2.1　信号的分类

在电路系统中，信号通常是随时间变化的电压或电流。从数学观点看，这类信号是独立变量 t 的函数 $f(t)$，在通信系统中，主要涉及以下几种不同类型的信号。

2.1.1　连续时间信号和离散时间信号

根据定义域的特点，信号可分为连续时间信号和离散时间信号。在连续时间范围内有定义的信号称为连续时间信号，这里的“连续”是指函数的定义域——时间（或其他量）是连续的，至于信号的值域，可以是连续的，也可以不是；仅在一些离散的瞬间才有定义的信号称为离散时间信号，简称离散信号。这里“离散”是指信号的定义域——时间（或其他量）是离散的，它只取某些规定的值。离散时间信号又称为序列。

2.1.2　周期信号和非周期信号

若信号每隔一定时间 T，按相同规律重复变化，则称其为周期信号，即

$$f(t)=f(t+kT)\qquad k=\pm1、\pm2、\pm3\cdots \tag{2.1-1}$$

不满足式(2.1-1) 的信号称为非周期信号。

2.1.3　确知信号和随机信号

确知信号是指其取值在任何时间都是确定的和可预知的信号，通常可以用数学公式来描述；随机信号是指其取值具有随机性的时间信号，也就是说，在它未发生之前或未对它具体测量之前，其取值是不可预测的。在通信系统中，信道噪声就是这种类型的随机信号，这部分内容将在第3章中讨论。

2.1.4　能量信号和功率信号

在常用的电子通信系统中，通常把信号功率定义为电流在单位电阻（1Ω）上消耗的功率，即归一化功率。因此，信号电流 I 或电压 V 的平方都等于功率。信号功率一般用 S 表示，若信号电压和电流的值随时间变化，则 S 可以改写为时间 t 的函数 $S(t)$。此时，信号

能量 E 应当是信号瞬时功率的积分，即

$$E=\int_{-\infty}^{\infty} S^2(t)\mathrm{d}t \tag{2.1-2}$$

若 E 是一个正的有限值，则称此信号为能量信号。例如，前面提到的数字信号的一个码元就是一个能量信号。

信号的平均功率 P 定义为

$$P=\lim_{T\to\infty}\frac{1}{T}\int_{-T/2}^{T/2} S^2(t)\mathrm{d}t \tag{2.1-3}$$

由式(2.1-3) 看出，能量信号的平均功率 P 为零，因为若信号的能量有限，则在被趋于无穷大的时间 T 除后，所得平均功率趋近于零。在实际的通信系统中，信号都具有有限的功率、有限的持续时间，因而具有有限的能量。但是，若信号的持续时间非常长，例如广播信号，则可以近似认为它具有无限长的持续时间。此时，认为由式(2.1-3) 定义的信号平均功率是一个有限的正值，但是其能量近似等于无穷大。把这种平均功率有限、能量无限的信号称为功率信号。

2.1.5　基带信号和频带信号

从信源发出的信号大都为基带信号，它们的主要能量在低频段，如语音、视频等。它们均可以由低通滤波器取出或限定，因此又称为低通信号。为了传输的需要，需将源信息基带信号以特定调制方式加载到某一指定的高频载波，使载波的某一两个参量变化受控于基带信号，因此基带信号又称为调制信号，受控后的载波称为已调信号或已调载波，属于频带信号。它限制在以载频为中心的一定带宽范围内，因此又称为带通信号。

2.2　信号的时域分析

信号的概念与系统的概念是紧密相连的，分析与研究通信系统，总是离不开对信号和噪声的分析。信号分析主要讨论信号的解析表示、信号的性质、特征等内容，主要有时域分析和频域分析两种方法。其中时域分析是以时间 t 为自变量，用信号幅度随时间变化的函数或波形来描述信号特征的一种方法；频域分析是以频率 f 或角频率 ω 为自变量，用信号幅度和相位随频率变化的频谱图来描述信号特征的一种方法。

2.2.1　常用的典型信号

(1) 正弦信号

在电学中，正弦信号和余弦信号统称为正弦信号，一般表示为

$$f(t)=A\sin(\omega t+\varphi_0) \tag{2.2-1}$$

式(2.2-1) 中，A 为信号的振幅，φ_0 为初相位，ω 为角频率。正弦信号是一种周期信号，其周期 T 与角频率 ω 及频率 f 之间关系满足 $\omega=2\pi f=2\pi/T$。

(2) 复指数信号

复指数信号的函数表达式为

$$f(t)=A\mathrm{e}^{st} \tag{2.2-2}$$

式(2.2-2) 中，s 为一复数，即 $s=\sigma+\mathrm{j}\omega$。利用欧拉公式 $\mathrm{e}^{\pm\mathrm{j}\omega t}=\cos\omega t\pm\mathrm{j}\sin\omega t$，式(2.2-2) 可表示为

$$f(t)=A\mathrm{e}^{st}=A\mathrm{e}^{(\sigma+\mathrm{j}\omega)t}=A\mathrm{e}^{\sigma t}\cos\omega t+\mathrm{j}A\mathrm{e}^{\sigma t}\sin\omega t \tag{2.2-3}$$

可见，一个复指数信号可分解为实部和虚部两部分，两者均为实信号，而且是频率相同、振幅随时间变化的正（余）弦振荡。s 的实部 σ 表征了该信号振幅随时间变化的状况，虚部 ω 表征了其振荡角频率。若 $\sigma>0$，它们是增幅振荡；若 $\sigma<0$，则是衰减振荡；若 $\sigma=0$，它们是等幅振荡；当 $\omega=0$，复指数信号就成为实指数信号 $A\mathrm{e}^{\sigma t}$。如果 $\sigma=\omega=0$，则为直流信号。可见，复指数信号概括了许多常用信号。

复指数信号的重要特性之一是它对时间的导数和积分仍然是复指数。另外，正弦信号和余弦信号借助欧拉公式，可表示成复指数信号形式，即

$$\begin{cases}\sin\omega t=\dfrac{1}{2\mathrm{j}}(\mathrm{e}^{\mathrm{j}\omega t}-\mathrm{e}^{-\mathrm{j}\omega t})\\ \cos\omega t=\dfrac{1}{2}(\mathrm{e}^{\mathrm{j}\omega t}+\mathrm{e}^{-\mathrm{j}\omega t})\end{cases} \tag{2.2-4}$$

（3）矩形脉冲信号

矩形脉冲信号的函数表达式

$$f(t)=\begin{cases}1 & |t|<\dfrac{\tau}{2}\\ 0 & |t|>\dfrac{\tau}{2}\end{cases} \tag{2.2-5}$$

从式(2.2-5) 可知，$f(t)$ 是一个高度为 1，宽度为 τ 的矩形脉冲，故有时也称门函数，如图 2-1 所示。

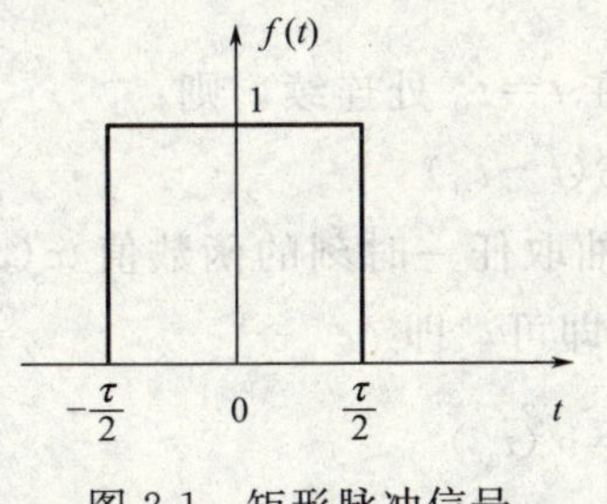

图 2-1　矩形脉冲信号

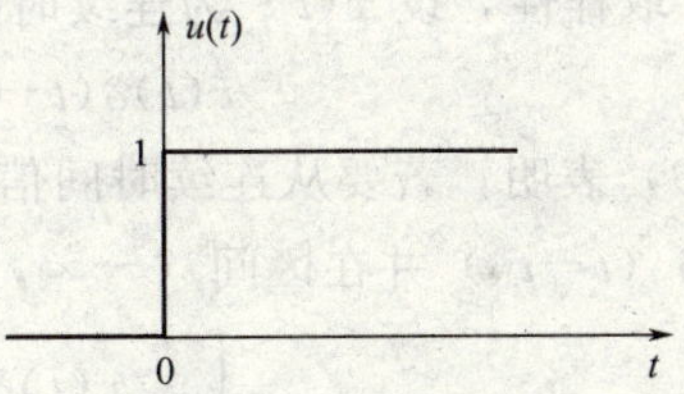

图 2-2　单位阶跃信号

（4）单位阶跃信号

在信号分析中，经常遇到以下两种情况：一种是某信号在空间或时间坐标上集中于一点，另一种情况是信号本身有不连续点（跳变点）或其导数有不连续点的情况。这时普通函数的概念就不够用了，而用单位冲激函数和单位阶跃信号就很方便。为了区分普通函数，一般将冲激函数和阶跃信号称为奇异函数。

单位阶跃信号定义为

$$u(t)=\begin{cases}0 & t<0\\ 1 & t>0\end{cases} \tag{2.2-6}$$

从式(2.2-6) 可以看出，单位阶跃信号 $u(t)$ 又可称作开关信号。$t<0$ 时信号为零；$t>0$时接入信号；$t=0$ 处是信号的突变点，是信号的第一类间断点，信号从零值突变到单位值。因此说，单位阶跃信号是理想开关的模拟函数，见图 2-2。

在实际应用中，单位阶跃信号还常用来表示单边信号，即有范围限制的信号。

（5）单位冲激信号

单位冲激信号又称为冲激函数、δ 函数等，其符号常记为 $\delta(t)$。

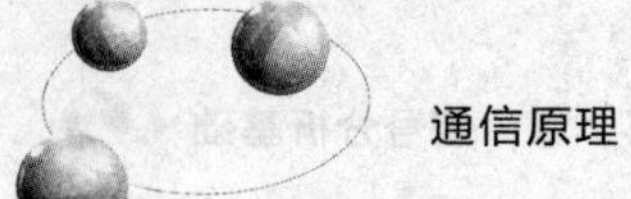

单位冲激信号 $\delta(t)$ 的数学表达式为

$$\begin{cases}\delta(t)=0 & t\neq 0\\ \delta(t)=+\infty & t=0\\ \int_{-\infty}^{\infty}\delta(t)\mathrm{d}t=1\end{cases} \tag{2.2-7}$$

式(2.2-7) 中的三个部分是一个整体，不能分开。其中，冲激函数在无穷区间上的积分反映了该函数曲线与 t 轴所围的面积，称为冲激函数的强度。

单位冲激信号反映了一种持续时间极短、函数值极大的信号类型，如电学中的雷击、电闪，数字通信中的抽样脉冲等。

$\delta(t)$ 不能用经典数学中“任意给定 t，存在确定的 $\delta(t)$ ”的方法定义，原因是 $\delta(0)$ 为无穷大，而无穷大不是确定值。因此 $\delta(t)$ 不是一个普通函数，由于最初它是狄拉克提出并定义的，所以被称为狄拉克 δ 函数。为了应用，在叙述中不强调数学上的严谨性，只强调使用和运算方便。

单位冲激函数具有如下性质。

性质 1：$\delta(t)$ 是偶函数，即 $\delta(t)=\delta(-t)$，利用偶函数性质可以证明

$$x(t)=\int_{-\infty}^{\infty}x(\tau)\delta(t-\tau)\mathrm{d}\tau \tag{2.2-8}$$

由式(2.2-8) 可得到如下重要结论：任意信号 $x(t)$ 可以分解为一系列不同强度的冲激信号的移位加权和，冲激信号的强度取决于冲激信号所在时刻信号 $x(t)$ 的取值。这是信号时域分析的基本思想。

性质 2：取样性，设 $x(t)$ 为连续时间信号，且在 $t=t_0$ 处连续，则：

$$x(t)\delta(t-t_0)=x(t_0)\delta(t-t_0) \tag{2.2-9}$$

式(2.2-9) 表明，若要从连续时间信号 $x(t)$ 中抽取任一时刻的函数值 $x(t_0)$，只要乘以冲激信号 $\delta(t-t_0)$ 并在区间 $(-\infty,\infty)$ 上积分即可，即

$$\int_{-\infty}^{\infty}x(t)\delta(t-t_0)\mathrm{d}t=x(t_0) \tag{2.2-10}$$

取样性说明，冲激信号可以把冲激所在位置的函数值抽取出来。

性质 3：冲激函数和阶跃函数互为微积分关系，冲激函数为阶跃函数的微分，即 $\delta(t)=\frac{\mathrm{d}u(t)}{\mathrm{d}t}$

阶跃函数为冲激函数的积分，即 $u(t)=\int_{-\infty}^{t}\delta(\tau)\mathrm{d}\tau$

在信号分析过程中，还经常用到由单位冲激函数派生出的梳状函数。梳状函数的定义式为 $\delta_{\mathrm{T}}(t)=\sum_{n=-\infty}^{\infty}\delta(t-nT)$，其时域波形是周期为 T 的单位冲激串，所以也称为理想抽样函数，其波形如图 2-3 所示。

(6) $Sa(t)$ 函数

$Sa(t)$ 函数又叫抽样信号，$Sa(t)$ 函数的数学表达式为

$$Sa(t)=\frac{\sin t}{t} \tag{2.2-11}$$

抽样函数的波形如图 2-4 所示。

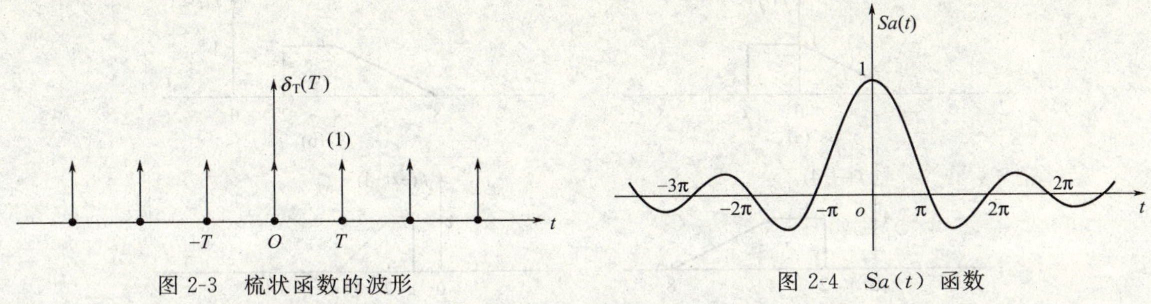

图 2-3　梳状函数的波形　　　　图 2-4　$Sa(t)$ 函数

从图 2-4 可以看出，$Sa(t)$ 函数是一个偶函数，在 $t=0$ 处取得最大值，在 $t=\pm\pi$，$\pm 2\pi$，…，$\pm m\pi$ 时，函数值等于零，在 t 的正、负两方向振幅都逐渐衰减。

$Sa(t)$ 函数还具有以下性质：

$$\int_0^{\infty} Sa(t)\mathrm{d}t=\frac{\pi}{2}$$

$$\int_{-\infty}^{\infty} Sa(t)\mathrm{d}t=\pi$$

2.2.2　信号的运算

在信号的传输与处理过程中，往往需要对信号进行变换。这些变换用电子元器件实现，并且可以用相应的信号运算表示。信号的运算包括相加、相乘、平移、反转、尺度变换、微分、积分、卷积和相关等。

(1) 相加或相乘

两信号相加或相乘得到的新信号在任意时刻的信号值等于两信号在该时刻的信号值之和或积。

歌声与背景音乐的混合就是信号叠加的实例。通信系统中抽样、调制和解调过程中遇到的两信号相乘就是信号相乘的典型应用。

(2) 平移、反转与尺度变换

将 $f(t)$ 的自变量更换为 $t+t_0$（t_0 为正或负数），则 $f(t+t_0)$ 相当于 $f(t)$ 波形在 t 轴上的整体平移，当 $t_0>0$ 时，波形左移，当 $t_0<0$ 时，波形右移。平移运算也称为移位、时移或时延运算。

将 $f(t)$ 的自变量更换为 $-t$，此时 $f(-t)$ 的波形相当于将 $f(t)$ 以 $t=0$ 为对称轴反转过来。反转运算也叫反褶运算。

将 $f(t)$ 的自变量 t 乘以正实系数 a，则信号 $f(at)$ 将是 $f(t)$ 波形的压缩（$a>1$）或扩展（$a<1$）。这种运算称为时间轴的尺度变换。

信号 $f(at+b)$（式中 $a\neq 0$）的波形可以通过对信号 $f(t)$ 的平移、反转（$a<0$）和尺度变换获得。需要注意的是，为画出这类信号的波形，最好先平移，然后再反转。如果反转后再进行平移，由于这时自变量为 $-t$，故平移方向与前述相反。

【例】 已知信号 $f(t)$ 的波形如图 2-5(a) 所示，试画出 $f(-2t+4)$ 的波形。

【解】 $f(-2t+4)$ 是 $f(t)$ 的时移、反转和尺度变换的综合。可通过三种不同的顺序得到 $f(-2t+4)$ 的波形。这里介绍最常用的方式：先平移、然后反转、最后尺度变换。

将信号 $f(t)$ 左移，得到 $f(t+4)$，如图 2-5(b) 所示，然后反转，得到 $f(-t+4)$，如图 2-5(c) 所示，最后进行尺度变换，得到 $f(-2t+4)$，如图 2-5(d) 所示。

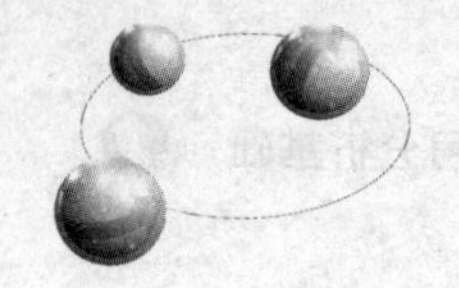

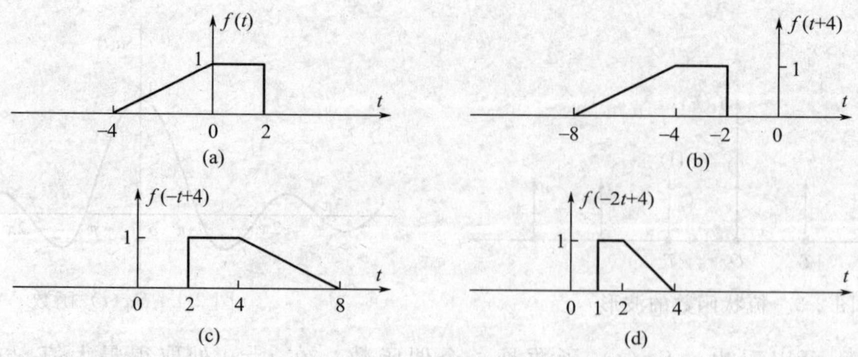

图 2-5　例 2-1 图

（3）微分和积分

信号 $f(t)$ 的微分运算指 $f(t)$ 对 t 求导，即 $f'(t)=\frac{\mathrm{d}}{\mathrm{d}t}f(t)$。

信号的积分运算指 $f(t)$ 在 $(-\infty, t_0)$ 区间内的定积分，其表达式为 $\int_{-\infty}^{t_0} f(t)\mathrm{d}t$。

图 2-6 和图 2-7 分别表示微分运算和积分运算的例子。由图 2-6 可见，信号经微分后突出了它的变化部分。在图 2-7 中，信号经积分运算后其效果与微分相反，信号的突变部分可变得平滑，利用这一作用可削弱信号中混入的毛刺（噪声）的影响。

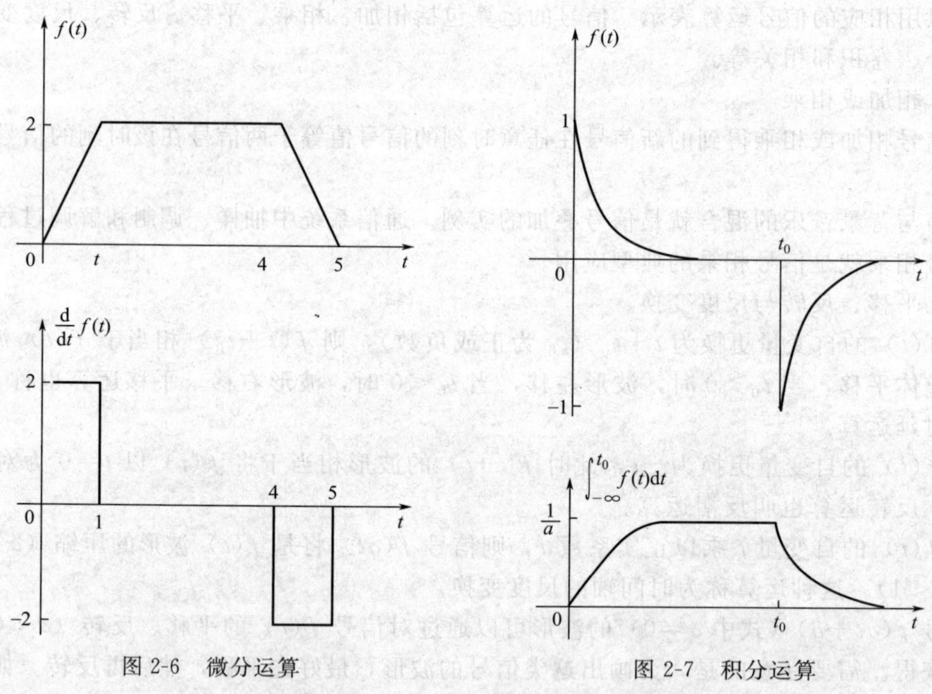

图 2-6　微分运算　　　　图 2-7　积分运算

（4）卷积

在连续信号与系统的时域分析中，卷积积分是一个重要的数学工具，它是一种特殊的积分运算，它起源于信号的分解，而应用于系统对信号的响应，通常将卷积积分简称为卷积。

设 $f_1(t)$ 和 $f_2(t)$ 是定义在区间 $(-\infty, +\infty)$ 上的两个连续时间信号，将积分 $\int_{-\infty}^{\infty} f_1(\tau)f_2(t-\tau)\mathrm{d}\tau$ 定义为 $f_1(t)$ 和 $f_2(t)$ 的卷积，记为

$$f_1(t) * f_2(t) = \int_{-\infty}^{\infty} f_1(\tau) f_2(t-\tau) \mathrm{d}\tau \tag{2.2-12}$$

式(2.2-12) 中，τ 为虚设积分变量，积分的结果为另一个新的时间信号；符号“$*$”表示作卷积积分运算，不表示相乘。

从定义不难看出，卷积运算涉及信号的反转、平移、相乘和积分四种运算。同时，卷积运算还具有以下性质，利用这些性质可使卷积运算简化。

性质1：卷积的代数性质，卷积运算满足三个基本代数运算律，即

① 交换律 $x_1(t) * x_2(t) = x_2(t) * x_1(t)$

② 结合律 $x_1(t) * [x_2(t) * x_3(t)] = [x_1(t) * x_2(t)] * x_3(t)$

③ 分配律 $x_1(t) * [x_2(t) + x_3(t)] = x_1(t) * x_2(t) + x_1(t) * x_3(t)$

性质2：$x(t)$ 与奇异信号的卷积性质，即

① 信号 $x(t)$ 与冲激信号 $\delta(t)$ 的卷积等于 $x(t)$ 本身，即

$$x(t) * \delta(t) = x(t)$$

② 信号 $x(t)$ 与阶跃信号 $u(t)$ 的卷积等于信号 $x(t)$ 的积分，即

$$x(t) * u(t) = \int_{-\infty}^{t} x(\tau) \mathrm{d}\tau = x^{(-1)}(t)$$

性质3：卷积的微分和积分性质，设 $y(t) = x_1(t) * x_2(t)$，则有：

① 微分 $y'(t) = x_1'(t) * x_2(t) = x_1(t) * x_2'(t)$

② 积分 $y^{(-1)}(t) = x_1^{(-1)}(t) * x_2(t) = x_1(t) * x_2^{(-1)}(t)$

③ 微积分 $y(t) = x_1(t) * x_2(t) = x_1'(t) * x_2^{(-1)}(t) = x_1^{(-1)}(t) * x_2'(t)$

性质4：卷积的时移性，若 $x_1(t) * x_2(t) = y(t)$，则

$x_1(t) * x_2(t-t_0) = x_1(t-t_0) * x_2(t) = y(t-t_0)$，$t_0$ 为实常数；

$x_1(t-t_1) * x_2(t-t_2) = y(t-t_1-t_2)$，$t_1$ 和 t_2 为实常数。

特例：

$$x(t) * \delta(t-t_0) = x(t-t_0) \tag{2.2-13}$$

式(2.2-13) 表明，位于 $t=t_0$ ($t_0>0$) 处的单位冲激信号与另一信号 $x(t)$ 的卷积运算，相当于将 $x(t)$ 波形沿 t 轴正方向平移 t_0。

(5) 相关

所谓“相关（relativity）”就是相似，相关分析就是分析两个不同信号间的相似性，或一个信号经过一段延迟后自身的相似性。前者称互相关分析，后者称自相关分析。由于相关大小与两信号相对位置有关。因此，相关函数表征了两信号在不同时刻的相关程度，从而在时域上揭示信号间有无内在联系。相关分析是信号处理基本方法之一。

实信号 $f_1(t)$ 和 $f_2(t)$，如为能量有限信号，其互相关函数定义为

$$R_{12}(\tau) = \int_{-\infty}^{\infty} f_1(t) f_2(t-\tau) \mathrm{d}t = \int_{-\infty}^{\infty} f_1(t+\tau) f_2(t) \mathrm{d}t \tag{2.2-14}$$

$$R_{21}(\tau) = \int_{-\infty}^{\infty} f_1(t-\tau) f_2(t) \mathrm{d}t = \int_{-\infty}^{\infty} f_1(t) f_2(t+\tau) \mathrm{d}t \tag{2.2-15}$$

可见，互相关函数是两信号之间时间差 τ 的函数。需要注意，一般 $R_{12}(\tau) \neq R_{21}(\tau)$。不难证明，它们间的关系是

$$\begin{cases} R_{12}(\tau) = R_{21}(-\tau) \\ R_{21}(\tau) = R_{12}(-\tau) \end{cases} \tag{2.2-16}$$

如果 $f_1(t)$ 和 $f_2(t)$ 是同一信号，即 $f_1(t) = f_2(t) = f(t)$，这时无需区分 $R_{12}(\tau)$ 与

$R_{21}(\tau)$，用 $R(\tau)$ 表示，称为自相关函数，即

$$R(\tau)=\int_{-\infty}^{\infty} f(t)f(t-\tau)\mathrm{d}t=\int_{-\infty}^{\infty} f(t+\tau)f(t)\mathrm{d}t \tag{2.2-17}$$

容易看出，对自相关函数有 $R(\tau)=R(-\tau)$。

可见，实函数 $f(t)$ 的自相关函数是时移 τ 的偶函数。

又因为信号 $f_1(t)$ 和 $f_2(t)$ 卷积的表达式为

$$f_1(t)*f_2(t)=\int_{-\infty}^{\infty} f_1(\tau)f_2(t-\tau)\mathrm{d}\tau \tag{2.2-18}$$

为了便于与互相关函数相比较，将式(2.2-14) 中的变量 t 与 τ 互换，可将信号 $f_1(t)$ 和 $f_2(t)$ 的互相关函数写为

$$R_{12}(t)=\int_{-\infty}^{\infty} f_1(\tau)f_2(\tau-t)\mathrm{d}\tau \tag{2.2-19}$$

比较式(2.2-18) 与式(2.2-19) 可见，卷积积分和相关函数的运算方法有许多相同之处。两种运算的不同之处仅在于：卷积运算开始时需要进行反转运算，而相关运算则不需反转。

在实际应用中，自相关在信号检测中具有重要作用，是在误码最小原则下的最佳接收准则。例如，在信号分析与处理过程中，常常利用自相关从强噪声中检测弱的周期信号；互相关在车速测量、直线定位以及模式识别和密码分析学领域中都有应用。

2.3 信号的频域分析

时域和频域是分析研究信号的两种不同途径，在时域表达式中，我们可以看到信号幅度随时间变化的关系，但是信号包含的频率成分、各频率成分的幅度大小等信息却不能从时域表达式中直观地反映出来，因此，在信号分析中，还需要将信号表示成频率的函数，即频域表达式。如何由信号的时间表示（时域分析）变换到它的频率表示（频域分析）呢？最经典的数学方法是傅里叶分析，它是由法国数学家傅里叶发明的，近两百年来经久不衰，一直是众多学科的有力分析工具。

傅里叶分析的核心思想是将信号分解为许多单一频率的正弦信号的组合，也即傅里叶提出“不存在不能用三角级数表达的函数”的学说，傅里叶分析内容丰富，包含了连续时间信号的傅里叶分析和离散时间信号的傅里叶分析。这里仅讨论连续时间信号的傅里叶分析。

2.3.1 连续周期信号的傅里叶级数（Fourier Series，FS）

设 $f(t)$ 是一连续时间周期信号，周期为 T，即

$$f(t)=f(t+T)=f(t+2T)=\cdots=f(t+nT)$$

则 $f(t)$ 可用不同频率的正弦波展开为

$$f(t)=\sum_{k=-\infty}^{\infty} F(k\omega_0)\mathrm{e}^{\mathrm{j}k\omega_0 t} \quad k=0,\pm1,\pm2,\cdots,\pm\infty \tag{2.3-1}$$

式(2.3-1) 表明，周期信号波形由简单的复正弦波 $\mathrm{e}^{\mathrm{j}k\omega_0 t}$ 相加（线性叠加）组成。每一个正弦波都有一个频率 $k\omega_0$ 和系数 $F(k\omega_0)$ 相对应。其中，$\omega_0=2\pi/T$ 为信号的基波频率，$k\omega_0$ 为其第 k 次谐波频率。其中基波决定信号的“轮廓”，谐波决定信号的“细节”。

系数 $F(k\omega_0)$ 可由信号 $f(t)$ 得到，即

$$F(k\omega_0)=\frac{1}{T}\int_{t}^{t+T} f(t)\mathrm{e}^{-\mathrm{j}k\omega_0 t}\mathrm{d}t \tag{2.3-2}$$

式(2.3-2) 称为周期信号 $f(t)$ 的傅里叶级数或 $f(t)$ 的频谱。所谓“谱”是指按一定规律列出的图表或图像，所谓“频谱”是指描述信号振幅及相位随频率变化的图像，其中振幅随频率变化的图像称为“幅度谱”，相位随频率变化的图像称为“相位谱”。

在式(2.3-2) 中，因为 $F(k\omega_0)$ 和 $f(t)$ 一一对应，并且仅在 ω_0 的整数倍上取值，即它在频率轴上的取值是离散的，故 $F(k\omega_0)$ 为离散谱，又称为“线谱”。因此有结论：若信号在时域是周期的，则频域的频谱是离散的。

2.3.2 连续非周期信号的傅里叶变换（Fourier Transform，FT）

若 $f(t)$ 为非周期信号，则傅里叶级数不能适用。但非周期信号可以看作周期 T 趋于无穷大的周期信号，这样，离散频率间距 ω_0 趋于零，离散频率 $k\omega_0$ 趋于连续频率 ω，于是得到连续的频谱 $F(\mathrm{j}\omega)$。这就是非周期信号 $f(t)$ 的傅里叶变换（FT），即

$$f(t)=\frac{1}{2\pi}\int_{-\infty}^{\infty}F(\mathrm{j}\omega)\mathrm{e}^{\mathrm{j}\omega t}\mathrm{d}\omega \tag{2.3-3}$$

式(2.3-3) 表明：非周期信号 $f(t)$ 可以分解成无限多个指数函数 $\mathrm{e}^{\mathrm{j}\omega t}$ 之和，它占据从 $-\infty$ 到 $+\infty$ 的全部频率域，指数函数 $\mathrm{e}^{\mathrm{j}\omega t}$ 分量的谱系数振幅是一个无穷小量 $\frac{F(\mathrm{j}\omega)}{2\pi}\mathrm{d}\omega$。

$F(\mathrm{j}\omega)$ 可由信号 $f(t)$ 得到，即

$$F(\mathrm{j}\omega)=\int_{-\infty}^{\infty}f(t)\mathrm{e}^{-\mathrm{j}\omega t}\mathrm{d}t \tag{2.3-4}$$

通常，由 $f(t)$ 求 $F(\mathrm{j}\omega)$ 称为傅里叶正变换，并记为 $\mathrm{FT}[f(t)]$，由 $F(\mathrm{j}\omega)$ 求 $f(t)$ 称为傅里叶反变换，记为 $\mathrm{IFT}[F(\mathrm{j}\omega)]$。很显然，若信号在时域是非周期的，则频域的频谱是连续的。

关于傅里叶级数和傅里叶变换还有两点说明：

① 傅里叶级数和傅里叶变换在数学上都要求 $f(t)$ 满足一定的条件。所幸的是，可物理测量的信号一般都能满足这些条件；

② 傅里叶级数和傅里叶变换都含有“负频率”和“正频率”，通常称为双边谱，其中，负的频率是没有物理意义的，这是由于引入复正弦波引起的；

③ 周期信号的傅立叶变换定义为傅里叶级数或信号的频谱，非周期信号的傅里叶变换定义为频谱密度。频谱密度和频谱的主要区别有两点：第一，频谱密度是连续谱，单位为伏/赫（V/Hz），傅里叶级数是离散谱，单位为伏（V）。第二，非周期信号的能量有限，并分布在连续频率轴上，所以在每个频率点上信号的幅度是无穷小，只有在一小段频率间隔 $\mathrm{d}\omega$ 才有确定的非零振幅；周期信号的能量无限，它在无限多的离散频率点上有确定的非零振幅。顺便指出，在本书后面针对非周期信号讨论问题时，也常把频谱密度简称为频谱，这时在概念上不要把它和周期信号的频谱相混淆。

通过对傅里叶级数和傅立叶变换的分析，可以进一步发现，傅立叶分析理论的核心思想与数学中的牛顿--莱布尼兹微积分理论的思想有相似之处，即“化整为零，积零为整”，也就是将复杂问题分割成许多相对简单的问题来分别处理，再对处理后的简单问题合理整合，从而完成复杂问题的处理和解决。

2.3.3 常用典型信号的频谱

(1) 周期性矩形脉冲信号的频谱

某周期性矩形脉冲信号的波形如图 2-8 所示。

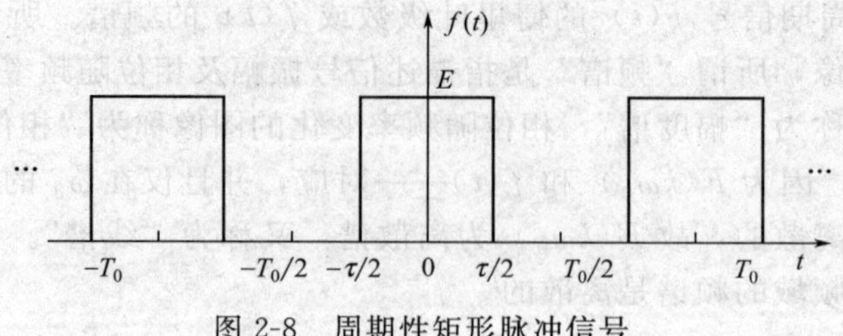

图 2-8　周期性矩形脉冲信号

由图 2-8 可知，此周期性矩形脉冲信号的周期为 T，宽度为了 τ，幅度为 E，它在一个周期内的解析式为

$$f(t)=\begin{cases}E & -\dfrac{\tau}{2}\leqslant t\leqslant\dfrac{\tau}{2}\\0 & \text{其他}\end{cases}\tag{2.3-5}$$

代入式(2.3-2) 中，得

$$F(k\omega_0)=\frac{1}{T}\int_{-\frac{T}{2}}^{\frac{T}{2}}E\mathrm{e}^{-\mathrm{j}k\omega_0 t}\,\mathrm{d}t=\frac{E\tau}{T}Sa\left(\frac{1}{2}k\omega_0\tau\right)\tag{2.3-6}$$

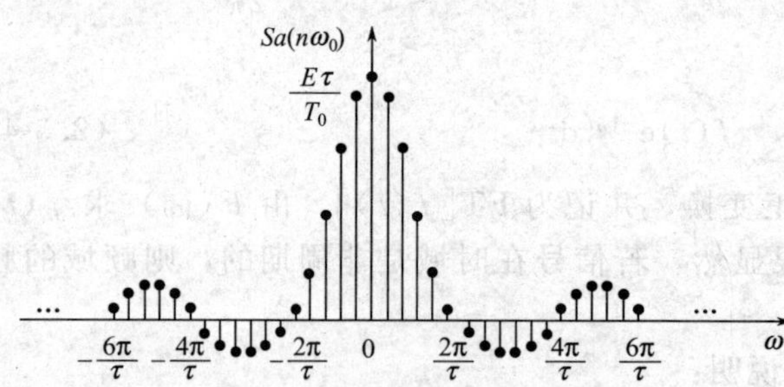

图 2-9　周期性矩形脉冲信号的频谱

因此，周期性矩形脉冲信号的频谱如图 2-9 所示。

不难看出，周期性矩形脉冲信号的频谱是离散的，且谱线的包络为抽样信号。进一步研究证明，周期信号的频谱具有离散性、谐波性和收敛性三大特点。

（2）单个矩形脉冲信号的频谱（密度）如图 2-10(a) 所示，单个矩形脉冲信号的表达式可表示为

$$f(t)=\begin{cases}E & |t|\leqslant\dfrac{\tau}{2}\\0 & |t|>\dfrac{\tau}{2}\end{cases}\tag{2.3-7}$$

由于 $f(t)$ 为非周期信号，由式(2.3-4) 可知 $f(t)$ 的频谱函数为

$$F(\mathrm{j}\omega)=\int_{-\infty}^{\infty}f(t)\mathrm{e}^{-\mathrm{j}\omega t}\,\mathrm{d}t=\int_{-\frac{\tau}{2}}^{\frac{\tau}{2}}E\mathrm{e}^{-\mathrm{j}\omega t}\,\mathrm{d}t=E\tau Sa\left(\frac{\tau\omega}{2}\right)\tag{2.3-8}$$

式(2.3-5) 中，$Sa\left(\frac{\tau\omega}{2}\right)=\dfrac{\sin\frac{\tau\omega}{2}}{\frac{\tau\omega}{2}}$称为抽样函数。故 $f(t)$ 的频谱 $F(\mathrm{j}\omega)$ 图如图 2-10(b)

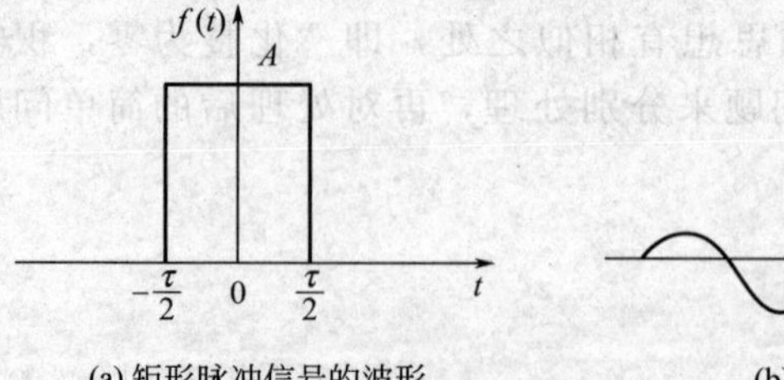

(a) 矩形脉冲信号的波形

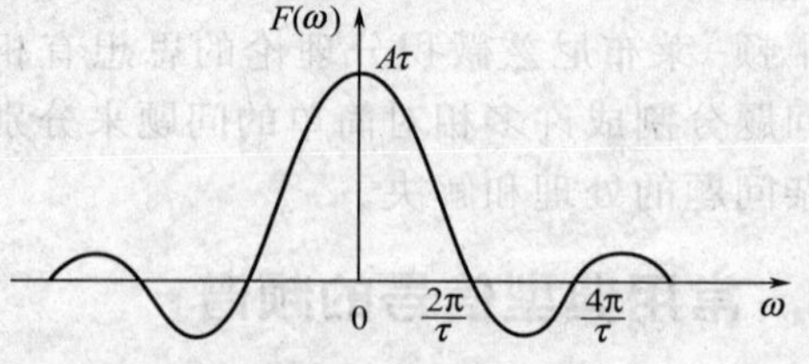

(b) 矩形脉冲信号的频谱

图 2-10　矩形脉冲信号的波形和频谱

所示。

式(2.3-5) 表明，单个矩形脉冲函数的频谱密度曲线的零点间隔为 $1/\tau$（此时自变量为频率 f，若为角频率 ω，则零点间隔为 $2\pi/\tau$）。为了传输这样的矩形脉冲，在实际应用中，把第一个过零点的位置作为带宽就够了，即认为矩形脉冲的带宽等于其脉冲持续时间的倒数，即 $B=\frac{1}{\tau}$。不难看出，信号在时域中越窄，即 τ 越小，矩形信号占有频带越宽。

(3) 单位冲激信号的频谱（密度）

由于单位冲激信号 $\delta(t)$ 为非周期信号，根据非周期信号傅里叶变换的公式，可得单位冲激信号 $\delta(t)$ 的傅里叶变换为

$$F(\mathrm{j}\omega)=\int_{-\infty}^{\infty}\delta(t)\mathrm{e}^{-\mathrm{j}\omega t}\mathrm{d}t=\mathrm{e}^{-\mathrm{j}\omega 0}=1 \tag{2.3-9}$$

式(2.3-9) 表明，单位冲激函数的频谱密度等于 1，即它的各频率分量连续且均匀分布在整个频率轴上。图 2-11 示出单位冲激函数的波形和频谱密度曲线。

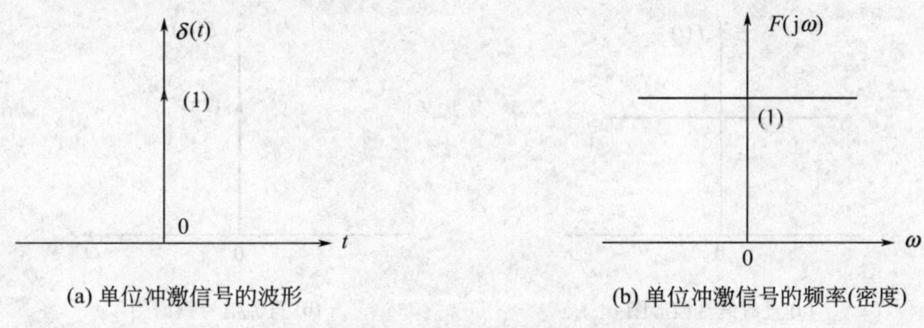

(a) 单位冲激信号的波形　　(b) 单位冲激信号的频率(密度)

图 2-11　$\delta(t)$ 函数及其频谱密度曲线

利用相关性质可以证明，如图 2-12(a) 所示的梳妆函数 $\delta_{\mathrm{T}}(t)=\sum\limits_{n=-\infty}^{\infty}\delta(t-nT)$ 的频谱

$$\begin{aligned}F(\mathrm{j}\omega)&=\frac{1}{T}\sum_{n=-\infty}^{\infty}2\pi\delta(\omega-n\omega_1)=\frac{1}{T}\sum_{n=-\infty}^{\infty}2\pi\delta(\omega-n\omega_1)\\&=\frac{2\pi}{T}\sum_{n=-\infty}^{\infty}\delta(\omega-n\omega_1)=\omega_1\sum_{n=-\infty}^{\infty}\delta(\omega-n\omega_1)=\omega_1\delta_{\omega_1}(\omega)\end{aligned} \tag{2.3-10}$$

式(2.3-10) 表明，周期单位冲激串的傅里叶变换仍为冲激串，且强度和间隔都为 ω_1。图 2-12(b) 示出周期单位冲激串的频谱。

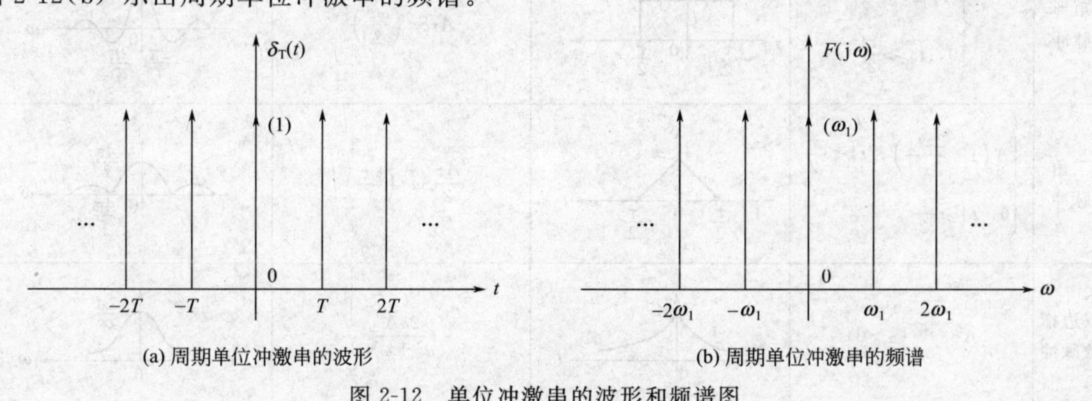

(a) 周期单位冲激串的波形　　(b) 周期单位冲激串的频谱

图 2-12　单位冲激串的波形和频谱图

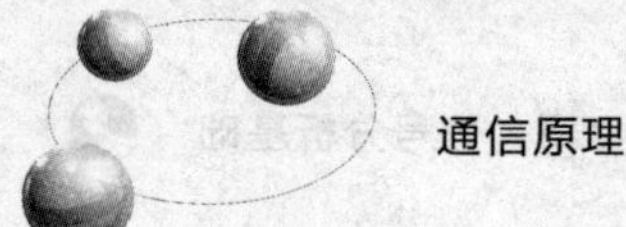

（4）直流信号

设某直流信号 $f(t)=A$，根据 $\delta(t)$ 的傅里叶变换形式，来考虑 $\delta(\mathrm{j}\omega)$ 傅里叶反变换，即

$$F^{-1}[\delta(\mathrm{j}\omega)]=\frac{1}{2\pi}\int_{-\infty}^{\infty}\delta(\mathrm{j}\omega)\mathrm{e}^{\mathrm{j}\omega t}\mathrm{d}\omega=\frac{1}{2\pi}$$

上式两边取傅里叶变换，得

$$\delta(\mathrm{j}\omega)=F\left[\frac{1}{2\pi}\right]$$

即

$$1\leftrightarrow 2\pi\delta(\mathrm{j}\omega) \tag{2.3-11}$$

同理

$$A\leftrightarrow 2\pi A\delta(\mathrm{j}\omega) \tag{2.3-12}$$

式(2.3-12)表明，直流信号的频谱是位于 $\omega=0$ 的冲激函数，这与直流信号的物理概念是一致的。直流信号及其频谱图如图 2-13 所示。

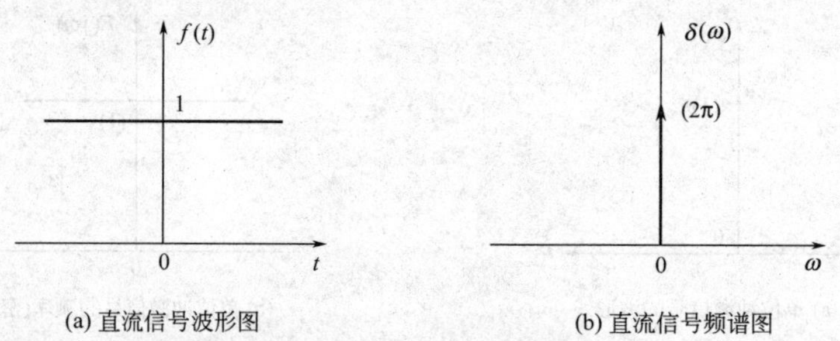

(a) 直流信号波形图　(b) 直流信号频谱图

图 2-13　直流信号及其频谱

常用信号的傅里叶变换列于表 2-1 中，可供查阅。

表 2-1　常用信号的傅里叶变换表

名称	时间信号 $f(t)$	波形图	频谱函数 $F(\omega)$	频谱图
单边指数脉冲	$A\mathrm{e}^{-\alpha t}u(t)\ (\alpha>0)$	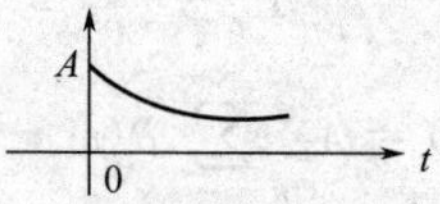	$\dfrac{A}{\alpha+\mathrm{j}\omega}$	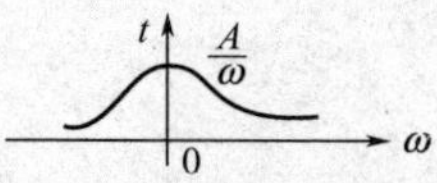
矩形脉冲	$\begin{cases}A, & \lvert t\rvert<\dfrac{\tau}{2}\\ 0, & \lvert t\rvert\geqslant\dfrac{\tau}{2}\end{cases}$	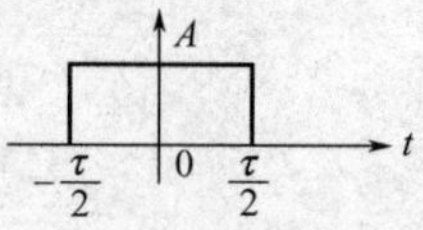	$A\tau Sa\left(\dfrac{\omega\tau}{2}\right)$	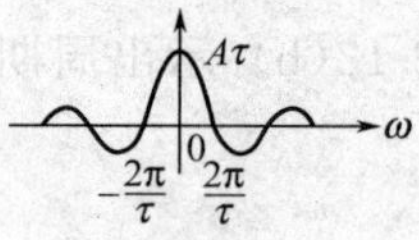
三角脉冲	$\begin{cases}A\left(1-\dfrac{2\lvert t\rvert}{\tau}\right), & \lvert t\rvert<\dfrac{\tau}{2}\\ 0, & \lvert t\rvert\geqslant\dfrac{\tau}{2}\end{cases}$	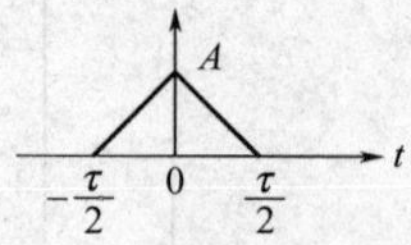	$\dfrac{A\tau}{2}Sa^2\left(\dfrac{\omega\tau}{4}\right)$	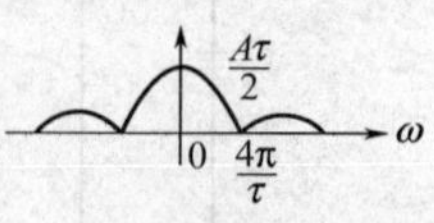
双边指数脉冲	$A\mathrm{e}^{-\alpha\lvert t\rvert}\ (\alpha>0)$	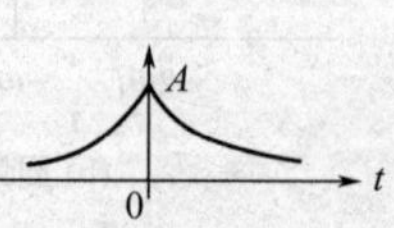	$\dfrac{2\alpha A}{\alpha^2+\omega^2}$	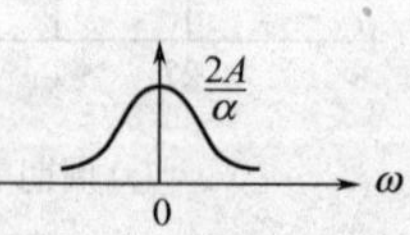

续表

名称	时间信号 $f(t)$	波形图	频谱函数 $F(\omega)$	频谱图
抽样脉冲	$Sa(\omega_c t)=\frac{\sin\omega_c t}{\omega_c t}$	1；0；t	$\begin{cases}\frac{\pi}{\omega_c},\|\omega\|<\omega_c\\0,\|\omega\|>\omega_c\end{cases}$	π/ω_c；$-\omega_c$　0　ω_c；ω
冲激函数	$A\delta(t)$	∞；(A)；0；t	A	A；0；ω
阶跃函数	$Au(t)$	A；0；t	$\frac{A}{j\omega}+A\pi\delta(\omega)$	$(A\pi)$；0；ω
斜变函数	$tu(t)$	0；t	$j\pi\delta(\omega)-\frac{1}{\omega^2}$	(π)；ω
符号函数	$Asgn(t)$	A；0；$-A$；t	$\frac{2A}{j\omega}$	0；ω
直流	A	A；0；t	$2\pi A\delta(\omega)$	$(2\pi A)$；0；ω
冲激序列	$\delta_\tau(t)=\sum_{n=-\infty}^{\infty}\delta(t-nT)$	(1)；$-2T$ $-T$　0　T　$2T$；t	$\omega_1=\sum_{n=-\infty}^{\infty}\delta(\omega-n\omega_1)$，$\left(\omega_1=\frac{2\pi}{T}\right)$	(ω_1)；$-2\omega_1$　$-\omega_1$　0　ω_1　$2\omega_1$；ω
余弦函数	$A\cos\omega_0 t$	A；0；t	$A\pi[\delta(\omega+\omega_c)+\delta(\omega-\omega_0)]$	$(A\pi)$　$(A\pi)$；$-\omega_0$　0　ω_0
正弦函数	$A\sin\omega_0 t$	A；0；t	$jA\pi[\delta(\omega+\omega_0)-\delta(\omega-\omega_0)]$	$(A\pi)$；$-\omega_0$　0　ω_0；$(-A\pi)$

2.3.4　傅里叶变换的性质

傅里叶变换的性质包括线性、对称性、尺度变换、时移特性、频移特性、时域卷积定理、频域卷积定理、时域微分和积分、频域微分和积分等性质。这里主要介绍时移特性、频移特性、时域卷积定理和频域卷积定理。

(1) 时移特性

若信号 $f(t)$ 的频谱为 $F(j\omega)$，即 $f(t)\leftrightarrow F(j\omega)$

则信号 $f(t-t_0)$ 的频谱为 $F(j\omega)e^{-j\omega t_0}$，即

$$f(t-t_0)\leftrightarrow F(j\omega)e^{-j\omega t_0}$$

时移特性表明：信号 $f(t)$ 在时域中沿时间轴右移（延时）t_0 个单位等效于在频域中频

谱乘以因子 $e^{-j\omega t_0}$；若信号 $f(t)$ 沿时间轴左移（提前）t_0 个单位，则其频谱应乘以因子 $e^{j\omega t_0}$。

(2) 频移特性

若信号 $f(t)$ 的频谱为 $F(j\omega)$，即

$$f(t)\leftrightarrow F(j\omega)$$

则信号 $f(t)e^{j\omega_0 t}$ 的频谱为 $F[j(\omega-\omega_0)]$，即

$$f(t)e^{j\omega_0 t}\leftrightarrow F[j(\omega-\omega_0)]$$

频移特性表明：信号 $f(t)$ 乘以因子 $e^{j\omega_0 t}$（或 $e^{-j\omega_0 t}$），则其频谱沿频率轴右移（或左移）ω_0 个单位。

上述频谱沿频率轴右移或左移称为频谱搬移技术。在通信系统中可用于实现调制、变频及同步解调等过程。频谱搬移的基本原理是将 $f(t)$ 乘以载频信号 $\cos(\omega_0 t)$ 或者 $\sin(\omega_0 t)$。即

$$\begin{aligned}F[f(t)\cos\omega_0 t]&=F\left[\frac{1}{2}f(t)e^{j\omega_0 t}+\frac{1}{2}f(t)e^{-j\omega_0 t}\right]\\&=\frac{1}{2}[F(\omega-\omega_0)+F(\omega+\omega_0)]\end{aligned}\tag{2.3-13}$$

同理

$$F[f(t)\sin\omega_0 t]=\frac{1}{2j}[F(\omega-\omega_0)-F(\omega+\omega_0)]\tag{2.3-14}$$

式(2.3-14) 表明：一个时间信号 $f(t)$ 与正弦信号 $\sin\omega_0 t$ 相乘，它的频谱 $F(j\omega)$ 将搬移到 $\omega=\omega_0$ 和 $\omega=-\omega_0$ 处，其幅度为原来的一半。

(3) 时域卷积定理

若信号 $f_1(t)$ 的频谱为 $F_1(j\omega)$，即 $f_1(t)\leftrightarrow F_1(j\omega)$

若信号 $f_2(t)$ 的频谱为 $F_2(j\omega)$，即 $f_2(t)\leftrightarrow F_2(j\omega)$

则：$f_1(t)*f_2(t)\leftrightarrow F_1(j\omega)F_2(j\omega)$

(4) 频域卷积定理

若信号 $f_1(t)$ 的频谱为 $F_1(j\omega)$，即 $f_1(t)\leftrightarrow F_1(j\omega)$

若信号 $f_2(t)$ 的频谱为 $F_2(j\omega)$，即 $f_2(t)\leftrightarrow F_2(j\omega)$

则：

$$f_1(t)f_2(t)\leftrightarrow F_1(j\omega)*F_2(j\omega)$$

时域卷积定理和频域卷积定理表明，函数卷积的傅里叶变换是函数傅里叶变换的乘积。即一个域中的卷积对应于另一个域中的乘积，例如时域中的卷积对应于频域中的乘积。在信号和系统分析过程中，利用相应的卷积定理可以大大简化卷积的运算量。

通过信号时域分析和频域分析方法的讲述可知：

① 信号“域”的不同，是指信号的自变量不同，或描述信号的横坐标物理量不同，信号在不同“域”的描述使所需信号的特征更为突出，以便满足解决不同问题的需要。但是，无论采用哪种描述方法，同一信号含有的信息和能量是相同的，即信号在不同“域”间转换时不增加新的信息和能量；

② 分析信号特征的一个基本思路和方法就是将信号分解为某种最简单的单一信号的组合。在时域分析中，将任意信号分解为一系列不同强度的冲激信号的移位加权和，而在频域分析中则是将任意信号分解为以正弦信号为基础的各谐波分量的移位加权和。

2.4　信号通过线性系统

2.4.1　系统的分类

从本质上看，通信实际上是在噪声背景下信号通过系统的过程。所谓系统，一般是指若干相互关联、相互作用的事物按一定规律组合而成的具有特定功能的整体。实际生活中存在各种各样的系统，譬如物理的、化学的、生物的、经济的等等，在分析属性各异的系统时，常常抽去具体系统的物理含义或社会含义而把它抽象为一个数学模型，然后用数学方法（或计算机仿真等）求出它的解答，并对所得结果赋予实际含义。需要注意的是，不同的物理系统经过抽象和近似，可能得到形式上完全相同的数学模型，也就是说，同一数学模型可以描述物理外貌截然不同的系统。

根据数学模型的不同，可对系统进行如下分类。

(1) 即时系统和动态系统

如果系统在任意时刻的输出仅取决于该时刻的输入，而与它过去的状态无关，就称其为即时系统（或无记忆系统），全部由无记忆元件（例如电阻）组成的系统就是即时系统，即时系统可用代数方程描述；如果系统在任意时刻的输出不仅与该时刻的输入有关，而且还与它过去的状态有关，就称之为动态系统（或记忆系统）。含有记忆元件（如电感、电容、寄存器等）的系统就是动态系统，动态系统可用微分方程或差分方程描述，本书主要讨论动态系统。

(2) 连续时间系统与离散时间系统

如果系统的输入、输出都是连续时间信号，则称此系统为连续时间系统。若系统的输入、输出都是离散时间信号，则称此系统为离散时间系统。

描述连续时间系统的数学模型是微分方程，而描述离散时间系统的数学模型是差分方程。

(3) 线性系统与非线性系统

具有叠加性和齐次性的系统称为线性系统。所谓叠加性是指当几个激励信号作用于系统时，总的输出响应等于每个激励信号单独作用所产生的响应之和。而齐次性的含义是，当输入信号乘以某常数时，输出响应也被乘相同的常数。

判断方法如下：

假设系统的输入与输出满足关系式

$$y(t)=T[f(t)]$$

如果满足

$$T[af_1(t)+bf_2(t)]=aT[f_1(t)]+bT[f_2(t)]$$

则该系统为线性系统，不满足叠加性或齐次性的系统是非线性系统。

描述线性连续（离散）系统的数学模型是线性微分（差分）方程，而描述非线性连续（离散）系统的数学模型是非线性微分（差分）方程。

(4) 时变系统与时不变系统

时不变系统内部参数都是常数，因而在系统初始状态相同的条件下，系统输出仅取决于系统的输入，而与输入施加于系统的时刻无关。或者说，当输入延迟一段时间接入系统时，其响应也延迟相同的一段时间，且信号波形不变。

判断方法如下：

假设系统的输入与输出满足关系式

$$y(t)=T[f(t)]$$

当 $f_1(t)=f(t-t_0)$时，若满足

$$y_1(t)=T[f(t-t_0)]=y(t-t_0)$$

则该系统为时不变系统，否则为时变系统。

(5) 因果系统与非因果系统

如果 $t<t_0$ 时系统的激励信号等于零，相应的输出信号 $t<t_0$ 也等于零，这样的系统称为因果系统，否则，即为非因果系统。显然，所有实际运行的物理系统都是因果系统。因此，因果系统也称为物理可实现系统。非因果系统虽不存在于客观世界，然而研究它的数学模型有助于因果系统的分析。

借“因果”这一名词，常把 $t=0$ 接入系统的信号（在 $t<0$ 时函数值为零）称为因果信号（或有始信号）。

对于因果系统，在因果信号的激励下，响应也为因果信号。

2.4.2 线性时不变系统

同时满足线性和时不变性的系统叫做线性时不变（Linear Time Invariant，LTI）系统，简称 LTI 系统。描述线性时不变连续系统的数学模型是常系数线性微分方程，而描述线性时不变离散系统的数学模型是常系数线性差分方程。

LTI 系统是分析和研究信号与系统的基础，在 2.2 节和 2.3 节的中提到，信号时域分析的基本思想是将任意信号分解为一系列不同强度的冲激信号的移位加权和，频域分析的基本思想是将任意信号分解为许多单一频率的正弦信号的组合，这种信号分解的思想，对于分析 LTI 系统特别有利，这是因为 LTI 系统具有线性和时不变性，我们只需研究单一信号通过系统后得到的响应，然后在系统的输出端将系统对各个单一信号的响应用同样的方式组合起来，就得到系统总的响应。

2.4.3 系统函数

LTI 系统的输入与输出之间的关系有时域和频域两种表示方法。时域中用冲激响应 $h(t)$ 表征系统自身的固有特性。冲激响应 $h(t)$ 就是单位冲激函数 $\delta(t)$ 作用于线性时不变系统时的系统响应。如果系统的输入为 $x(t)$，系统的输出为 $y(t)$，则它们之间的关系为

$$y(t)=h(t)*x(t)=\int_{-\infty}^{\infty}h(\tau)x(t-\tau)\mathrm{d}\tau \tag{2.4-1}$$

式(2.4-1) 表明，系统输出 $y(t)$ 等于输入信号 $x(t)$ 与系统冲激响应 $h(t)$ 的卷积。

系统的频域特性用符号 $H(\mathrm{j}\omega)$ 表示，它是冲激响应 $h(t)$ 的傅里叶变换，即

$$h(t)\leftrightarrow H(\mathrm{j}\omega)$$

设信号 $x(t)$ 和输出信号 $y(t)$ 的频谱函数分别为 $X(\mathrm{j}\omega)$ 和 $Y(\mathrm{j}\omega)$，根据傅里叶变换的卷积定理有

$$Y(\mathrm{j}\omega)=F[y(t)]=F[h(t)*x(t)]=H(\mathrm{j}\omega)\cdot X(\mathrm{j}\omega)$$

于是得到

$$H(\mathrm{j}\omega)=\frac{Y(\mathrm{j}\omega)}{X(\mathrm{j}\omega)} \tag{2.4-2}$$

$H(j\omega)$ 称为系统函数（或称为传输函数）。式(2.3-12) 表明，系统对输入信号 $x(t)$ 频谱的修改或过滤取决于系统函数 $H(j\omega)$，$H(j\omega)$ 改变了包含在输入信号的各频率分量（振幅和相位）的相对比例。

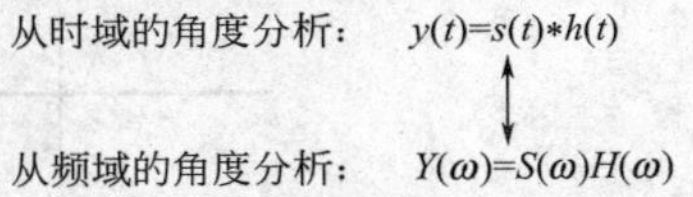

$H(j\omega)$ 和 $h(t)$ 分别表示线性系统的频域和时域的描述方法，它们与输入和输出的关系如图 2-14 所示。

从时域的角度分析：　$y(t)=s(t)*h(t)$

从频域的角度分析：　$Y(\omega)=S(\omega)H(\omega)$

图 2-14　$H(j\omega)$ 和 $h(t)$ 关系示意图

由于 $X(j\omega)$ 和 $Y(j\omega)$ 一般是复函数，因而 $H(j\omega)$ 通常也是一个复函数，记为

$$H(j\omega)=|H(j\omega)|e^{j\varphi(\omega)} \tag{2.4-3}$$

式(2.4-3) 中，$|H(j\omega)|$表示线性系统的幅频特性，$\varphi(\omega)$ 表示线性系统的相频特性。

系统函数在分析 LTI 系统中占有十分重要的地位。它不仅是连接输入和输出的纽带和桥梁，而且还可以用它来研究系统的稳定性。

2.4.4 无失真传输系统

一般情况下，信号通过线性系统，或多或少总存在失真，无失真传输系统是一种理想模型。信号的无失真传输，从时域来说，就是要求系统输出响应 $y(t)$ 的波形应当与系统输入激励号 $x(t)$ 的波形完全相同，而幅度大小可以不同，时间可以有所延迟，即

$$y(t)=kx(t-t_d) \tag{2.4-4}$$

通常将式(2.4-4) 称为无失真传输的时域条件，其中，k 为常数，t_d为延迟时间。满足上述无失真传输条件时，输出信号 $y(t)$ 的幅度比输入信号 $x(t)$ 放大 k 倍，输出信号的时间比输入信号 $x(t)$ 延迟了 t_d秒，但波形形状不变。如图 2-15 所示。

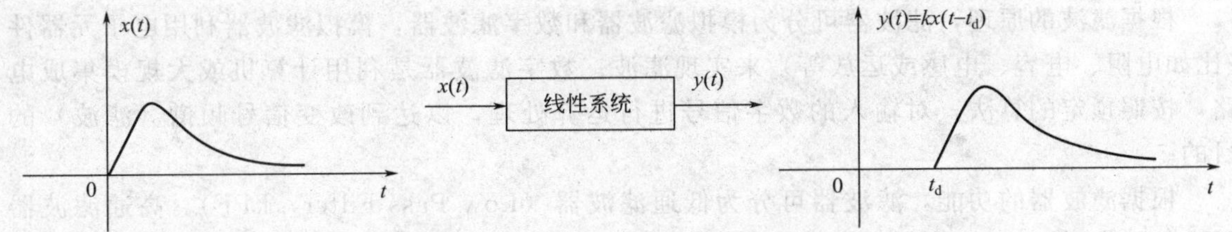

图 2-15　信号无失真传输的时域特性

若要保持系统无失真传输信号，从频域分析，利用傅里叶变换的时移特性，将式(2.4-4) 两边进行傅里叶变换运算，可得到输出信号频谱和输入信号频谱之间的关系为

$$Y(j\omega)=kX(j\omega)e^{-j\omega t_d}=H(j\omega)\cdot X(j\omega) \tag{2.4-5}$$

整理式(2.4-5) 得无失真传输系统的系统函数应满足

$$H(j\omega)=ke^{-j\omega t_d} \tag{2.4-6}$$

因此，系统无失真传输的频域条件是

$$\begin{cases}|H(j\omega)|=k\\ \varphi(\omega)=-\omega t_d\end{cases} \tag{2.4-7}$$

式(2.4-7) 表明，若信号通过线性系统不产生幅度失真，则必须在信号的全部频带范围内，系统频率响应的幅度特性为一常数；而要使得信号不产生相位失真，则要求相位特性是一通过原点的直线，这两种情况分别如图 2-16(a)、(b) 所示。

幅频特性为直线易于理解，为何相频特性也是一条直线呢？这是因为，相位在时域的体现是信号的延时，显然对于无失真传输为保持信号波形的不变，要求系统对所有的频率分量

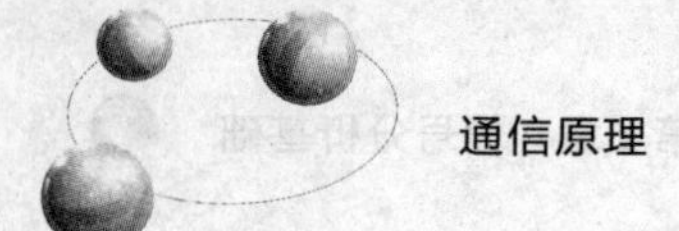

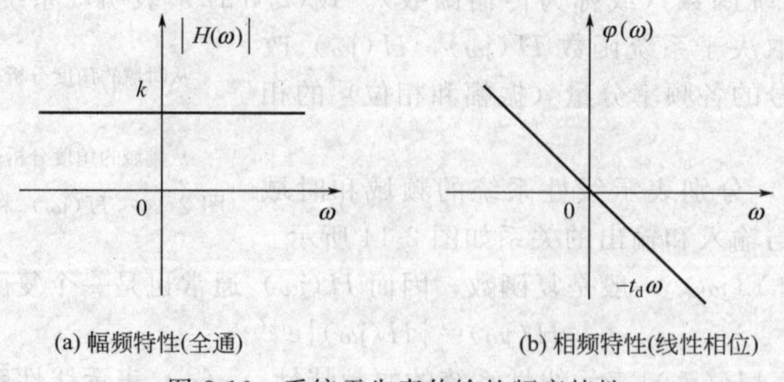

图 2-16　系统无失真传输的频率特性

（即信号分解得到的正弦或余弦信号）相位加权相同，即赋予了相同的相位附加值，也就是各频率分量的延时相同。

若对式(2.4-6) 取傅里叶反变换，则可知系统的单位冲激响应为

$$h(t)=k\delta(t-t_d) \tag{2.4-8}$$

式(2.4-8) 表明，一个无失真传输系统，其单位冲激响应仍为一个冲激函数，不过在强度上不一定为单位 1，位置上也不一定位于 $t=0$ 处。

2.4.5　理想低通滤波器

在信号处理过程中，所处理的信号往往混有噪声，从接收到的信号中减弱或消除噪声是信号传输和处理中十分重要的问题。根据有用信号和噪声的不同特性，减弱或消除噪声并提取有用信号的过程称为滤波。实现滤波功能的系统称为滤波器。

根据滤波的原理，滤波器可分为模拟滤波器和数字滤波器，模拟滤波器利用电子元器件（比如电阻、电容、电感或运放等）来实现滤波；数字滤波器是利用计算机或大规模集成电路，按照预定的算法，对输入的数字信号进行运算处理，以达到改变信号频谱（滤波）的目的。

根据滤波器的功能，滤波器可分为低通滤波器（Low Pass Filter，LPF）、高通滤波器（High Pass Filter，HPF）、带通滤波器（Band Pass Filter，BPF）和带阻滤波器（Band Stop Filter，BSF）四种。每一种滤波器有模拟滤波器（Analog Filter，AF）和数字滤波器（Digital Filter，DF）之分。

在通信系统中，经常应用低通滤波器滤出话音信号，理想低通滤波器是实际低通滤波器的理想模型，最经常用到的模型是具有矩形幅度特性和线性相位特性的滤波网络。这种滤波器的性能是：在某一频率范围内让信号完全通过；而在某一频率以外的信号被完全禁止通过。即在 $|\omega|>\omega_c$ 范围内让信号全部通过，而在 $|\omega|<\omega_c$ 范围，信号完全被抑制。

理想低通滤波器的系统函数为

$$H(j\omega)=\begin{cases}e^{-j\omega t_0} & |\omega|<\omega_c\\ 0 & |\omega|>\omega_c\end{cases} \tag{2.4-9}$$

其幅频特性和相频特性如图 2-17 所示。

从图 2-17 所示的理想低通滤波器的频率特性可以看出，对于低于 ω_c 的所有信号，系统能无失真地传输，而将高于 ω_c 的信号完全阻塞，无法传送。所以，$|\omega|<\omega_c$ 的频率范围称为通带；$|\omega|>\omega_c$ 的频率范围称为阻带，频率 ω_c 称为截止频率。

理想低通滤波器的系统函数 $H(j\omega)$ 经傅里叶反变换运算，得到理想低通滤波器的冲激

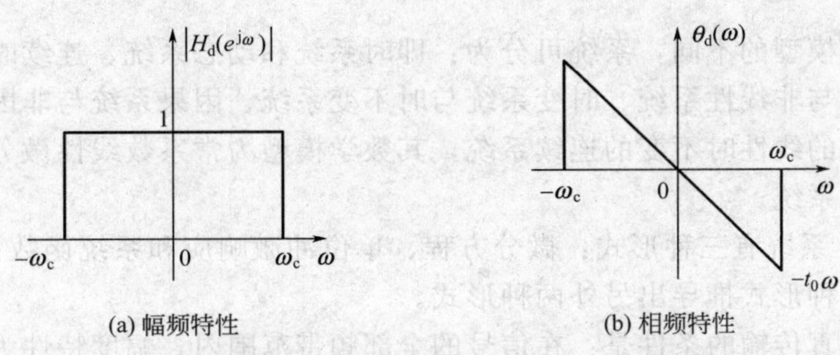

图 2-17　理想低通滤波器的频率特性

响应 $h(t)$，即

$$h(t)=F^{-1}[H(\omega)]=\frac{1}{2\pi}\int_{-\infty}^{\infty}H(\omega)e^{j\omega t}d\omega$$

$$=\frac{1}{2\pi}\int_{-\omega_c}^{\omega_c}e^{-j\omega t_0}e^{j\omega t}d\omega=\frac{\omega_c}{\pi}Sa[\omega_c(t-t_0)] \tag{2.4-10}$$

式(2.4-10) 中，$Sa(x)=\dfrac{\sin x}{x}$为抽样函数。因此，理想低通滤波器的冲激响应 $h(t)$ 是一个峰值位于 t_0 的抽样函数 $Sa(x)$，如图 2-18 所示。

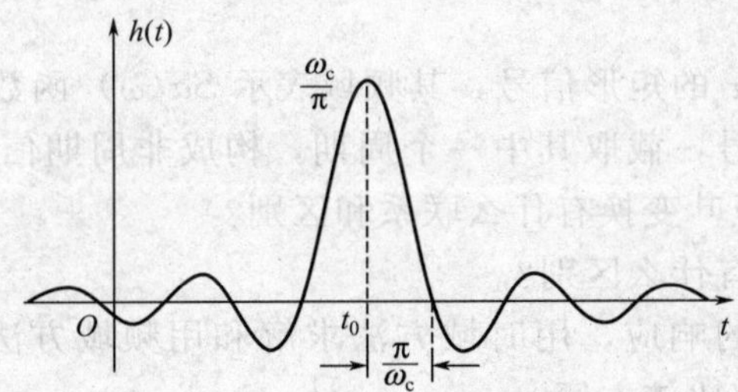

图 2-18　理想低通滤波器的冲激响应

本章小结 ▶▶▶

(1) 按照不同标准，电路系统中的信号可分为：连续时间信号和离散时间信号、周期信号和非周期信号、确知信号和随机信号、能量信号和功率信号、基带信号和频带信号等。

(2) 信号时域分析的基本思想是将任意信号分解为一系列不同强度的冲激信号的移位加权和，信号频域分析的基本思想是将任意信号分解为以正弦信号为基础的各谐波分量的移位加权和。信号时域和频域转换的桥梁是傅里叶变换。

(3) 单位冲激函数和单位阶跃信号在信号和系统分析中特别有利，经常用于描述信号在空间或时间坐标上集中于一点和信号本身有不连续点（跳变点）或其导数有不连续点的情况。

(4) 卷积运算是一种特殊的积分运算，它起源于信号的分解，而应用于系统对信号的响应，利用傅里叶变换的相关性质可将积分运算变为代数运算，大大降低积分运算量。

(5) 相关分析就是分析两个不同信号间的相似性或一个信号经过一段延迟后自身的相似性。相关分析在时域上揭示了信号间有无内在联系。

(6) 信号的频谱是通信原理中非常重要的概念，它描述了信号的振幅和相位随频率变化

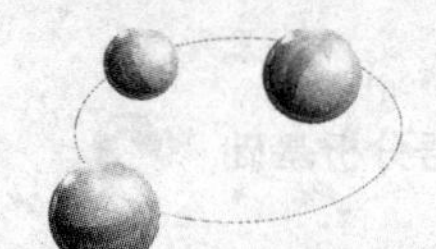

的特性。

(7) 根据数学模型的不同，系统可分为：即时系统和动态系统、连续时间系统与离散时间系统、线性系统与非线性系统、时变系统与时不变系统、因果系统与非因果系统。本书主要讨论动态系统中的线性时不变的连续系统，其数学模型为常系数线性微分方程。实际中的系统一般均为因果系统。

(8) 描述 LTI 系统有三种形式：微分方程、单位冲激响应和系统函数。利用相关变换，可根据其中任何一种形式推导出另外两种形式。

(9) 系统无失真传输的条件是：在信号的全部频带范围内，幅度特性为一常数、相位特性是一通过原点的直线。

(10) 低通滤波器是构成其它滤波器的基础，理想低通滤波器是实际低通滤波器的理想模型，其在通带上具有单位增益和线性相位，在阻带上具有零响应。

思考题与习题 ▶▶▶

2-1　阶跃信号 $u(t)$ 和冲激信号 $\delta(t)$ 是奇异信号，引入这两种信号有什么方便之处？

2-2　时域上的矩形信号，其傅里叶变换为 $Sa(t)$ 函数，频域上的矩形信号，其对应的时域信号波形应是什么形式？

2-3　时域上的 $\delta(t)$ 函数，频域表示是什么特点？频域上的 $\delta(\omega)$ 函数，时域表示有什么特点，有什么物理意义？

2-4　时域上不同脉宽 τ 的矩形信号，其频域表示 $Sa(\omega)$ 函数特性有何不同？

2-5　时域上的周期信号，截取其中一个周期，构成非周期信号。此周期信号和截取后的非周期信号，各自的傅里叶变换有什么联系和区别？

2-6　频谱和频谱密度有什么区别？

2-7　信号通过系统后的响应，用时域方法求解和用频域方法求解有什么联系和区别？什么情况下用什么方法求解比较方便？

2-8　脉宽为 τ 的矩形脉冲信号，其傅里叶变换后的 $Sa(\omega)$ 函数第一个过零点在什么位置？

2-9　信号 $f(t)$ 和一个角频率为 ω_0 的余弦信号在时域上相乘，在频域上发生了什么变化？

2-10　简述抽样信号 $Sa(t)$ 的特点。

2-11　利用冲激信号 $\delta(t)$ 的抽样特性，求下列表示式的函数值。

① $\int_{-\infty}^{\infty} f(t-t_0)\delta(t)\mathrm{d}t$

② $\int_{-\infty}^{\infty} f(\mathrm{e}^{-t}+t)\delta(t+2)\mathrm{d}t$

③ $\int_{-\infty}^{\infty} f(t+\sin t)\delta\left(t-\frac{\pi}{6}\right)\mathrm{d}t$

④ $\int_{-\infty}^{\infty} \mathrm{e}^{-\mathrm{j}\omega t}[\delta(t)-\delta(t-t_0)]\mathrm{d}t$

2-12　判断下列系统是否为线性系统，是否为时不变系统。

① $r(t)=\int_{-\infty}^{\infty}\mathrm{e}(\tau)\mathrm{d}\tau$

② $r(t)=\mathrm{e}(1-t)$

③ $r(t)=e^{2}(t)$

④ $r(t)=\sin[e(t)]u(t)$

2-13　利用相关公式，求以下信号的傅里叶变换

① $te^{-at}u(t)$，$(a>0)$。

② $e^{-at}\sin\omega_0 t\cdot u(t)$。

③ $\mathrm{Sa}\left(\frac{\omega t}{2}\right)=\frac{\sin\left(\frac{\omega t}{2}\right)}{\frac{\omega t}{2}}$。

④ $f(t)=u(t+1)-u(t-1)$。

2-14　系统传输函数为

$$H(\omega)=\frac{1}{j\omega+2}$$

试求其冲激响应 $h(t)$。

2-15　系统传输函数为

$$H(\omega)=\frac{1}{j\omega+1}$$

当输入信号为 $f(t)=\sin t+\sin 3t$ 时，试求输出 $y(t)$。

2-16　设某恒参信道的传递函数 $H(\omega)=K_0e^{-j\omega t_d}$，$K_0$ 和 t_d 都是常数。试确定信号 $s(t)$ 通过该信道后输出信号的时域表达式，并讨论信号有无失真。

第3章 信道与噪声

【本章导读】

- 信道的定义和分类
- 信道特性对信号传输的影响
- 信道噪声的种类和特点
- 信息量和熵
- 信道容量和香农公式

3.1 信道的概念

通俗地讲，信道（Channel）是信号传输的通道。具体地说，信道是指由有线或无线电线路提供的信号通路。抽象地说，信道是指定的一段频带，它让信号通过，同时又给信号以限制和损害。在通信系统中，信道传输特性的好坏直接影响通信系统的总特性。

根据信道的定义，信道可分为两类：狭义信道和广义信道。通常将仅指信号传输介质的信道称为狭义信道，如架空明线、双绞线、同轴电缆、光纤、微波、短波等。但在通信系统的分析研究中，为简化系统模型和突出重点，常把信道的范围适当扩大，除了传输介质外，还包括系统的有关部件和电路，如馈线、天线、混频器、放大器及调制解调器等，把这种扩大了的信道称为广义信道。在讨论通信的一般原理时，通常采用的是广义信道，狭义信道是广义信道的重要组成部分，通信效果的好坏在很大程度上依赖于狭义信道的特性。

关于信道和链路（Link）的区别，一般认为，信道是指由具有特定电器特性的传输媒质所构成，比如同轴电缆、双绞线、光纤、波导等，信道上传输的内容一般称之为信号；而链路是指两节点之间建成的为了传输数据的通路，这条通路中间很可能经过由不同物理传输介质构成的信道，比如几条电缆、又几条光纤，两节点之间一旦连通，就成了一条链路，链路上传输的内容一般称之为数据（Data）。

3.2 信道分类

3.2.1 狭义信道

按具体传输介质的不同，狭义信道可分为：有线信道和无线信道。

（1）有线信道

所谓有线信道是指传输介质为架空明线、对称电缆、同轴电缆、光缆及波导管等这类能看得见的介质。有线信道是现代通信网中最常用的信道之一，如光缆广泛应用于干线（长途）传输，对称电缆则常用作近程（市内电话）传输。

（2）无线信道

无线信道是指传输介质为自由空间的信道。无线信道具有方便、灵活、通信者可移动的特点，在移动通信中只能采用无线信道，但其传输特性没有有线信道稳定可靠。无线信道的传输媒质比较多，它包括短波电离层反射、对流层散射等。

3.2.2　广义信道

广义信道通常也可分成两种：调制信道和编码信道。

(1) 调制信道

调制信道是从研究调制和解调基本原理的角度提出的，调制信道的范围从调制器的输出端至解调器的输入端，如图 3-1 所示。从调制和解调的角度来看，从调制器的输出端至解调器的输入端的所有电路和传输介质，仅仅是对已调信号进行了某种形式的变换，只关心变换的最终结果，而不关心这个变换的过程。因此，在研究调制和解调的基本问题时，采用调制信道是方便和恰当的。

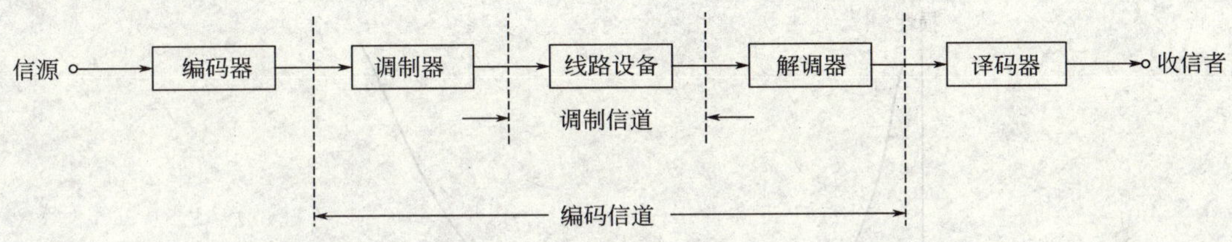

图 3-1　调制信道与编码信道

在调制信道中，按信道的参数分类，可分为恒参信道和变参信道。在表征信道特征时，常用的电气参数有特性阻抗、衰减频率特性、相移（时延）频率特性、电平波动、频率漂移、相位抖动等。如果这些参数变化量极微、变化速度极缓慢，这种信道就称为恒参信道，如双绞线、同轴电缆、光纤、长波无线信道都可以认为是恒参信道。若这些参数随时间变化较快、变化量较大，这种信道就称为变参信道，如短波信道、超短波信道和微波信道等。

(2) 编码信道

在数字通信系统中，如果仅着眼于编码和译码问题，则可定义另一种广义信道——编码信道。编码信道的范围从编码器的输出端至译码器的输入端，即编码信道是包括调制信道及调制器、解调器在内的信道，如图 3-1 所示。从编译码角度来看，编码器输出为某一数字序列，译码器的输入为进行了某种变换的数字序列。因此，从编码器的输出端至译码器的输入端，所有电路和传输介质可以用一个可以进行数字序列变换的信道加以概括，此信道称为编码信道。

编码信道可细分为无记忆编码信道和有记忆编码信道。所谓无记忆信道是指每个输出符号只取决于当前的输入符号，而与其它输入符号无关。实际信道往往是有记忆的，即每个输出符号不但与当前输入符号有关，而且与以前的若干个输入符号有关。

综上所述，可以用表 3-1 归纳信道的分类情况。

表 3-1　信道分类表

<table>
<tr><td rowspan="6">信道</td><td rowspan="2">狭义信道</td><td>有线信道</td><td>如架空明线、对称电缆、同轴电缆、光缆及波导管等</td></tr>
<tr><td>无线信道</td><td>如短波、微波等</td></tr>
<tr><td rowspan="4">广义信道</td><td rowspan="2">调制信道</td><td>恒参信道</td></tr>
<tr><td>变参信道</td></tr>
<tr><td rowspan="2">编码信道</td><td>无记忆编码信道</td></tr>
<tr><td>有记忆编码信道</td></tr>
</table>

根据研究对象和关心问题的不同，还可以定义其他形式的广义信道。

3.3 信道特性对信号传输的影响

对于信号传输而言，所追求的是信号通过信道时不产生失真或者失真小到不易察觉的程度，而在实际的通信中，没有任何信道能毫无损耗地通过信号的所有频率分量，这是由于支持信道的传输媒介都存在固有的传输特性，即对信号的不同频率分量存在着不同程度的衰减和延时。信道对信号传输的影响正好可用信道的频率特性（也称为频响特性），即幅频特性和相频特性来表示。

在多数情况下，只关心信道的幅频特性，所以把输出信号的幅度与频率的变化曲线称为频率响应曲线，简称频响曲线。大多数信道的频响曲线都是带通型的，如图 3-2 所示。

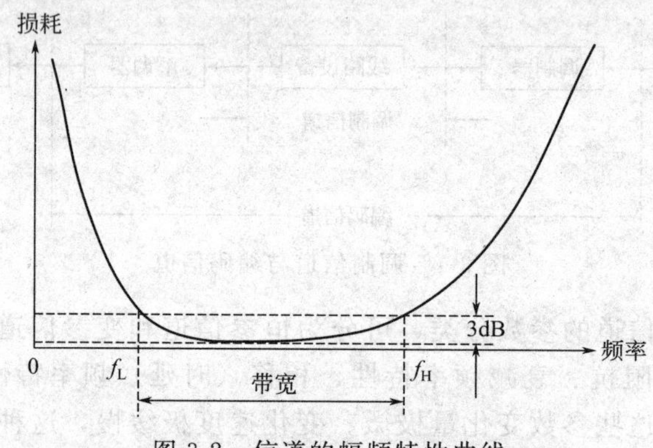

图 3-2 信道的幅频特性曲线

在图 3-2 中，以输出信号幅度的最大值为标准（一般是频响曲线中心频率所对应的值），定义输出幅值下降到最大值的 70％时所对应的两个频率间的频段称为通频带，频率低的称为下截止频率，频率高的称为上截止频率。如果把截止频率所对应的信号幅值与最大值之比取常用对数再乘以 20，即 $20\lg(U/U_{max})=20\lg0.7$，所得的数等于－3，用“分贝（dB）”作单位，那么截止频率也称为 3 分贝频率。

若信道的振幅-频率特性不理想，则信号发生的失真称为频率失真。信号的频率失真会使信号的波形产生畸变。在传输数字信号时，波形畸变可引起相邻码元波形之间发生部分重叠，造成码间串扰；信道的相位特性不理想将使信号产生相位失真。相位失真对模拟话音通道影响并不显著，这是因为人耳对声音波形的相位失真不太灵敏，但对数字信号传输却不然，尤其当传输速率比较高时，相位失真将会引起严重的码间串扰，给通信带来很大损害。所以，在模拟通信系统内往往只注意幅度失真和非线性失真，而将相移失真放在忽略的地位。但是，在数字通信系统内一定要重视相移失真对信号传输可能带来的影响。为了减小频率失真，可采取如下两种措施：

① 严格限制已调制信号的频谱，使它保持在信道的线性范围内传输；

② 通过增加一个线性补偿网络，使衰耗特性曲线变得平坦，这一措施通常称为“均衡”。

3.4 信道中的噪声

将信道中存在的不需要的电信号统称为噪声（noise）。噪声对于信号的传输是有害的，它能使模拟信号失真，使数字信号发生错码，并限制信息的传输速率。

按噪声和信号之间的关系，信道噪声有加性噪声和乘性噪声。假定信号为 $s(t)$，噪声为 $n(t)$，如果混合迭加波形是 $s(t)+n(t)$ 形式，则称此类噪声为加性噪声；如果迭加波形为 $s(t)[1+n(t)]$ 形式，则称其为乘性噪声。加性噪声与有用信号毫无关系，它是不管有用信号的有无而独立存在的。它的危害是不可避免的。乘性噪声随着有用信号的存在而存在，当有用信号消失后，乘性噪声也随之消失。对乘性噪声进行具体描述是相当复杂的。本节仅讨论信道中的加性噪声。

3.4.1 信道中的加性噪声

信道中加性噪声的来源是很多的，它们表现的形式也多种多样。根据它们的来源不同，一般可以粗略地分为四类。

(1) 无线电噪声

主要来源于各种用途的无线电发射机。这类噪声的特点是频率范围很宽，从甚低频到特高频都可能有无线电干扰存在，并且干扰的强度有时很大。不过，这类干扰的频率是固定的，因此可以预先设法防止或避开。

(2) 工业噪声

主要来源于各种电气设备，如电力线、点火系统、电车、电源开关、电力铁道、高频电炉等。这类噪声的特点是频谱集中于较低的频率范围，例如几十兆赫兹以内。因此，选择高于这个频段工作的信道就可防止受到它的干扰。

(3) 天电噪声（又称自然噪声）

主要来源于自然界存在的各种电磁波源，例如：闪电、大气中的电暴、银河系噪声及其他各种宇宙噪声等。这类噪声的特点是频谱范围很宽，并且不像无线电干扰那样频率是固定的，因此对它所产生的干扰影响很难防止。

(4) 内部噪声

主要来源于系统设备本身产生的各种噪声，例如：在电阻一类的导体中自由电子的热运动、真空管中电子的起伏发射和半导体载流子的起伏变化等。因此，内部噪声又称起伏噪声。

3.4.2 通信中的常用噪声

在通信系统的理论分析中常常用到的噪声有：白噪声、高斯噪声、高斯白噪声、窄带高斯噪声和正弦信号加窄带高斯噪声。

(1) 白噪声

所谓白噪声是指它的功率谱密度函数在整个频域内是常数，即服从均匀分布，如图 3-3 所示。之所以称它为“白”噪声，是因为它类似于光学中包括全部可见光频率在内的白光。

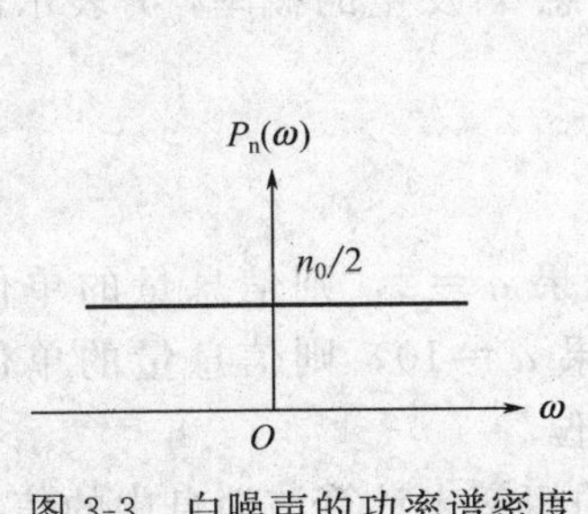

图 3-3 白噪声的功率谱密度

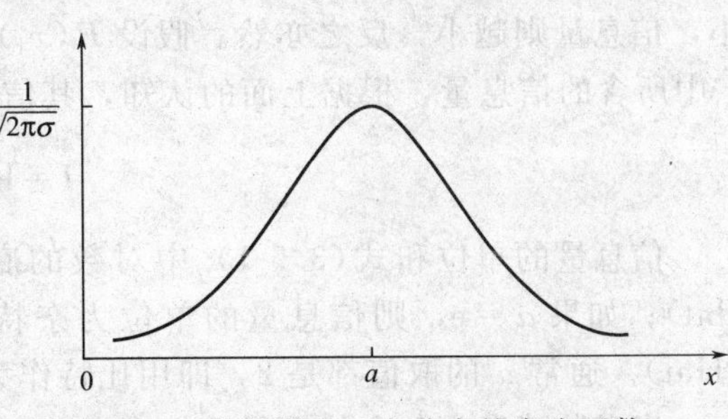

图 3-4 高斯噪声正态分布的密度函数

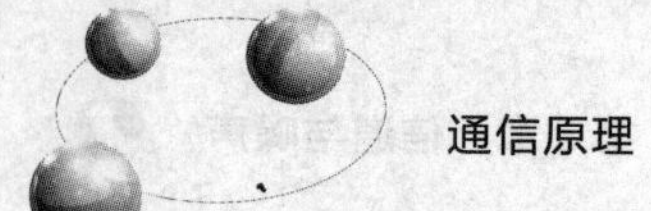

（2）高斯噪声

所谓高斯噪声是指它的概率密度函数服从高斯分布（即正态分布）的一类噪声，如图3-4所示。

（3）高斯白噪声

已经知道，白噪声是指功率谱密度均匀的一类噪声，高斯噪声是指概率密度函数呈正态分布的一类噪声。所谓高斯白噪声是指噪声同时具备概率密度函数正态分布和功率谱密度函数均匀分布的一类噪声。

热噪声的频率可以高到 10^{13} Hz，且功率谱密度函数在 $0\sim10^{13}$ Hz 内基本均匀分布，同时其统计特性服从高斯分布，故常将热噪声称为高斯白噪声。

（4）窄带高斯噪声

信道是为携带信息的信号提供一定带宽的通道，其作用一方面让信号畅通无阻，同时最大限度的抑制带外噪声。所以实际的信道往往是一个带通系统。当高斯噪声通过以 f_c 为中心频率的窄带系统时，就可形成窄带高斯噪声。所谓窄带系统是指系统的频带宽度 Δf 远远小于其中心频率 f_c 的系统，即 $\Delta f \ll f_c$ 的系统。

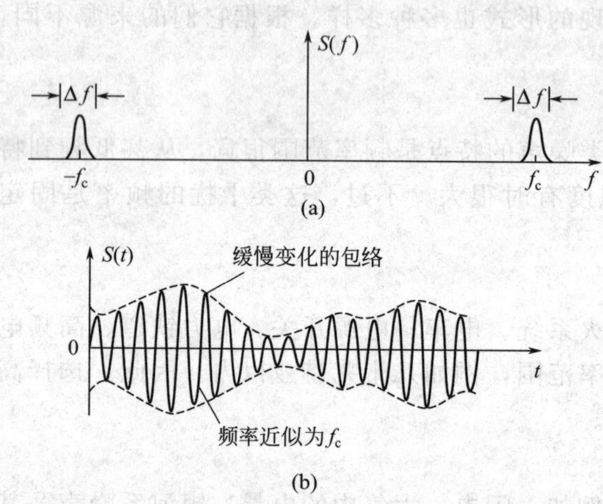

图 3-5　窄带高斯噪声的频谱和波形示意图

窄带高斯噪声的特点是频谱局限在 f_c 附近很窄的频率范围内，其包络和相位都在作缓慢随机变化。如用示波器观察其波形，它是一个频率近似为 f_c，包络和相位随机变化的正弦波。窄带高斯噪声的频谱和波形示意图如图3-5所示。

3.5 信道容量和香农公式

当一个信道受到加性噪声的干扰时，如果信道传输信号的功率和信道的带宽受限，则这种信道传输数据的能力将会如何？要回答这个问题，必须了解信道容量的概念及香农公式。在介绍信道容量和香农公式前，先介绍一下信息量和熵的概念。

3.5.1 离散信源的信息量和熵

第1章已经提到，信息是消息中不确定的部分。对信息大小的度量依赖于对不确定性的描述，事件的不确定程度可以用其出现的概率来描述。概率越大，事件发生的不确定性越小，信息量则越小，反之亦然。假设 $P(x_i)$ 表示离散消息 x_i 发生的概率，I 表示离散消息 x_i 中所含的信息量，根据上面的认知，其信息量可表示为

$$I=\log_a \frac{1}{P(x_i)} \tag{3.5-1}$$

信息量的单位和式(3.5-1)中对数的底 a 有关。如果 $a=2$，则信息量的单位为比特(bit)；如果 $a=\mathrm{e}$，则信息量的单位为奈特（nat）；如果 $a=10$，则信息量的单位为哈特(Hat)。通常 a 的取值都是2，即用比特作为信息量的单位。

当离散消息中包含的符号比较多时，利用符号出现的概率来计算该消息中的信息量往往

是比较麻烦的。为此，可以用平均信息量（H）来表征，即

$$H(X)=-\sum_{i=1}^{m}P(x_i)\log_2 P(x_i)$$

其中；m 表示消息中的符号个数。

上述平均信息量的计算公式与热力学和统计力学中关于系统熵的公式一致，故又把离散信源的平均信息量称为离散信源的熵，其单位为 bit/符号。

【例 3-1】 某离散信源由“A”、“B”、“C”、“D”四个符号组成，它们出现的概率分别为 1/4、1/8、1/2、1/8，且每个符号的出现都是独立的。求消息“AACBDACBDDACDDABADCDABADCDC”的信息量和熵。

【解】 此消息中，“A”出现了 8 次，“B”出现了 4 次，“C”出现了 6 次，“D”出现了 9 次，共有 27 个符号，故该消息的信息量

$$I=8\log_2 4+4\log_2 8+6\log_2 2+9\log_2 8=61\ (\text{bit})$$

每个符号的算术平均信息量为

$$\bar{I}=\frac{I}{\text{符号数}}=\frac{61}{27}=2.259\ (\text{bit/符号})$$

若用熵的概念来计算

$$H=-\frac{1}{4}\log_2\frac{1}{4}-\frac{1}{8}\log_2\frac{1}{8}-\frac{1}{2}\log_2\frac{1}{2}-\frac{1}{8}\log_2\frac{1}{8}=1.75\ (\text{bit/符号})$$

则该消息的信息量为

$$I=1.75\times 27=47.25\ (\text{bit})$$

以上两种结果有差别的原因在于，它们平均处理的方法不同。前一种采用算术平均的方法，后一种采用熵的概念计算。可以证明，这种误差将随着消息序列中符号数的增加而减小。由于实际中消息序列都较长，因此用熵的概念计算更为方便。

以上讨论了离散信源的信息量和熵，关于连续信源的信息量可以用概率密度函数来描述，这里不再赘述，读者可参考相关资料。

3.5.2 信道容量

从信息论的角度看，可把信道分为离散信道和连续信道两种。所谓离散信道就是输入与输出信号都是取值离散的时间函数；而连续信道是指输入和输出信号都是取值连续的。

信道容量是指信道无差错传输信息时的最大信息速率，记为 C。信道容量反映了信道传输信息能力的极限。信道容量与实际信息传输速率的关系，就像高速公路上的最大限速与汽车的实际速度的关系一样。

（1）离散信道的信道容量

1924 年，奈奎斯特推导出无噪声有限带宽离散信道的最大数据传输速率公式，即奈奎斯特无噪声下的码元速率极限值 R_B 与信道带宽 B 的关系如下：

$$R_B=2\times B$$

离散无噪声信道的信道容量计算公式（奈奎斯特公式）为

$$C=2\times B\times\log_2 N\ (\text{bps})$$

其中 N 表示进制数。

（2）连续信道的信道容量

1948 年，香农把奈奎斯特公式进一步扩展到了信道受到随机噪声干扰的情况，即香农

公式，假设连续信道的加性高斯白噪声功率为 N(W)，信道的带宽为 B (Hz)，信号功率为 S (W)，则该信道的信道容量为

$$C=B\log_2\left(1+\frac{S}{N}\right)\ \text{(b/s)}$$

香农公式表明了当信号与作用在连续信道上的噪声的平均功率给定时，具有一定频带宽度 B 的信道上，理论上单位时间内可能传输的信息量的极限数值。

通过香农公式可以得到如下一些重要结论。

① 当信道带宽 B 和信噪比 S/N 均一定时，信道的极限传输能力为 C，而且此时能够做到无差错传输（即差错率为零）。如果信道的实际传输速率大于 C 值，则无差错传输在理论上就已不可能。因此，实际信息传输速率 R_b 一般不能大于信道容量 C，除非允许存在一定的差错率。

② 当信道的传输带宽 B 一定时，接收端的信噪比 S/N 越大，其系统的信道容量 C 越大。当噪声功率 N 趋近 0 时，信噪比 S/N 趋近∞，信道容量 C 也趋近∞。

③ 当接收端的信噪比 S/N 一定时，信道的传输带宽 B 越大，其系统的信道容量 C 也越大。当信道带宽 B 趋于∞时，信道容量 C 并不趋于∞，而是趋于一个固定值。因为当信道带宽越大时，进入到信道中的噪声功率也越多，因而信道容量不可能趋于∞。

④ 当信道容量 C 一定时，信道带宽 B 与信噪比 S/N 可以互换。比如，可以通过增加系统的传输带宽来降低接收机对信噪比的要求，即以牺牲系统的有效性来换取系统的可靠性，例如在宇宙飞行和深空探测时，接收信号的功率 S 很微弱，就可以用增大带宽 B 和比特持续时间 T_b 的办法，保证对信道容量 C 的要求。同时，这也正是扩频通信技术的理论基础。

【例 3-2】 已知彩色电视图像信号每帧有 50 万个像素，每个像素有 64 种色彩度，每种色彩度有 16 个亮度等级。所有彩色度和亮度等级独立地以等概率出现，图像每秒发送 100 帧。若要求接收图像信噪比不低于 30dB，试求所需传输带宽。

【解】 由于每个像素的所有彩色度和亮度等级独立地以等概率出现，故每个像素的信息量为

$$I_p=\log_2\frac{1}{P(x_i)}=\log_2\frac{1}{\frac{1}{64\times16}}=10\ \text{(bit)}$$

每帧图像的信息量为

$$I_f=500000\times I_p=5\times10^6\ \text{(bit)}$$

因为每秒传输 100 帧图像，所以要求传输速率为

$$R_b=100I_f=5\times10^8\ \text{(bps)}$$

信道的容量 C 必须不小于此 R_b 值。即

$$C\geqslant R_b=5\times10^8\ \text{(bps)}$$

因为信噪比 $SNR_{dB}=10\lg\frac{S}{N}=30$ (dB)，可得 $\frac{S}{N}=1000$

根据香农公式 $C=B\log_2\left(1+\frac{S}{N}\right)$

可得 $B=\dfrac{C}{\log_2\left(1+\frac{S}{N}\right)}=\dfrac{5\times10^8}{\log_2(1+1000)}\approx50$ (MHz)

需要说明的是，香农公式给出了信道容量的理论极限，但并未给出如何达到或者接近这一理论极限的具体实现方法，但这并不影响香农定理在通信系统理论分析和工程实践中所起的重要指导作用。实际应用中，通常采用编码和调制技术来使系统接近香农公式的理论极限。

本章小结

（1）信道是信号传输的通道，或者说信道是指定的一段频带，它让信号通过，同时又给信号以限制和损害。通常将仅指信号传输介质的信道称为狭义信道，但在通信系统的分析研究中，为简化系统模型和突出重点，常把信道的范围适当扩大，除了传输介质外，还包括有关的变换装置，把这种扩大了的信道称为广义信道。

（2）狭义信道中，通常按具体传输介质的不同分为有线信道和无线信道。有线信道是指传输介质为架空明线、对称电缆、同轴电缆、光缆及波导管等这类能看得见的介质，无线信道是指传输介质为自由空间的信道。

（3）广义信道通常分成调制信道和编码信道两种。调制信道的范围从调制器的输出端至解调器的输入端，编码信道的范围从编码器的输出端至译码器的输入端。

（4）信道不失真传输的两个条件是：①系统的幅频特性曲线是一条水平直线；②系统的相频特性是一条通过原点的直线。

（5）信道中的噪声包括加性噪声和乘性噪声两种。其中，白噪声是指功率谱密度函数在整个频域内为常数（即服从均匀分布）的一类噪声，高斯噪声是指概率密度函数服从高斯分布（即正态分布）的一类噪声，高斯白噪声是指噪声同时具备概率密度函数正态分布和功率谱密度函数均匀分布的一类噪声。

（6）消息中包含的信息量与消息发生的概率有关，信息量的常用单位是比特。当消息中包含的符号比较多时，利用符号出现的概率来计算该消息中的信息量往往是比较麻烦的，通常用平均信息量来表征，平均信息量又叫信息熵，简称熵。

（7）信道容量是指信道无差错传输信息的最大信息速率，是信道传输信息能力的极限，它与信道上实际的信息传输速率的关系就像高速公路上的最大限速与汽车实际速度的关系。

（8）香农公式表明了当信号与作用在连续信道上噪声的平均功率给定时，具有一定频带宽度的信道上，理论上单位时间内可能传输的信息量的极限数值。

思考题与习题

3-1　消息中包含的信息量与什么因素有关？

3-2　信道的定义是什么？

3-3　什么是狭义信道？什么是广义信道？

3-4　什么是调制信道？什么是编码信道？试分别画出其模型。

3-5　信道无失真传输的条件是什么？

3-6　何谓信道噪声？

3-7　何谓加性噪声？何谓乘性噪声？

3-8　何谓白噪声？何谓高斯噪声？何谓高斯白噪声？

3-9　信道容量是如何定义的？

3-10　试写出香农公式。由此式看出信道容量的大小决定于哪些参数？

3-11　设英文字母“a”，“b”，“c”，“d”出现的概率各为 0.025，0.100，0.001，0.002。试分别求出它们的信息量。

3-12　某信源的符号集由“A”、“B”、“C”、“D”、“E”、“F”组成，设每个符号独立出现，其概率分别为 1/4、1/4、1/16、1/8、1/16、1/4，试求该信源的平均信息量。

3-13　已知某标准音频线路的带宽为 3.4kHz。

① 若要求信道的信噪比为 30dB，这时的信道容量是多少？

② 若信道的最大信息传输速率为 4800bps，则所需的最小信噪比为多少？

3-14　已知某黑白电视图像大约由 3×10^5 个像素组成，假设每个像素有 10 个亮度等级，且它们出现的概率是均等的。若要求每秒传送 30 帧图像，而满意地再现图像所需的信噪比为 30dB。试求传输此电视信号所需的最小带宽。

第 4 章　模拟调制系统

【本章导读】

- 调制的基本概念
- AM 信号的时域波形和频谱
- 相干解调和非相干解调
- 角度调制的特点
- 各种模拟调制系统的特点

4.1　调制的作用和分类

4.1.1　调制的概念

所谓调制，就是用待传输的基带信号控制高频载波的某个参数的过程，即将基带信号"附加"到高频载波信号之上的过程。通常，将待传输的基带信号称为调制信号；被调制的高频信号起着运载基带信号的作用，称为载波信号；调制后所得到的信号称为已调信号（也叫频带信号），显然，它应该包含有基带信号的全部信息。

调制是通过调制器来实现的，调制器的一般模型如图 4-1 所示。

4.1.2　调制的作用

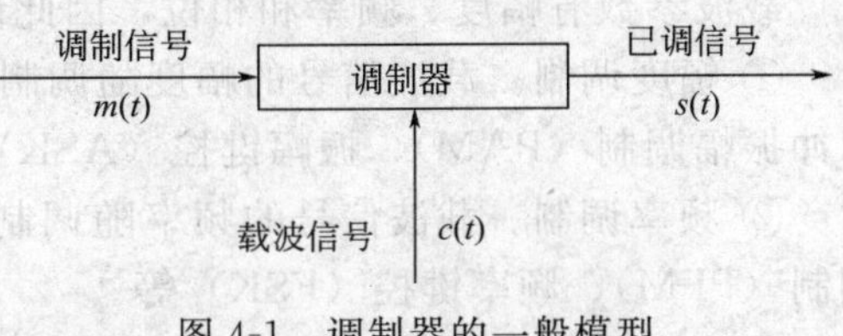

图 4-1　调制器的一般模型

通信系统中为什么要进行调制呢？基带信号对载波信号的调制是为了实现下列一个或多个功能。

（1）适合信道传输要求

由信源产生的基带信号，其频谱位于零频附近。然而实际中的大多数信道具有带通型特性，而不能直接传送基带信号。为了使基带信号能够在带通信道中传输，就必须采用调制，调制可以把基带信号频谱搬移到一定的频率范围内，以适应信道的传输要求。

（2）提高信号频率以便于天线辐射

进行无线通信时，只有当天线的长度 L 与发射信号的波长 λ 相比拟（一般为 $\lambda/4$ 左右）时，信号才能有效地辐射出去。由于基带信号包含有较低的频率分量，其波长较长，致使天线过长而难以实现。

调制可以将低频的基带信号变换成高频信号。例如，对于 3kHz 的音频基带信号，若要直接无线传输，需要的天线尺寸约为 25km，显然，这是难以实现的。但通过调制，将基带信号的频谱搬移至 30MHz，则只需 2.5m 的天线就可以实现有效辐射。

（3）实现多路复用，提高信道利用率

基带信号的带宽与信道本身的带宽相比，一般来说是很小的。所以一个信道只传输一路信号是很浪费的，但是如果不经过变换就同时传输多路信号，就会引起相互之间的干扰。解

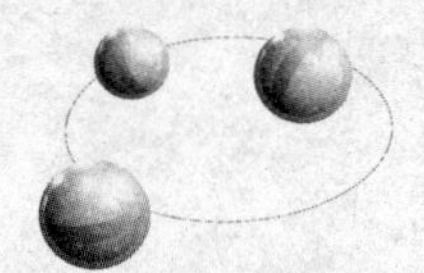

决办法之一就是通过调制将各个基带信号的频谱分别搬移到不同的频带上，然后将它们合在一起送入同一个信道传输。这样就可以实现同一信道同时传输多路信号，即信道的多路复用，从而提高信道的利用率。

(4) 减少噪声和干扰的影响，提高系统抗干扰能力

通信系统中噪声和干扰的影响不可能完全消除，但是可以通过选择适当的调制方式来减少它们的影响，不同的调制方式，在提高传输的有效性和可靠性方面各有优势。例如利用调制使已调信号的传输带宽远大于基带信号的带宽，用增加带宽（扩频）的方法换取噪声影响的减少，这是通信系统设计的一个重要内容。像调频信号的传输带宽比调幅信号的传输带宽要宽得多，结果是提高了输出信噪比，减少了噪声的影响。

4.1.3 调制的分类

调制的本质是频谱搬移，这一过程靠调制器完成。也就是说，调制有三个基本要素：调制信号、高频载波信号和调制器。根据这三者的不同可以将调制分为以下几种。

(1) 根据调制信号的不同

根据调制信号的不同，调制可分模拟调制和数字调制。

模拟调制是指调制信号是幅度连续变化的模拟量；数字调制是指调制信号是幅度离散的数字量。

(2) 根据载波信号的不同

根据载波信号的不同，调制可分连续波调制和脉冲调制。

连续波调制是指以高频正弦波作为载波的调制方式；脉冲调制是指以周期性脉冲序列（串）作为载波的调制方式（理想情况下为一个理想冲击序列）。

(3) 根据载波受控制参数的不同

载波参数有幅度、频率和相位，因此调制可分为幅度调制、频率调制和相位调制。

① 幅度调制。载波信号的幅度随调制信号的变化而变化。比如常规双边带调幅（AM）、脉冲振幅调制（PAM）、振幅键控（ASK）等。

② 频率调制。载波信号的频率随调制信号的变化而变化。比如调频（FM）、脉冲频率调制（PFM）、频率键控（FSK）等。

③ 相位调制。载波信号的相位随调制信号的变化而变化。比如调相（PM）、脉冲相位调制（PPM）、相位键控（PSK）等。

(4) 根据调制器的传输函数

根据调制器的传输函数，调制可分线性调制和非线性调制。

线性调制是指输出的已调信号的频谱与输入基带信号的频谱之间是线性关系，即仅仅是频谱的平移和线性变换，如各种幅度调制、幅移键控（ASK）。

非线性调制是指输出的已调信号的频谱与输入基带信号的频谱之间无线性对应关系，即在输出端已调信号的频谱已不再是原来基带信号的谱形。如调频（FM）、调相（PM）、相位键控（PSK）等。

4.2 幅度调制

在模拟调制系统中，载波 $c(t)$ 一般为高频正弦信号，它可表示为 $c(t)=A\cos(\omega_c t+\varphi_0)$。其中，$A$ 为载波幅度，ω_c 为载波角频率（简称载频），φ_0 为载波初始相位（为简化描

述同时不失一般性，我们假设 $\varphi_0=0$）。

幅度调制是用调制信号去控制正弦载波的振幅，使其按调制信号作线性变化的过程。幅度调制是一种线性调制，其线性的含义是指已调信号的频谱与基带信号的频谱之间呈线性搬移关系。

幅度调制分为常规双边带幅度调制（AM）、抑制载波双边带幅度调制（DSB-SC）、单边带幅度调制（SSB）和残留边带幅度调制（VSB）。

4.2.1　常规双边带幅度调制（AM）

（1）AM 调制系统的数学模型和系统框图

若调制信号为 $m(t)$，已调信号为 $s(t)$，则常规双边带幅度调制的数学模型为

$$s(t)=[m(t)+A_0]\cos\omega_c t \tag{4.2-1}$$

式中，A_0 为外加的直流分量，且应满足 $A_0\geqslant|m(t)|_{\max}$ 条件。

AM 调制系统的框图如图 4-2 所示。

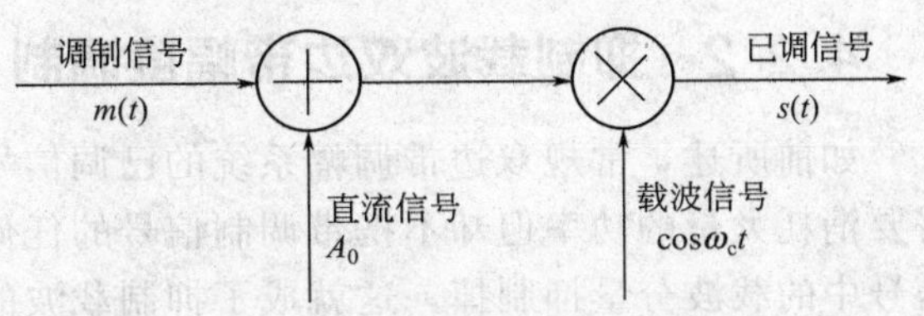

图 4-2　AM 调制系统的框图

（2）AM 信号时域的波形和频域的频谱

AM 信号时域的波形和频域的频谱如图 4-3所示。

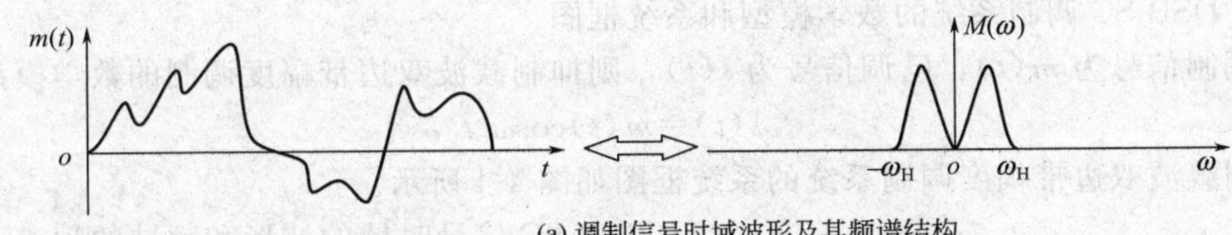

(a) 调制信号时域波形及其频谱结构

(b) 加入直流分量后的调制信号时域波形及其频谱结构

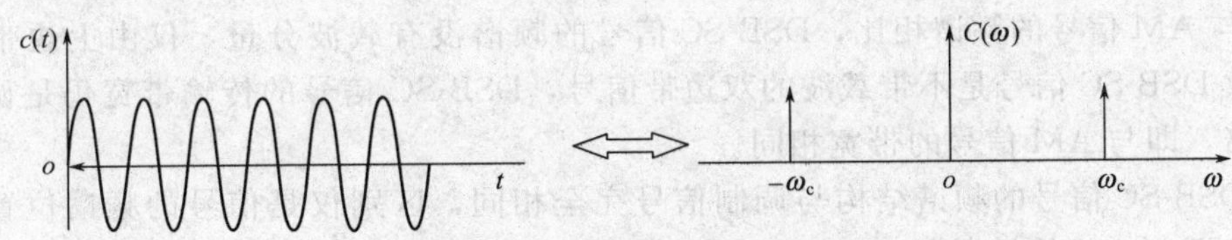

(c) 调制载波时域波形及其频谱结构

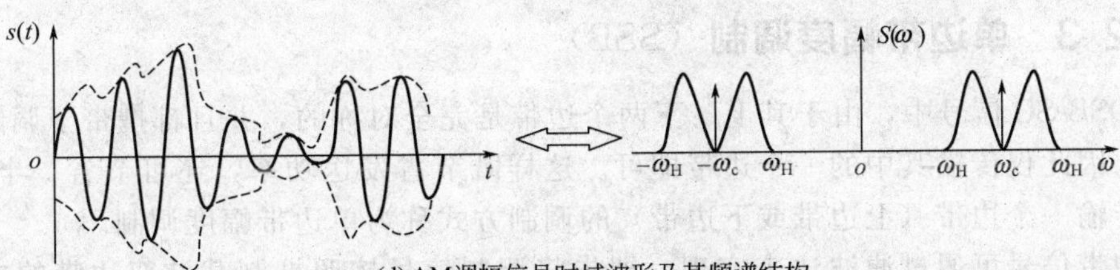

(d) AM调幅信号时域波形及其频谱结构

图 4-3　AM 信号时域的波形和频域的频谱

由时域的波形和频域的频谱结构，可以看到

① 由于满足$A_0 \geqslant |m(t)|_{max}$条件，AM信号的包络与调制信号$m(t)$具有线性关系，即AM的包络完全反映了调制信号的变化规律。因此，用包络检波的方法很容易恢复出原始的调制信号。

② AM信号的频谱结构与调制信号完全相同，只是信号频谱的位置发生了变化，因此，AM调制属于线性调制。

③ AM信号的频谱由上边带、下边带和载波分量（ω_c处）三部分组成。上、下两个边带的结构是完全对称的，因此，无论是上边带还是下边带，都包含有原调制信号的完整信息。但ω_c处的冲激与调制信号无关，即不携带调制信号的信息，但是要消耗大量功率。

④ AM信号的带宽是调制信号带宽的2倍。

4.2.2 抑制载波双边带幅度调制（DSB-SC）

如前所述，常规双边带调幅系统的已调信号由载波分量和边带分量组成，其中载波分量需要消耗大量的功率但却不携带调制信号的任何信息，为了节省发射功率，在发送端将已调信号中的载波分量抑制掉，这就成了抑制载波的双边带调幅。由于在常规双边带已调信号中的载波分量与调制时的直流分量有关，故抑制载波双边带调幅系统在进行调制时只要消除直流分量，便可以达到抑制载波的目的。

(1) DSB-SC调制系统的数学模型和系统框图

若调制信号为$m(t)$，已调信号为$s(t)$，则抑制载波双边带幅度调制的数学模型为

$$s(t)=m(t)\cos\omega_c t \tag{4.2-2}$$

抑制载波双边带幅度调制系统的系统框图如图4-4所示。

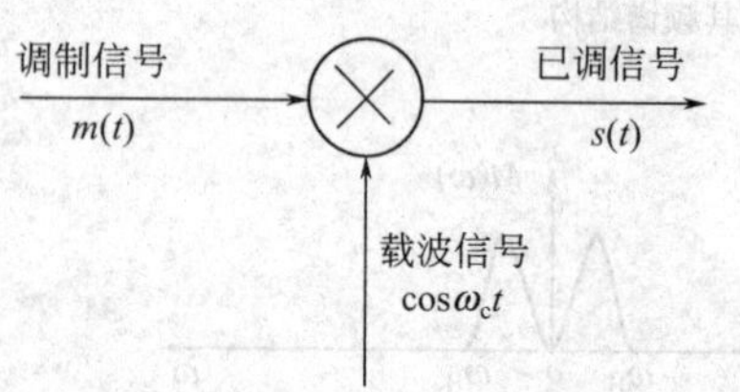

图 4-4 DSB-SC调制系统的框图

(2) DSB-SC信号时域的波形和频域的频谱

DSB-SC信号时域的波形和频域的频谱如图4-5所示。

由时域的波形和频域的频谱结构，可以看到

① DSB-SC信号波形的包络不再与调制信号$m(t)$成线性关系，而是按$|m(t)|$的规律变化（即当调制信号$m(t)$改变极性时，已调信号将出现反相点）。因此接收端不能用包络检波来恢复原来的调制信号。

② 与AM信号的频谱相比，DSB-SC信号的频谱没有载波分量，仅由上边带和下边带组成，故DSB-SC信号是不带载波的双边带信号，DSB-SC信号的传输带宽仍是调制信号带宽的两倍，即与AM信号的带宽相同。

③ DSB-SC信号的频谱结构与调制信号完全相同，区别仅是信号的频谱位置不同，因此，DSB调制也为线性调制。

4.2.3 单边带幅度调制（SSB）

在DSB-SC信号中，由于其上、下两个边带是完全对称的，并且都携带了调制信号的全部信息，因此仅传输其中的一个边带即可。这样既节省发送功率，还可节省一半传输频带，这种只传输一个边带（上边带或下边带）的调制方式称为单边带幅度调制。

单边带信号可通过滤波法来实现，即先将调制信号按照抑制载波双边带的方式进行调制，然后利用滤波器滤除抑制载波双边带中的某一个边带，从而得到单边带调幅信号，其调

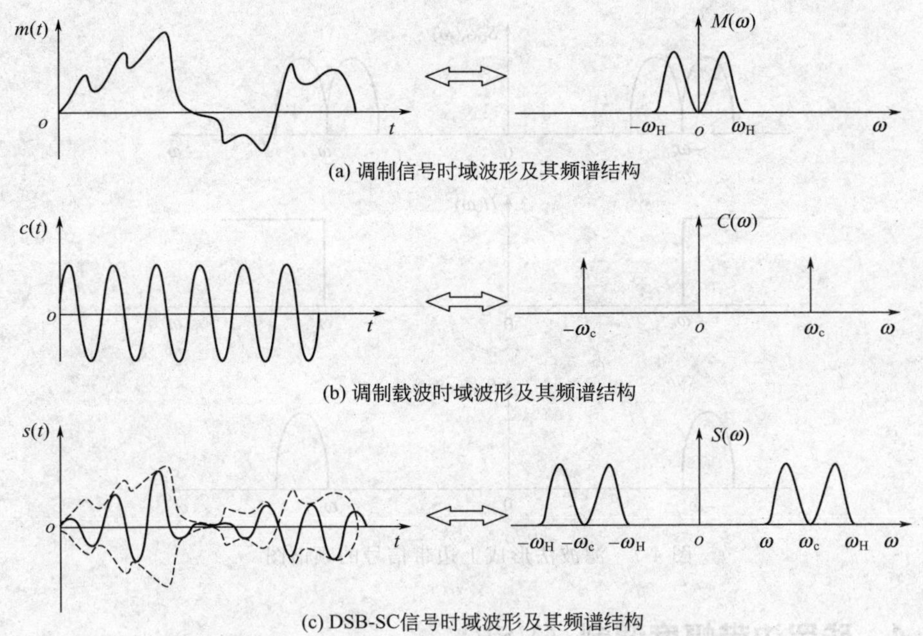

(a) 调制信号时域波形及其频谱结构

(b) 调制载波时域波形及其频谱结构

(c) DSB-SC信号时域波形及其频谱结构

图 4-5　DSB-SC 信号时域的波形和频域的频谱

制原理框图如图 4-6 所示。

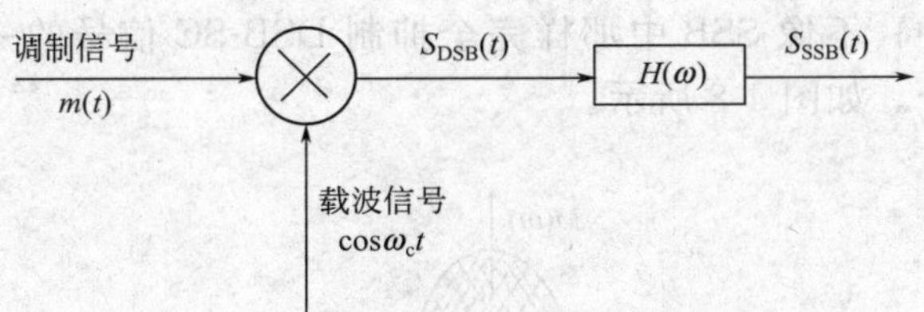

图 4-6　单边带幅度调制的原理框图

图 4-6 中，$H(\omega)$ 为单边带滤波器的传输函数，若它具有如下理想高通特性：

$$H(\omega)=\begin{cases}1 & |\omega|>\omega_c\\0 & |\omega|\leqslant\omega_c\end{cases}\tag{4.2-3}$$

则可滤除下边带，保留上边带；若 $H(\omega)$ 具有如下理想低通特性：

$$H(\omega)=\begin{cases}1 & |\omega|<\omega_c\\0 & |\omega|\geqslant\omega_c\end{cases}\tag{4.2-4}$$

则可滤除上边带，保留下边带。图 4-7 示出了用滤波法产生上边带信号的频谱图。

滤波法的技术难点是边带滤波器的制作。因为实际滤波器都不具有如式(4.2-3) 或式(4.2-4) 所描述的理想特性，即在载频 f_c 处不具有陡峭的截止特性，而是有一定的过渡带。幸好有些信号的低频分量不多，如语音信号频谱范围为 300～3400Hz，如果载频 f_c 不太高，对话音 DSB-SC 频谱要抑制掉一个边带时，因其下边带距载频 f_c 有 300Hz 空隙，在 600Hz 过渡带与不太高的载频情况下，实际滤波器可以较为准确地实现 SSB 信号，传统的载波电话就采用了这种方式实现了 SSB 信号。

但当调制信号中含有直流及低频分量时，比如图像信号，滤波法就不再适用了，而只能使用相移法，关于相移法的原理，这里不再赘述，有兴趣的读者可查阅相关参考资料。

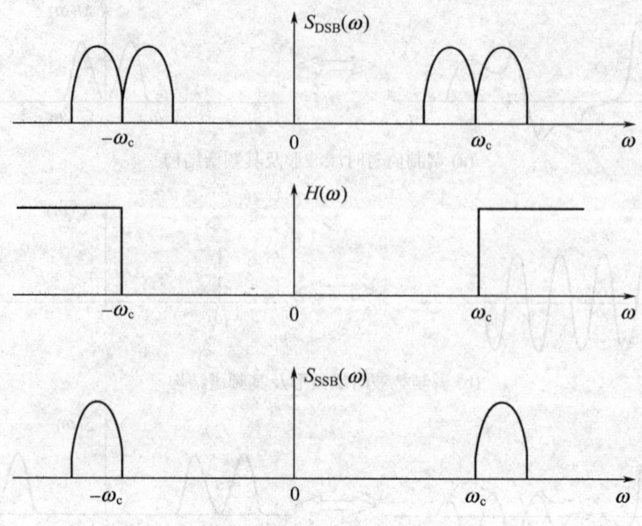

图 4-7　滤波法形成上边带信号的频谱图

4.2.4　残留边带幅度调制（VSB）

残留边带幅度调制是介于 SSB 与 DSB-SC 之间的一种折中方式，它既克服了 DSB-SC 信号占用频带宽的缺点，又解决了 SSB 信号实现中的困难。

在这种调制方式中，不像 SSB 中那样完全抑制 DSB-SC 信号的一个边带，而是逐渐切割，使其残留一小部分，如图 4-8 所示。

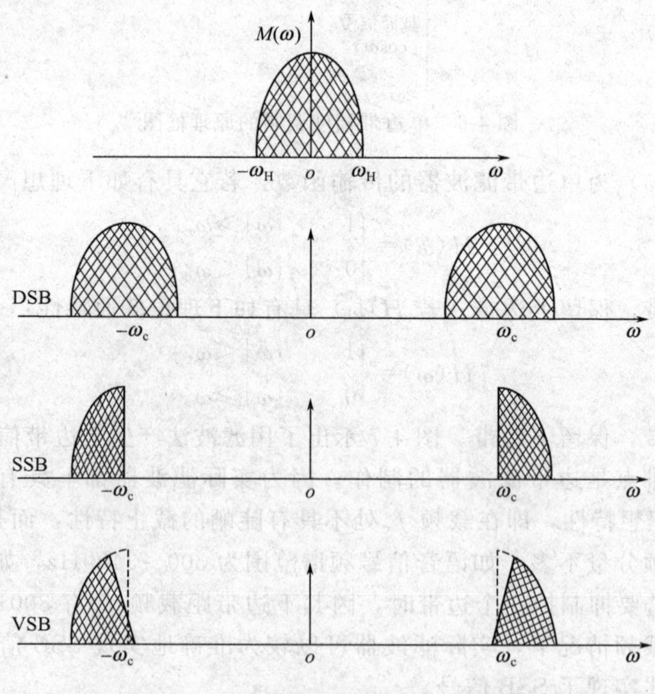

图 4-8　DSB、SSB 和 VSB 信号的频谱

用滤波法实现残留边带幅度调制的原理框图如图 4-9 所示，可以看出，它与图 4-6 基本

相同。不过，图 4-9 中滤波器的特性 $H(\omega)$ 应按残留边带调制的要求来进行设计，而不再要求十分陡峭的截止特性，因而它比单边带滤波器容易制作。

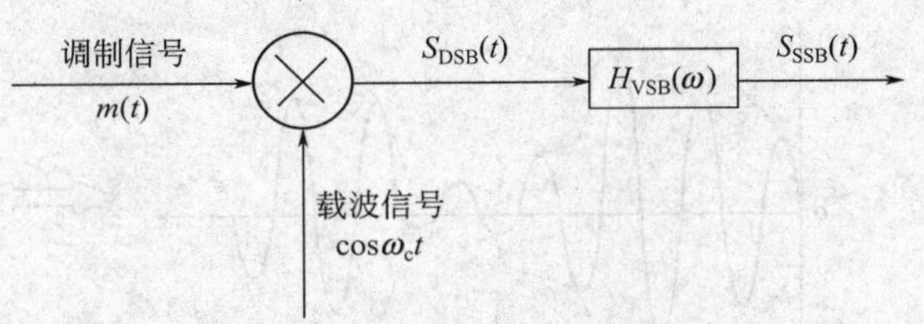

图 4-9　滤波法实现残留边带幅度调制的原理框图

残留边带调制在节省带宽方面几乎与单边带系统相同，并具有良好的基频基带特性，因此，对于电视信号或低频分量丰富的信号，采用残留边带调制是一种标准的办法。残留边带滤波器比要求具有陡峭截止特性的单边带滤波器简单得多。可以说，残留边带调制综合了单边带和双边带的优点，消除了它们的缺点。

4.3　调幅信号的解调

解调是调制的逆过程，其作用是从接收的已调信号中恢复原基带信号（即调制信号）。解调的方式有两种：相干解调（又叫同步检波）和非相干解调（又叫包络检波）。相干解调适用于所有幅度调制信号的解调，非相干解调一般只适用于 AM 信号。

4.3.1　相干解调

相干解调的实质与调制一样，均是实现信号的频谱搬移。调制是把基带信号的谱搬到了载频位置，解调则是调制的反过程，即把位于载频位置的已调信号的谱搬回到原始基带位置。因此相干解调器可用相乘器与相干载波（与发端载波严格同频同相）相乘来实现。相干解调器的一般模型如图 4-10 所示。

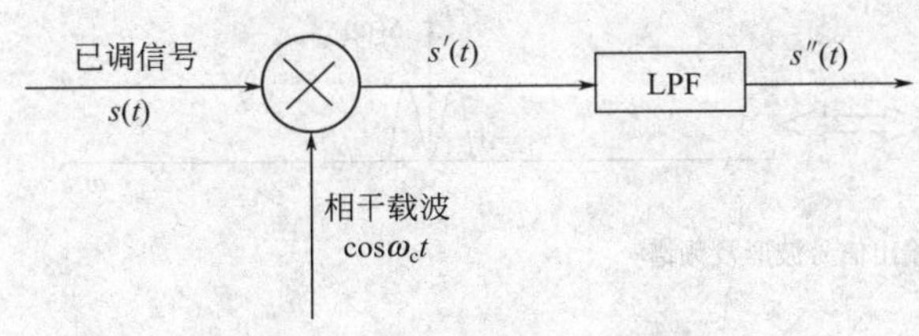

图 4-10　相干解调器的一般模型

（1）AM 信号的解调

由于 AM 信号的表达式为

$$s(t)=[m(t)+A_0]\cos\omega_c t \tag{4.3-1}$$

将 $s(t)$ 与同频同相的 $\cos\omega_c t$ 相乘后可得

$$\begin{aligned} s'(t)&=s(t)\cos\omega_c t=[m(t)+A_0]\cos^2\omega_c t \\ &=\frac{1}{2}A_0+\frac{1}{2}m(t)+\frac{1}{2}A_0\cos 2\omega_c t+\frac{1}{2}m(t)\cos 2\omega_c t \end{aligned} \tag{4.3-2}$$

上式中包含直流分量 $\frac{1}{2}A_0$、调制信号 $\frac{1}{2}m(t)$、载波的二次谐波分量 $\frac{1}{2}A_0\cos 2\omega_c t$ 及位于 $\pm 2\omega_c$ 附近的边带分量 $\frac{1}{2}m(t)\cos 2\omega_c t$。其中，只有直流分量和调制信号才能够通过低通滤波器 LPF，故解调器的输出为

$$s''(t)=\frac{1}{2}A_0+\frac{1}{2}m(t) \tag{4.3-3}$$

通过隔直流电容后，即可得到无失真的调制信号 $m(t)$。

AM 相干解调的时域波形与频谱结构如图 4-11 所示。

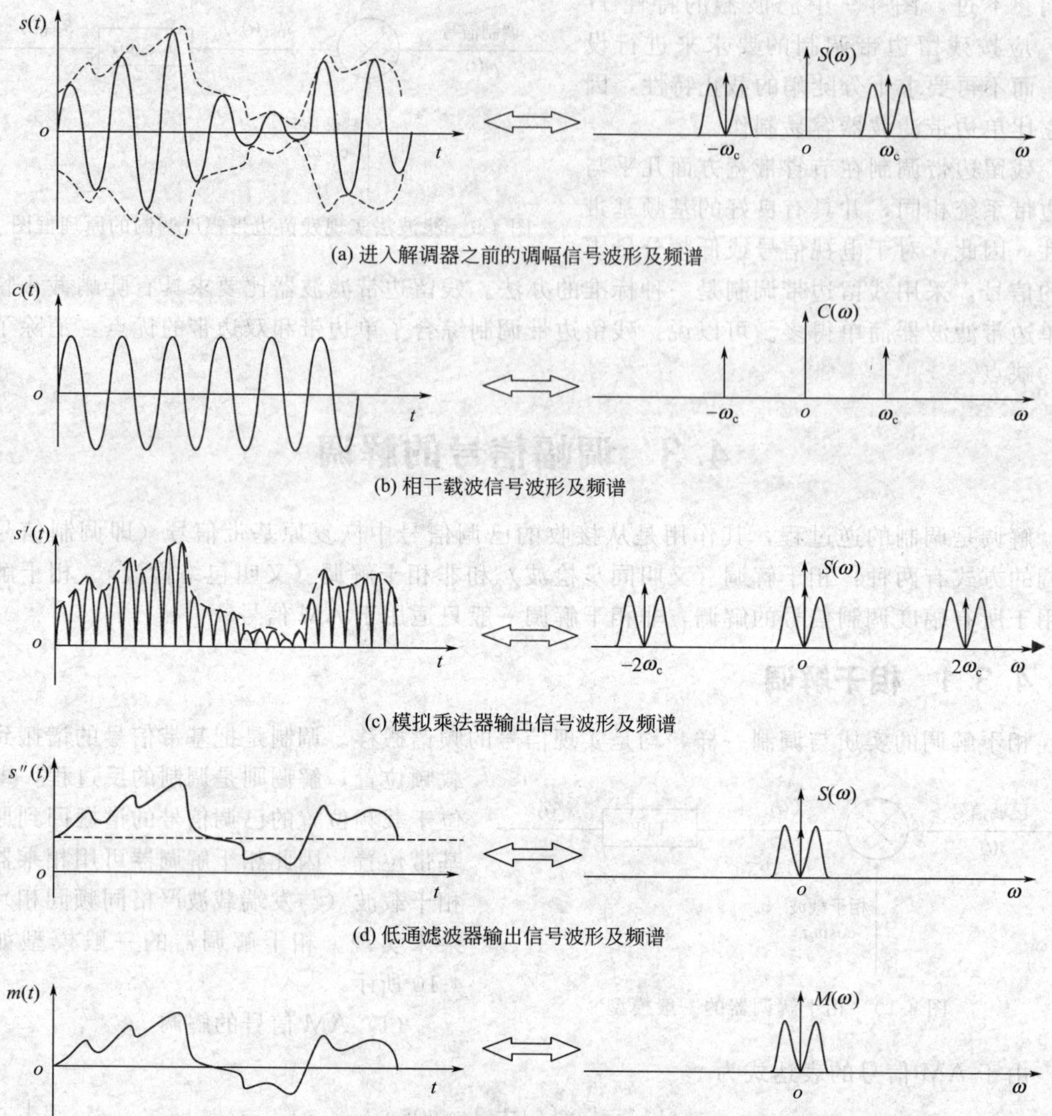

(a) 进入解调器之前的调幅信号波形及频谱

(b) 相干载波信号波形及频谱

(c) 模拟乘法器输出信号波形及频谱

(d) 低通滤波器输出信号波形及频谱

(e) 去除直流恢复的调制信号波形及频谱

图 4-11　AM 相干解调的时域波形与频谱结构示意图

（2）DSB-SC 信号的解调

DSB-SC 信号的相干解调情况和调幅信号的解调基本相同，只是此时 $A_0=0$，故式(4.3-2)可写成

$$s'(t)=\frac{1}{2}m(t)+\frac{1}{2}A_0\cos 2\omega_c t \tag{4.3-4}$$

上式中包含调制信号$\frac{1}{2}m(t)$、及位于$\pm 2\omega_c$附近的边带分量$\frac{1}{2}m(t)\cos 2\omega_c t$。因此通过低通滤波器 LPF 的输出为

$$s''(t)=\frac{1}{2}m(t) \tag{4.3-5}$$

这就是 DSB-SC 信号相干解调后恢复的调制信号。

4.3.2　非相干解调

所谓非相干解调，就是在接收端解调已调信号时不需要相干载波，而是利用已调信号的包络信息来恢复原来的调制信号。

最常用的非相干解调器是包络检波器。所谓包络检波器就是这样一种电路：当其输入端加有已调信号时，其输出信号正比于输入信号的包络。在幅度调制系统中，由于只有 AM 信号的包络与基带信号成正比，因此，包络检波器只对 AM 信号的非相干解调适用。

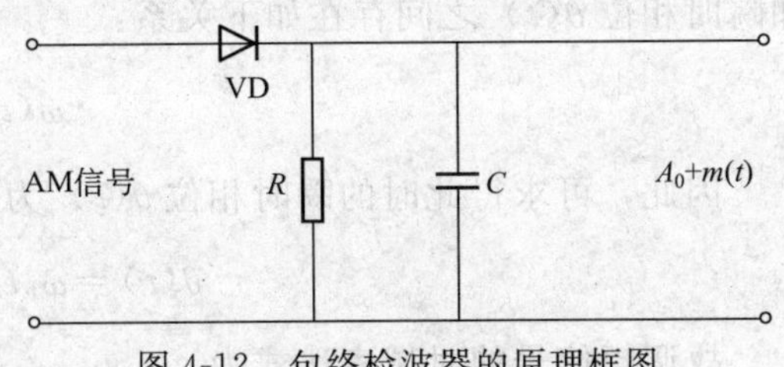

图 4-12　包络检波器的原理框图

图 4-12 为包络检波器的具体电路，它由二极管 VD、电阻 R 和电容 C 组成。其工作原理是：在输入信号的正半周期时，二极管正偏，电容 C 充电并迅速达到输入信号的峰值；当输入信号低于这个峰值时，二极管进入反偏状态，电容 C 通过负载电阻缓慢地放电，放电过程将一直持续到下一个正半周期；当输入信号大于电容两端的电压时，二极管再次导通，将重复以上过程。

需要注意的是，RC 应满足条件

$$\omega_m \ll \frac{1}{RC} \ll \omega_c \tag{4.3 6}$$

此时，包络检波器的输出与输入信号的包络十分相近，即

$$s''(t) \approx A_0 + m(t) \tag{4.3-7}$$

其中，$A_0 \geqslant |m(t)|_{max}$，隔去直流后就得到原始的调制信号 $m(t)$。

包络检波器的优点是：电路简单、效率高，特别是接收端不需要与发送端同频同相位的载波信号，大大降低实现难度。故几乎所有的调幅（AM）接收机都采用这种电路。

4.4　角度调制

在调制时，若载波的频率随调制信号变化，则称为频率调制（FM）；若载波的相位随调制信号变化，则称为相位调制（PM）。在这两种调制过程中，载波的幅度都保持恒定不变，由于频率和相位是描述角度的两个主要参数，并且频率和相位的变化都表现为载波瞬时相位的变化，故把频率调制和相位调制统称为角度调制（或调角）。

角度调制与幅度调制不同的是，已调信号频谱不再是原调制信号频谱的线性搬移，而是频谱的非线性变换，会产生与频谱搬移不同的新的频率成分，故角度调制又称为非线性调制。

鉴于频率调制与相位调制之间存在内在联系，而且在实际应用中频率调制得到广泛采用，因而本节主要讨论频率调制。

4.4.1　角度调制的基本概念

设载波信号为 $A\cos(\omega_c t + \varphi_0)$，则调频信号和调相信号可统一表示为瞬时相位 $\theta(t)$ 的函数，即：

$$s(t) = A\cos[\theta(t)] \tag{4.4-1}$$

根据前面对调频的定义，调频系统中载波信号的频率增量将和调制信号 $m(t)$ 成比

例，即：

$$\Delta\omega=K_{FM}m(t) \tag{4.4-2}$$

故调频信号的瞬时角频率 $\omega(t)$ 为

$$\omega(t)=\omega_c+\Delta\omega=\omega_c+K_{FM}m(t) \tag{4.4-3}$$

式中，K_{FM}叫做频偏指数（调频灵敏度），它完全由电路参数确定。由于瞬时角频率 $\omega(t)$ 和瞬时相位 $\theta(t)$ 之间存在如下关系：

$$\omega(t)=\frac{d\theta(t)}{dt} \tag{4.4-4}$$

因此，可求得此时的瞬时相位 $\theta(t)$ 为

$$\theta(t)=\omega_c t+K_{FM}\int m(t)dt \tag{4.4-5}$$

故调频信号的时域表达式为

$$s_{FM}(t)=A\cos\left[\omega_c t+K_{FM}\int m(t)dt\right] \tag{4.4-6}$$

同理，调相系统中载波信号的相位增量将和调制信号 $m(t)$ 成比例，即：

$$\Delta\theta=K_{PM}m(t) \tag{4.4-7}$$

式中，K_{PM}叫做相偏指数（调相灵敏度），它也由电路参数确定。故调相信号的时域表达式为

$$s_{PM}(t)=A\cos[\omega_c t+K_{PM}m(t)] \tag{4.4-8}$$

若某调制信号的最大幅度为 A_m，最大角频率为 ω_m，则

$\beta_{FM}=\dfrac{K_{FM}\cdot A_m}{\omega_m}=\dfrac{\Delta\omega_m}{\omega_m}=\dfrac{\Delta f_m}{f_m}$，称做调频指数。

式中 Δf_m 为调频过程中的最大频偏。

$\beta_{PM}=K_{PM}\cdot A_m$，称为调相指数。

可见，调频指数 β_{FM}和调相指数 β_{PM}由电路参数和调制信号的参量共同决定。

可以证明，调频信号 FM 的带宽 B_{FM}为

$$B_{FM}=2(\beta_{FM}+1)B \tag{4.4-9}$$

式中 B 为调制信号的带宽。

频率调制与幅度调制相比，最突出的优势是其较高的抗噪声性能。然而有得就有失，获得这种优势的代价是角度调制占用比幅度调制信号更宽的带宽。这一点从式(4.4-9) 可以看出，由于相位调制与频率调制存在线性关系，因此上述特点同样适用于相位调制。

【例】 已知载波信号频率为 100MHz，调制信号为

$$m(t)=20\cos(2\pi\times10^5)t\ \text{(V)}$$

设调频灵敏度 $K_{FM}=50\pi\times10^3$ rad/V。

求：① 试确定已调信号的带宽；

② 若调制信号的幅度加倍，则已调信号的带宽为多少？

【解】 ① 已调信号的瞬时角频率 $\omega(t)$ 为

$$\omega(t)=\omega_c+\Delta\omega=\omega_c+K_{FM}m(t)=2\pi\times10^8+1000\pi\times10^3\cos(2\pi\times10^5 t)$$

其最大频偏 $\Delta\omega=K_{FM}|m(t)|_{max}=\pi\times10^6$

所以 $\beta_{FM}=\dfrac{K_{FM}\cdot A_m}{\omega_m}=\dfrac{\Delta\omega_m}{\omega_m}=\dfrac{\pi\times10^6}{2\pi\times10^5}=5$

$$B_{FM}=2(\beta_{FM}+1)B=1.2\times10^6\ \text{Hz}=1.2\text{MHz}$$

② 若调制信号的幅度加倍，则

其最大频偏
$$\Delta\omega = K_{FM}|m(t)|_{max} = 2\pi\times10^6$$

所以
$$\beta_{FM} = \frac{K_{FM}\cdot A_m}{\omega_m} = \frac{\Delta\omega_m}{\omega_m} = \frac{2\pi\times10^6}{2\pi\times10^5} = 10$$

$$B_{FM} = 2(\beta_{FM}+1)B = 2.2\times10^6\,\text{Hz} = 2.2\text{MHz}$$

4.4.2 FM和PM之间的关系

由于频率和相位之间存在微分与积分的关系，因而频率调制器也可用来产生调相信号，只需将调制信号在送入频率调制器之前先进行微分。同样，也可用相位调制器来产生调频信号，这时调制信号必须先积分然后送入相位调制器。图 4-13 给出了 FM 与 PM 之间的关系。

f(t)
微分
调频
sPM(t)
f(t)
积分
调相
sFM(t)

图 4-13 FM 与 PM 之间的关系图

复杂信号调制的 PM 信号波形和 FM 信号波形难以绘出，图 4-14 画出了以单频信号作为调制信号时调相信号和调频信号波形图。

m(t)
0
t
m(t)
0
t
sPM(t)
0
t
sFM(t)
0
t
(a) PM信号波形示例
(b) FM信号波形示例

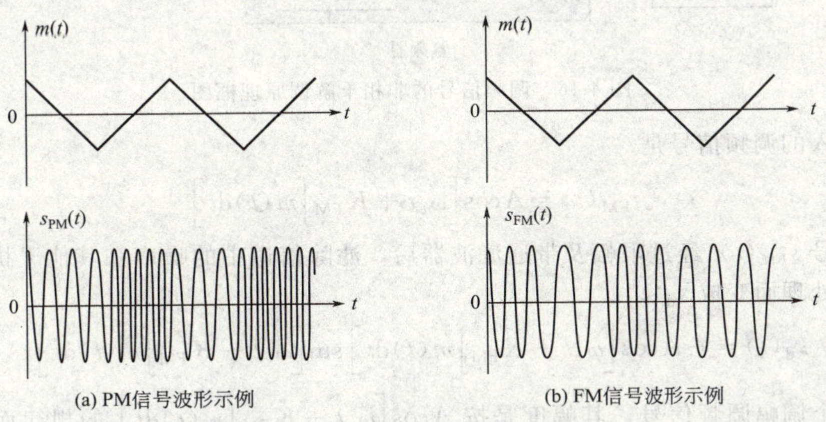

图 4-14 PM 与 FM 信号波形比较

从图 4-14 中可以发现，单纯从已调信号的波形上不能区分 FM 和 PM 信号，二者的区别在于 FM 信号的频率（载波疏密程度）的变化规律直接反映了 $m(t)$ 的变化规律，而 PM 信号的频率变化规律反映了信号斜率（对信号的微分）的变化规律。

4.4.3 FM信号的产生与解调

(1) FM 信号的产生

产生调频信号一般有两种方法：一种是直接调频法，另一种是间接调频法。直接调频法是利用压控振荡器（VCO，Voltage Controlled Oscillator）作为调制器，调制信号直接作用于压控振荡器使其输出频率随调制信号变化而变化的等幅振荡信号；间接调频法不是直接用调制信号去改变载波的频率，而是先将调制信号积分再进行调相，继而得到调频信号。这里只介绍直接调频法。

直接调频法的原理如图 4-15 所示。其原理十分简单，它是由输入的基带信号 $m(t)$ 直接改变电容-电压或电感-电压可变电抗元件的电容值或电感值，使载频振荡器的调谐回路参

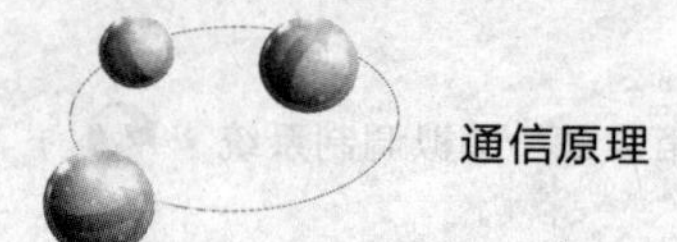

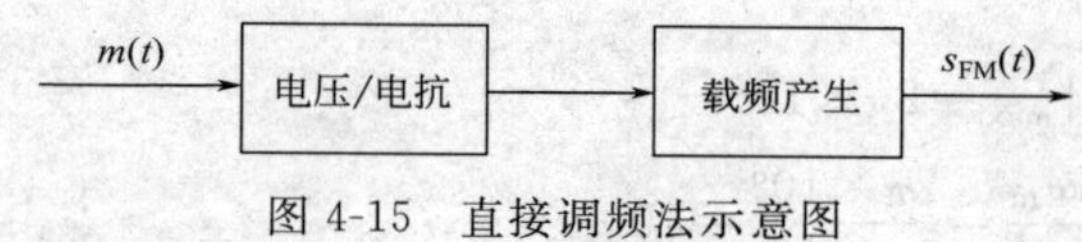

图 4-15 直接调频法示意图

数改变，从而使输出频率随输入信号 $m(t)$ 成正比的变化。

直接调频法的优点是能得到很大的频率偏移，其缺点是载频会发生飘移，因而需要附加稳频电路。

（2）FM 信号的解调

角度调制与幅度调制一样需要用解调器进行解调，但一般把调频信号的解调器称为鉴频器，把调相信号的解调器称为鉴相器。

调频信号的解调方法通常也有两种，一种是相干解调，另外一种是非相干解调，实际中多采用非相干解调。非相干解调器也有两种形式：一种是鉴频器；另一种是锁相环解调器。这里只介绍鉴频器。

调频信号的非相干解调原理框图如图 4-16 所示，主要由限幅带通滤波器、鉴频器和低通滤波器组成，其中鉴频器包括微分器和包络检波器两部分。

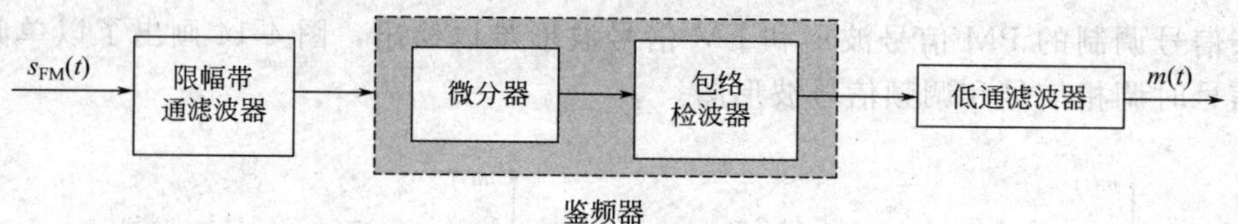

图 4-16 调频信号的非相干解调原理框图

假设输入的调频信号是

$$s_{FM}(t)=A\cos\left[\omega_c t+K_{FM}\int m(t)\mathrm{d}t\right]$$

输入信号 $s_{FM}(t)$ 经过限幅及带通滤波器后，滤除信道中的噪声和其他干扰，送入微分器进行微分处理而变成 $s_d(t)$。

$$s_d(t)=-A\cos\left[\omega_c t+K_{FM}\int m(t)\mathrm{d}t\right]\sin\left[\omega_c t+K_{FM}\int m(t)\mathrm{d}t\right]t$$

这是一个调幅调频信号，其幅度是按 $A\cos\left[\omega_c t+K_{FM}\int m(t)\mathrm{d}t\right]$ 的规律而变化，其包络信息正比于调制信号 $m(t)$。经包络检波，再经过低通滤波器后，滤除基带信号以外的噪声，输出 $m(t)$。

$$m(t)=K_d K_{FM} m(t)$$

K_d 称为鉴频器灵敏度。

需要注意的是，调频信号 $s_{FM}(t)$ 在进入鉴频器之前，经过了一个限幅带通滤波器，这是非常必要的。因为调频信号在经过信道传输到达接收端的解调器时，必定会受到信道中噪声和信道衰减的影响，从而造成到达接收端的调频信号幅度不再恒定，如果不经过限幅的过程，这种幅度里面的噪声将通过包络检波器被解调出来。

4.5 各种模拟调制系统的性能比较

不同的调制方式，在提高传输的有效性和可靠性方面各有优势。为了便于在实际中合理地选用以上介绍的各种模拟调制系统，下面简单介绍一下各模拟调制系统的有效性和可靠性。

4.5.1　传输带宽

传输带宽是系统有效性能的衡量指标，表 4-1 归纳列出了各种调制系统的传输带宽、设备复杂程度和主要应用。由表 4-1 可知，单边带通信（SSB）的有效性能最好，而调频系统的有效性能最差。

表 4-1　各种模拟调制系统的性能比较

调制方式	传输带宽	设备复杂程度	主要应用
AM	$2B$	简单	中短波无线电广播
DSB-SC	$2B$	中等	应用较少
SSB	B	复杂	短波无线电广播、话音频分复用、载波通信、数据传输
FM	$2(\beta_{FM}+1)B$	中等	超短波小功率电台、调频立体声广播

4.5.2　抗噪声性能

图 4-17 画出了各种模拟调制系统的抗噪声性能曲线，图中的圆点表示门限点。门限点以下，曲线迅速下跌；门限点以上，DSB-SC、SSB 的信噪比比 AM 高 4.7dB 以上，而 FM（$\beta_{FM}=6$）的信噪比比 AM 高 22dB，而且调频指数 β_{FM} 越大，调频系统的抗噪声性能越好。

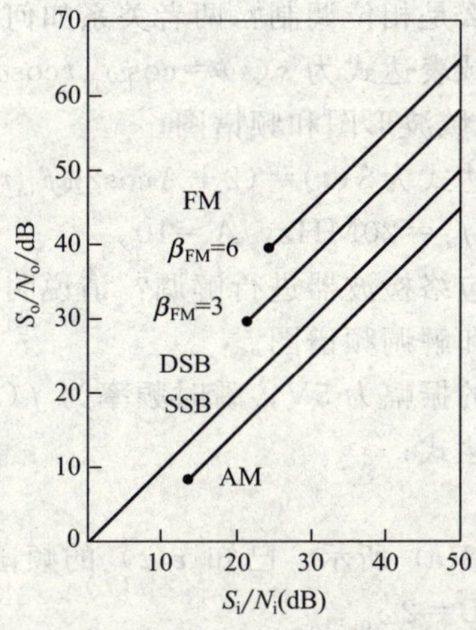

图 4-17　各种模拟调制系统的抗噪声性能曲线

本章小结 ▶▶▶

（1）所谓调制，就是用待传输的基带信号去控制高频载波的某个参数的过程，即将基带信号寄载到高频载波信号之上的过程。通常，将待传输的基带信号称为调制信号；被调制的高频信号起着运载基带信号的作用，称为载波信号；调制后所得到的信号称为已调信号，或频带信号，已调信号应含有基带信号的全部信息。

（2）调制在通信系统中的主要作用有：适合信道传输、便于信号辐射、实现多路复用和提高系统抗噪声性能。

（3）调制本质上就是频谱搬移的过程，即把调制信号的频谱搬移到载波频段上。如果这种搬移过程是线性的，就称为线性调制；如果频谱搬移过程中出现了非线性变化，即有新的频谱分量出现，就称为非线性调制。AM、DSB-SC 和 SSB 都属于线性调制，FM 和 PM 则属于非线性调制。

（4）从带宽利用上讲，如果调制信号的带宽为 B，则 AM 的传输带宽为 2B，DSB-SC 的传输带宽为 2B，SSB 的传输带宽为 B，FM 的传输带宽为 $2(\beta_{FM}+1)$B。

（5）解调是调制的逆过程，其作用是从已调信号中恢复原始的调制信号。解调的方式有两种：相干解调和非相干解调（包络检波）。相干解调适用于所有线性调制信号的解调，实现相干解调的关键是接收端要恢复出一个与调制载波完全同步的相干载波（这个相干载波通常是从已调信号中提取出来的）。包络检波就是直接从已调信号的包络中提取原调制信号，它属于非相干解调，因此不需要相干载波。AM 信号一般都采用包络检波。

（6）从抗噪性声性能上讲，调频系统的抗噪性能通常比调幅系统的抗噪性能强，这是因为调频系统牺牲了传输带宽来换取系统可靠性的。

思考题与习题 ▶▶▶

4-1　什么是调制？调制的作用是什么？

4-2　什么是线性调制？常见的线性调制有哪些？

4-3　AM 信号的波形和频谱有哪些特点？

4-4　相对 AM 信号来说，为什么要抑制载波？

4-5　什么是频率调制？什么是相位调制？两者关系如何？

4-6　已知某已调信号的时域表达式为 $s(t)=\cos\omega_m t\cos\omega_c t$，其中载波为 $\cos\omega_c t$，$\omega_c=6\omega_m$。试分别画出已调信号的时域波形图和频谱图。

4-7　已知某调幅信号的表达式为 $s(t)=(2+A\cos 2\pi f_m t)\cos 2\pi f_c t$。其中调制信号的频率为 $f_m=10\text{kHz}$，载波频率为 $f_c=20\text{MHz}$，$A=10$。

① 该调幅信号是否能采用包络检波器进行解调？请说明理由；

② 画出它的解调原理框图和解调频谱图。

4-8　已知某单频调频信号的振幅为 5V，瞬时频率为 $f(t)=10^6+10^4\cos(2\pi\times 10^3 t)$。

试求：① 该调频信号的表达式；

② 调频指数和传输带宽。

4-9　某调制方框图如图 4-18(a) 所示。已知 $x(t)$ 的频谱如图 4-18(b) 所示，载频 $\omega_c>\omega_m$ 且理想带通滤波器的带宽为 $B=2\omega_m$。

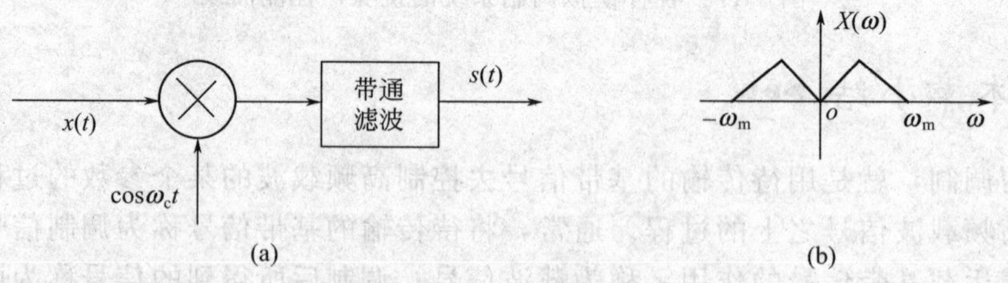

图 4-18　题 4-9 图

试求：① 理想带通滤波器的中心频率；

② 说明 $s(t)$ 为何种已调制信号；

③ 画出 $s(t)$ 的频谱图。

第5章　模拟信号数字化技术

【本章导读】

- 信源编码
- 抽样定理
- 均匀量化和非均匀量化
- A律和μ律以及13折线和15折线
- DM、DPCM和ADPCM语音压缩编码的特点

5.1 引　言

数字通信系统由于具有许多优点而成为当今通信的发展方向。然而日常生活中大部分信号都是模拟信号，比如话筒、电视机和摄像机等信源输出的话音和图像信号，其在时间和幅度上均连续变化。若要利用数字通信系统进行信息的处理、交换、传输和存储，则必须在发送端进行A/D转换，即将模拟信号转换成数字信号。由于A/D变换的过程通常由信源编码器实现，所以我们把发送端的A/D变换称为信源编码。

将模拟信号转换成数字信号要经过抽样（Sampling，亦称取样或采样）、量化（Quantization）和编码（Coding）三个过程。抽样的目的是实现时间的离散，但抽样后的信号的幅度取值仍然是连续的，所以还是模拟信号；量化的目的是实现幅度的离散，故量化后的信号已经是数字信号，但它一般为多进制数字信号，不能被常用的二进制数字通信系统处理；编码的目的是将量化后的多进制数字信号编码成二进制码，最基本和最常用的编码方法是脉冲编码调制（Pulse Code Modulation，PCM）。由于编码方法直接和系统的传输效率有关，为了提高传输效率，常常将这种PCM信号作进一步压缩编码，去除信号间的冗余信息，降低传输速率，然后再在通信系统中传输。常用的压缩编码有：差分脉冲编码调制（DPCM）、自适应差分脉冲编码调制（ADPCM）和增量调制（DM或ΔM）。

5.2　模拟信号的抽样

5.2.1　低通与带通抽样定理

抽样定理是模拟信号数字化的理论依据，它能保证模拟信号在数字化以后不失真。根据模拟信号频谱分布的不同，通常可以将模拟信号分为低通型信号和带通型信号两种形式，对不同形式的模拟信号，应选择合适的抽样定理。

（1）低通抽样定理

低通抽样定理可表述为：一个频带限制在$0\sim f_H$以内的低通信号$s(t)$，如果以$f_s\geqslant 2f_H$的采样频率进行均匀采样，则所得的样值可以完全地确定原信号$s(t)$。下面简单证明一下这个定理。

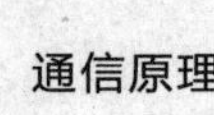

理论上，抽样可以看作是用周期性单位冲激信号（称为梳状函数）和模拟信号相乘的过程（此时的抽样为理想抽样）。

假设模拟信号为 $f(t)$，梳状函数为 $\delta_T(t)$，抽样信号为 $f_s(t)$。

则：
$$f_s(t)=f(t)\delta_T(t) \tag{5.2-1}$$

若模拟信号 $f(t)$ 的频谱为 $F(\omega)$，梳妆函数的频谱为 $\delta_T(\omega)$，抽样信号的频谱为 $F_s(\omega)$。

则：
$$F_s(\omega)=\frac{1}{2\pi}[F(\omega)*\delta_T(\omega)] \tag{5.2-2}$$

其中梳状函数的频谱为

$$\delta_T(\omega)=\frac{2\pi}{T_s}\sum_{n=-\infty}^{\infty}\delta(\omega-n\omega_s) \tag{5.2-3}$$

所以，抽样后信号的频谱为

$$F_s(\omega)=\frac{1}{T_s}\sum_{n=-\infty}^{\infty}F(\omega-n\omega_s) \tag{5.2-4}$$

由于梳状函数的频谱仍然是周期性单位冲激串，模拟信号 $f(t)$ 经过抽样以后所得到的抽样信号 $f_s(t)$，从频谱上讲相当于频谱搬移的过程。即把模拟信号的频谱 $F(\omega)$ 线性搬移到 0、$\pm f_s$、$\pm 2f_s$、…、$\pm nf_s$ 等处，然后把这些搬移以后的频谱进行线性组合即可得到抽样信号的频谱 $F_s(\omega)$。

由此可以看出，抽样信号是完全包含模拟信号的所有频谱成分的（特别地，当 $n=0$ 时，抽样信号的频谱与模拟信号的频谱相同）。这样，在接收端就可以通过低通滤波器恢复出模拟信号来。抽样过程也可以用图解方法来解释，如图 5-1 所示。

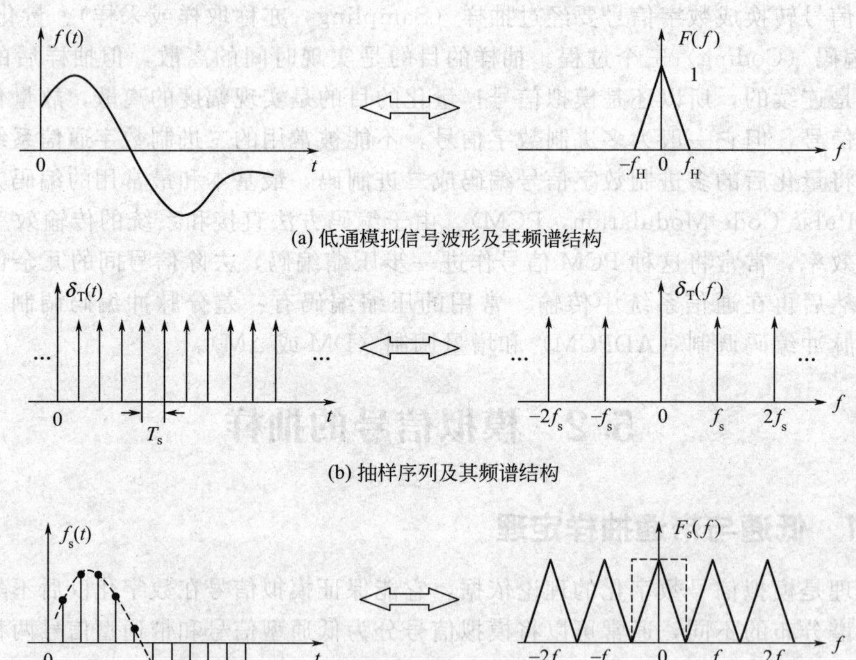

图 5-1　低通型模拟信号的抽样过程

从图 5-1 中可以看出，当抽样频率 $f_s<2f_H$时，模拟信号频谱经过搬移后所得到的抽样

信号中将会出现频谱混叠的现象。这样，接收端通过滤波器将无法恢复出原始的模拟信号。

实际应用中，为了提高系统可靠性，通常会留出一定的防护频带。比如，国际电报电话咨询委员会建议规定对于 3400Hz 带宽的电话信号，取样频率为 8000Hz，留出了 8000－6800＝1200Hz 作为防护频带。

特别地，把 $f_s=2f_H$时的频率称为奈奎斯特速率，此时对应的抽样周期 T_s称为奈奎斯特间隔。

(2) 带通抽样定理

实际应用中还会遇到很多带通信号，这种信号的带宽 B 远小于其中心频率。若仍然按照低通抽样定理来确定抽样频率 f_s，则会导致抽样频率 f_s过高，实际上，并不需要这样高的抽样频率。下面简单介绍一下带通信号的抽样定理。

可以证明：假设带通信号 $f(t)$ 的下限频率为 f_L，上限频率为 f_H，带宽为 B。当抽样频率为

$$f_s \geqslant 2B\left(1+\frac{k}{n}\right) \tag{5.2-5}$$

$f(t)$ 可以由抽样点值序列 $f_s(nT_s)$ 完全描述。

式(5.2-5) 中，n 为商（f_H/B）的整数部分，$n=1$，2，…；k 为商（f_H/B）的小数部分，$0<k<1$。

【例 5-1】 载波电话 60 路超群信号中，频带范围为 312～552kHz，试求最低取样频率 f_s。

【解】 信号带宽

$$B=f_H-f_L=552-312=240\text{kHz}$$

$$\frac{f_H}{B}=\frac{552}{240}=2.3$$

得 $n=2$，$k=0.3$

代入公式(5.2-5) 中得最低取样频率 $f_s=552\text{kHz}$

5.2.2 实际抽样

从调制的角度看，上述抽样的过程可以看作是用模拟信号调制冲激信号幅度的过程，这种调制称为脉冲幅度调制（Pulse Amplitude Modulation，PAM），抽样后的信号称为 PAM 信号，PAM 信号虽然在时间上是离散的，但其代表信息的参量（幅度）仍然是连续变化的，因此仍然属于模拟信号。

抽样定理中抽样脉冲信号是理想冲激信号 $\delta_T(t)$，但实际抽样电路中抽样脉冲序列具有一定持续时间，在脉宽期间抽样信号幅度可以是不变的，也可以随信号幅度而变化。前者称为平顶抽样（又叫瞬时抽样），后者则称为自然抽样（又叫曲顶抽样）。

(1) 自然抽样

假设抽样脉冲序列为 $c(t)=\sum_{n=-\infty}^{\infty} p(t-nT_s)$，其中 $p(t)$ 为任意形状的脉冲（脉冲宽度为 τ），模拟信号为 $f(t)$，抽样信号为 $f_s(t)$，则

$$f_s(t)=f(t)\times c(t)=f(t)\times \sum_{n=-\infty}^{\infty} p(t-nT_s) \tag{5.2-6}$$

对于周期脉冲序列可利用傅里叶级数展开，即

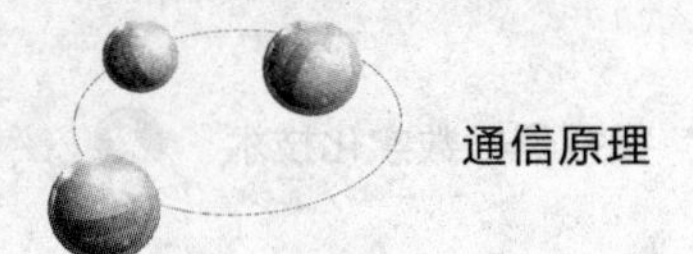

$$c(t)=\sum_{n=-\infty}^{\infty}C_n e^{jn\omega_s t} \tag{5.2-7}$$

其中

$$C_n=\frac{1}{T_s}\int_{-\frac{T_s}{2}}^{\frac{T_s}{2}}p(t)e^{-jn\omega_s t}dt \tag{5.2-8}$$

T_s为抽样间隔。ω_s为抽样角频率。将式(5.2-7) 代入式(5.2-6) 可得

$$f_s(t)=\sum_{n=-\infty}^{\infty}f(t)C_n e^{jn\omega_s t} \tag{5.2-9}$$

将式(5.2-8) 代入式(5.2-9)，由傅里叶变换的性质可得自然抽样后信号的频谱为

$$F_s(\omega)=\sum_{n=-\infty}^{\infty}C_n F(\omega-n\omega_s) \tag{5.2-10}$$

将式(5.2-10) 与式(5.2-4) 比较可知，自然抽样与理想抽样信号的频谱，其差别仅在于系数 C_n。一般情况下，C_n随 n 而变，但每个频谱分量的形状不变，因此仍然可以采用一个截止频率为 f_H的低通滤波器来分离出原始的模拟信号。自然抽样的过程如图 5-2 所示。

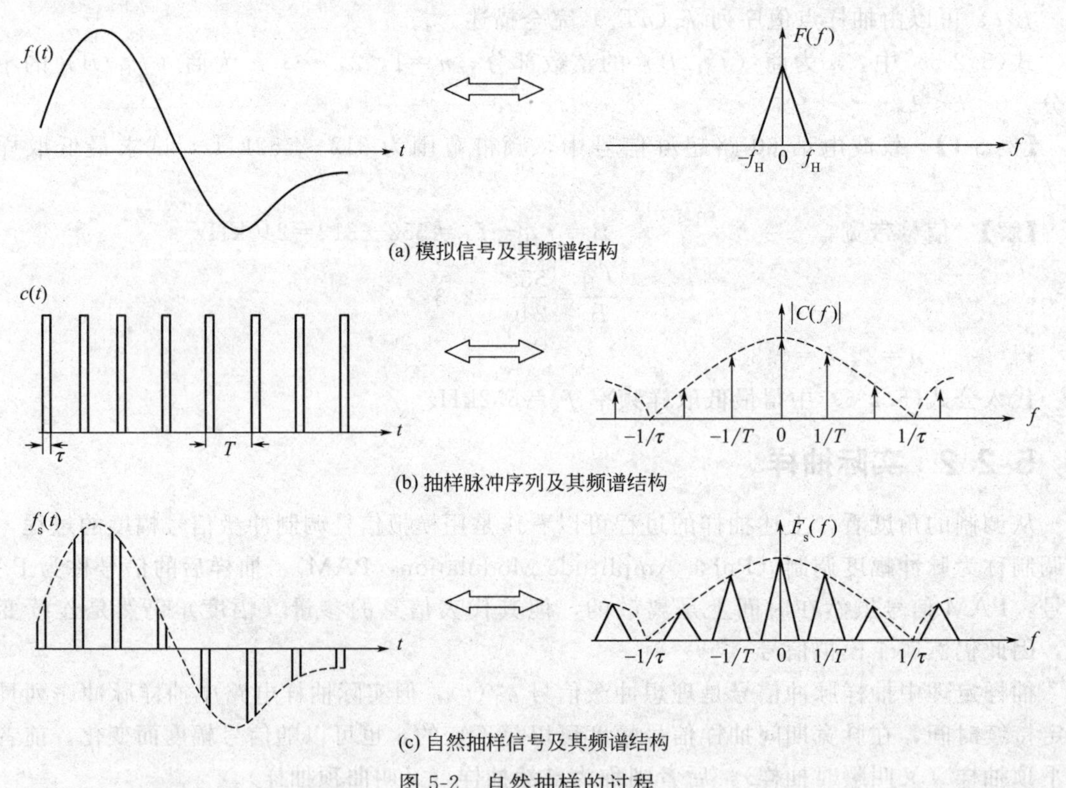

图 5-2 自然抽样的过程

(2) 平顶抽样

在上述自然抽样中，得到的抽样信号的脉冲顶部和原模拟信号波形相同，但在某些场合不能满足使用要求，如对抽样后的样值进行编码，在编码期间的样值必须是恒定不变的。因此，在实际应用中，常用“抽样保持电路”产生抽样信号。这种电路的原理方框图可以用图 5-3 表示。图中，模拟信号 $f(t)$ 和非常窄的周期性脉冲（近似冲激函数）$\delta_T(t)$ 相乘，得到乘积 $f_s(t)$，然后通过一个冲激响应是矩形的保持电路，将抽样电压保持一定时间。这样，保持电路的输出脉冲波形保持平顶。平顶抽样的过程如图 5-4 所示。

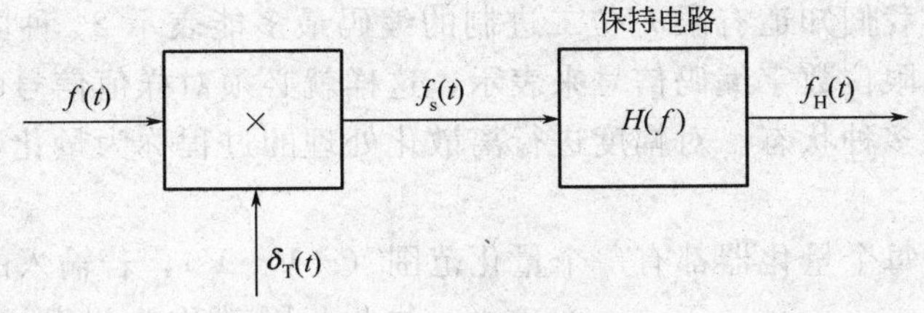

图 5-3　抽样保持电路

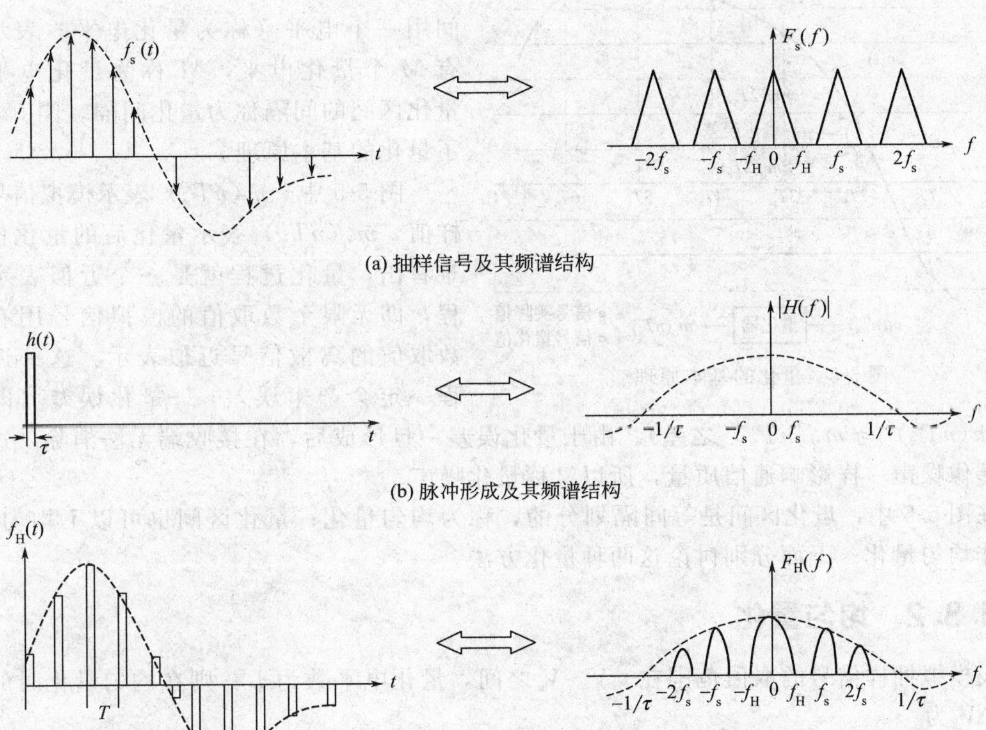

(a) 抽样信号及其频谱结构

(b) 脉冲形成及其频谱结构

(c) 平顶抽样及其频谱结构

图 5-4　平顶抽样的过程

平顶抽样序列频谱与自然抽样序列频谱图形相似，但它们是完全不同的。自然抽样中，$F_s(\omega)$ 是由 $F(\omega)$ 周期性地重复组成的。虽然幅度要下降，但 $F(\omega)$ 本身的形状没有改变。平顶抽样序列信号的频谱已失去了原 $F(\omega)$ 的形状，它有一加权项 $\sin(\omega\tau/2)/(\omega\tau/2)$。由于加权项是频率的函数，因而引起了频率失真，使频谱的形状发生了改变。

为了不失真地还原出被抽样信号，平顶抽样不能像自然抽样那样简单地使用低通滤波器来实现无失真解调。而应在使用低通滤波器外，再使用传递函数为 $(\omega\tau/2)/\sin(\omega\tau/2)$ 的网络进行频率补偿，以抵消平顶保持所带来的频率失真。这种频率失真常称为孔径失真。

5.3　抽样信号的量化

5.3.1　量化的基本原理

模拟信号经过抽样后得到 PAM 信号，由于 PAM 信号的幅度仍然是连续的，即它的幅

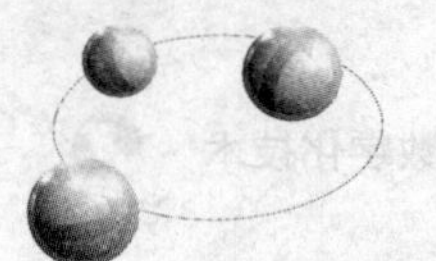
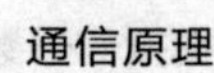

度有无穷多种取值，我们知道有限 n 位二进制的编码最多能表示 2^n 种电平，那么幅度连续的样值信号无法用有限位数字编码信号来表示，这样就必须对样值信号的幅度进行离散，使其幅度的取值为有限多种状态。对幅度进行离散化处理的过程称为量化，实现量化的器件称为量化器。

在量化过程中，每个量化器都有一个量化范围（$-V$～V），若输入的模拟信号的幅度超过此范围就称为过载。在量化范围内划分成 M 个区间（称为量化区间），每个量化区间用一个电平（称为量化电平）表示（共有 M 个量化电平，M 称为量化电平数），量化区间的间隔称为量化间隔。图 5-5 示出了量化的基本原理。

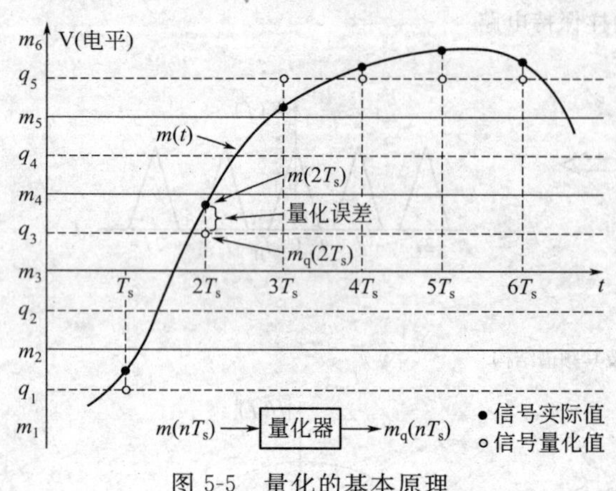

图 5-5　量化的基本原理

图 5-5 中，$m(nT_s)$ 表示模拟信号的抽样值，$m_q(nT_s)$ 表示量化后的量化值，不难看出，量化过程就是一个近似表示的过程，即无限个数取值的模拟信号用有限个数取值的离散信号近似表示。这一近似过程一定会产生误差——量化误差（即量化前后 $m(nT_s)$ 与 $m_q(nT_s)$ 之差）。由于量化误差一旦形成后，在接收端无法消除，这个量化误差像噪声一样影响通信质量，所以又称量化噪声。

在图 5-5 中，量化区间是等间隔划分的，称为均匀量化；量化区间也可以不均匀划分，称为非均匀量化。下面分别讨论这两种量化方法。

5.3.2　均匀量化

设模拟抽样信号的取值范围在 $-V$～V 之间，量化电平数为 L，则在均匀量化时的量化间隔 ΔV 为

$$\Delta V=\frac{2V}{L} \tag{5.3-1}$$

量化区间的端点 m_i 为

$$m_i=-V+i\Delta V \qquad i=0,1,2,\cdots,M \tag{5.3-2}$$

若输出的量化电平 q_i 取为量化间隔的中点，则

$$q_i=\frac{m_i+m_{i-1}}{2} \qquad i=0,1,2,\cdots,M \tag{5.3-3}$$

从上式可以看出，对于给定的信号最大幅度 V，量化电平数 L 越多，量化区间 ΔV 越小，量化误差（噪声）越小，量化噪声具体可表示为

$$\sigma_q^2=\frac{V^2}{3L^2} \tag{5.3-4}$$

对于单频正弦信号 $S(t)=A_m\cos(\omega_c t+\varphi)$，经过抽样以后进行均匀量化，则可以计算出量化器的输出信噪比 $\frac{S}{N}$ 为

$$\frac{S}{N}=\frac{\frac{A_m^2}{2}}{\sigma_q^2}=\frac{3}{2}\left(\frac{A_m}{V}\right)^2L^2 \tag{5.3-5}$$

两边取常用对数得

$$\lg\frac{S}{N}=\lg\frac{3}{2}\left(\frac{A_{\mathrm{m}}}{V}\right)^{2}L^{2} \tag{5.3-6}$$

可得

$$SNR_{\mathrm{dB}}\approx 4.77+20\lg\frac{A_{\mathrm{m}}}{\sqrt{2}V}+6.02n \tag{5.3-7}$$

其中：$L=2^{n}$。

由式(5.3-7) 可知：量化器的输出信噪比与输入信号的幅度和编码位数有关，当输入大信号时所产生的输出信噪比高，信号失真小，可靠性强，而当输入小信号时所产生的量化信噪比低，信号容易失真，因此对小信号不利；同时，当编码位数增加时，输出信噪比也相应提高，并且每增加一位编码，输出信噪比提高 6dB。

均匀量化被广泛应用于计算机的 A/D 变换中。n 表示 A/D 变换器的位数，常用的 A/D 变换器有 8 位、12 位、16 位等不同精度。主要根据应用中所允许的量化误差来确定。图像信号的数字化接口 A/D 也是均匀量化器。但在数字电话通信中，从通信线路的传输效率考虑，采用非均匀量化更为合理，其主要原因是：对于普通的话音信号，其统计特性是大信号出现的概率小，而小信号出现的概率大，因而不适合采用均匀量化。下面将讨论非均匀量化。

5.3.3 非均匀量化

量化间隔不相等的量化就是非均匀量化，它是根据信号的不同区间来确定量化间隔的。当信号抽样值小时，量化间隔 ΔV 也小；信号抽样值大时，量化间隔 ΔV 也变大。

实际中，非均匀量化的实现方法通常是在进行量化之前，先对抽样信号进行压缩，再进行均匀量化。所谓的压缩是用一个非线性电路将输入电压 x 变换成输出电压 y。

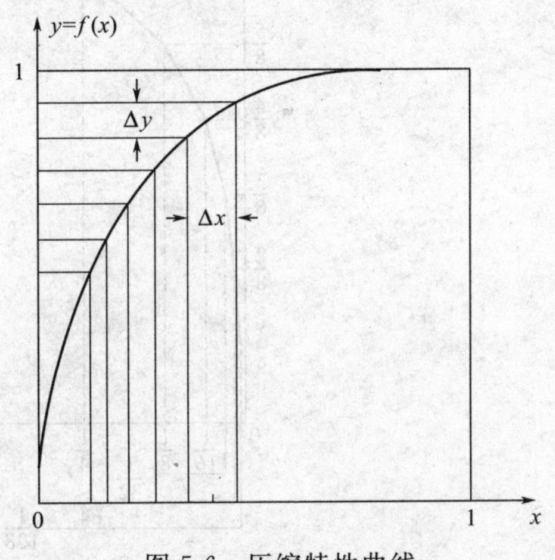

图 5-6 压缩特性曲线

如图 5-6 所示（在此图中仅画出了曲线的正半部分，在第三象限的对称部分没有画出）。图中纵坐标 y 是均匀刻度的，横坐标 x 是非均匀刻度的。所以输入电压 x 越小，量化间隔也就越小。也就是说，小信号的量化误差也小，这样就可以保证大信号和小信号在整个动态范围内的信噪比基本上一致。

需要说明的是，上述压缩器的输入和输出电压范围都限制在 0 和 1 之间，即作归一化处理。

对于电话信号的压缩，美国最早提出 μ 律压缩以及相应的近似算法——15 折线法，后来欧洲提出 A 律压缩以及相应的近似算法——13 折线法，它们都是 ITU 建议共存的两个标准。

我国大陆、欧洲和非洲大都采用 A 压缩律及相应的 13 折线法，美国、日本和加拿大等国家采用 μ 压缩律及 15 折线法。下面将分别讨论这两种压缩律及其近似实现方法。

(1) A 律压缩特性

A 律压缩特性是以 A 为参量的压缩特性。A 律特性的表示式为

$$y=\begin{cases}\dfrac{A}{1+\ln A}x & 0<x\leqslant\dfrac{1}{A}\\[2ex] \dfrac{1+\ln Ax}{1+\ln A} & \dfrac{1}{A}\leqslant x\leqslant 1\end{cases} \tag{5.3-8}$$

式(5.3-8)中，x 为压缩器归一化输入电压；y 为压缩器归一化输出电压；常数 A 为压缩系数，它决定压缩程度，$A=1$ 时无压缩，A 愈大压缩效果愈明显，而且在 $0<x\leqslant\frac{1}{A}$ 范围内，y 是线性函数，对应一段直线，也就是相当于均匀量化特性；在 $\frac{1}{A}\leqslant x\leqslant 1$ 的范围内，y 是对数函数，对应一段对数曲线。在国际标准中取 $A=87.6$。A 律压缩特性曲线如图 5-7 所示。

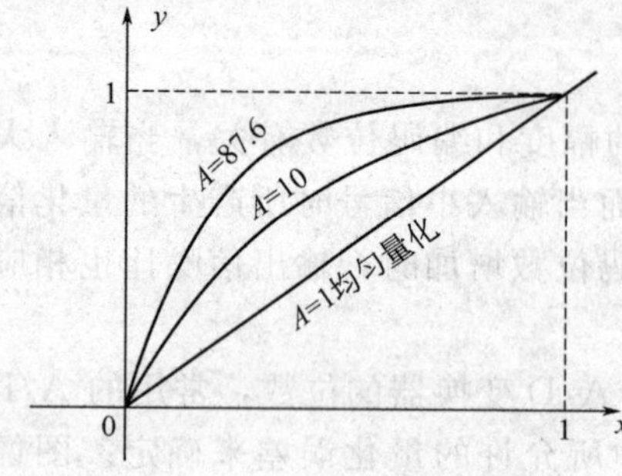

图 5-7　A 律压缩特性曲线

(2) A 律压缩的近似算法——13 折线

A 律压缩特性函数是一条连续的平滑曲线，用模拟电子线路实现这样的函数规律是相当复杂的。随着数字电路技术的发展，这种特性很容易用数字电路来近似实现。13 折线特性就是近似于 A 律的特性。图 5-8 示出了这种特性曲线。

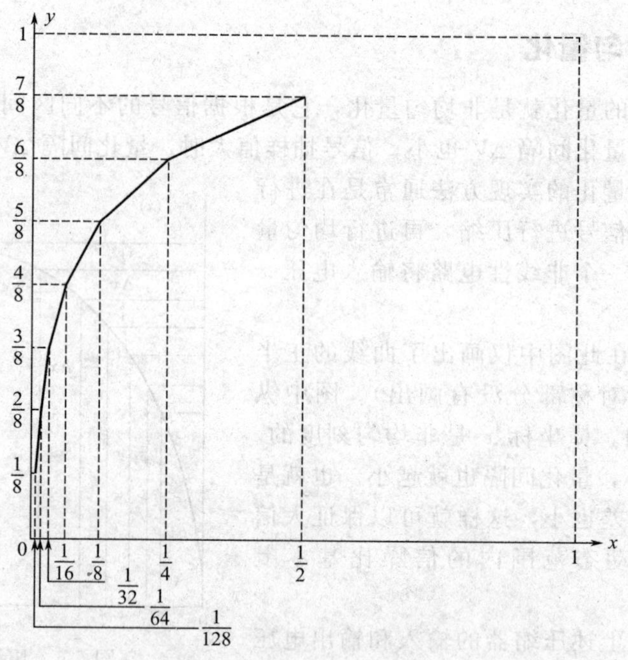

图 5-8　13 折线压缩特性

图 5-8 中横坐标 x 在 0 至 1 区间（归一化）分为不均匀的 8 段。1/2～1 间的线段称为第八段；1/4～1/2 间的线段称为第七段；1/8～1/4 间的线段称为第六段；依此类推，直到0～1/128 间的线段称为第一段。图中纵坐标 y 则均匀地划分作 8 段。将与这 8 段相应的坐标点 (x, y) 相连，就得到了一条折线。由图可见，除第一和二段外，其他各段折线的斜率都不相同。

然后，再将 8 段中的每一段均匀地划分为 16 等份，每一个等份就是一个量化级。这样，输入信号的取值范围内总共被划分为 16 * 8 = 128 个不均匀的量化级。因此，用这种分段方法就可以使输入信号形成一种不均匀的量化级数，它对小信号分得细，最小量化级数（指第 1 段和第 2 段的量化级）为 (1/128) * (1/16) = 1/2048；对大信号的量化级数分得粗，最大量化级为 1/(2 * 16) = 1/32。通常把最小量化级作为一个量化单位，用“Δ”表示，于是可以计算出输入信号的取值范围 0～1 总共被划分为 2048Δ。对 y 轴也分成 8 段，不过是均匀地划分成 8 段。y 轴的每一段又均匀地划分成 16 等份，每一等份就是一个量化级。于是，y 轴的区间 (0，1) 就被分成 128 个均匀量化级，每个量化级均为 1/128。

上述的压缩特性只是实用的压缩特性曲线的一半。x 的取值应该还有负的一半。由于第一象限和第三象限中的第一和第二段折线斜率相同，所以这四条折线构成一条直线。因此，在 −1～+1 的范围内就形成了总数是 13 段的折线特性。通常就称为 A 律 13 折线压缩特性。

(3) μ 律压缩特性

μ 律特性的表示式为

$$y=\frac{\ln(1+\mu x)}{\ln(1+\mu)} \quad 0\leqslant x\leqslant 1 \tag{5.3-9}$$

式中 μ 为压缩系数，$\mu=0$ 时相当于无压缩，μ 越大压缩效果越明显，在国际标准中取 $\mu=255$。当量化电平数 $L=256$ 时，对小信号的信噪比改善值为 33.5dB。μ 律最早由美国提出，从整体上看，μ 律和 A 律性能基本接近。μ 律压缩特性曲线如图 5-9 所示。

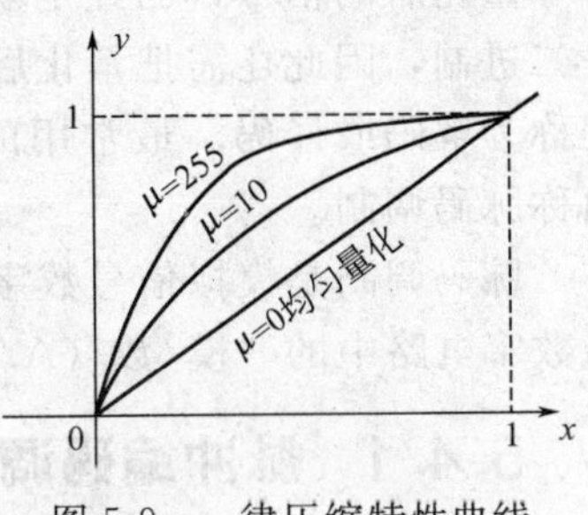

图 5-9　μ 律压缩特性曲线

与 A 律相似，μ 律同样不易用模拟电子线路实现，实用中通常采用 15 折线来代替 μ 律。图 5-10 示出了这种特性曲线。

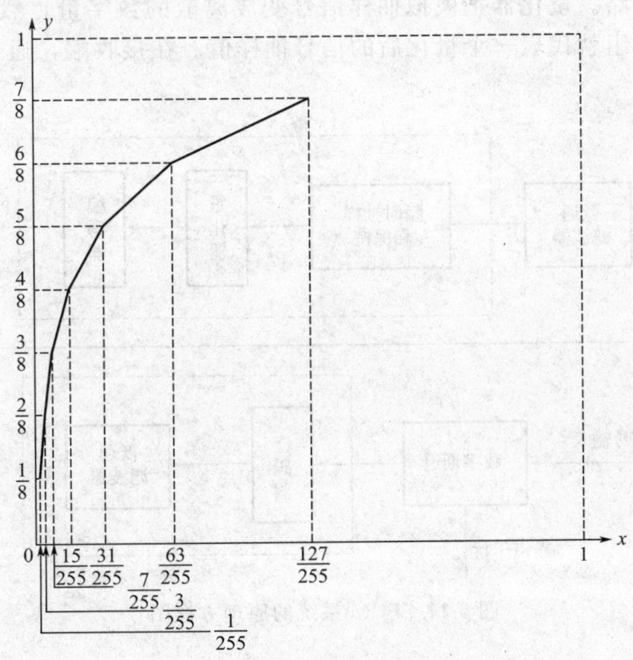

图 5-10　15 折线压缩特性

从图中可以看出，由于其第一段和第二段的斜率不同，不能合并为一条直线，但正电压第一段和负电压第一段的斜率相同，仍可以连成一条直线。所以，得到的是 15 段折线，称为 15 折线压缩特性。

比较 13 折线特性和 15 折线特性的第一段斜率可知，15 折线特性第一段的斜率（255/8）大约是 13 折线特性第一段斜率（16）的 2 倍。所以，15 折线特性给出的小信号的信号量噪比约是 13 折线特性的 2 倍。但是，对于大信号而言，15 折线特性给出的信号量噪比要比 13 折线特性时稍差。

上面已经详细地讨论了 A 律和 μ 律以及相应的折线法压缩信号的原理。至于恢复原信号大小的扩张原理，完全和压缩的过程相反，这里不再赘述。

5.4 脉冲编码调制（PCM）

量化后的信号，已经是取值离散的多进制数字信号。但实际应用中的数字通信系统往往是二进制，因此还需把量化后的信号电平值转换成二进制码组，这个过程称为编码。其逆过程称为解码或译码。最常用的编码方式是脉冲编码调制（Pulse Code Modulation，PCM），简称脉码调制。

脉码调制是模拟信号数字化的一种方法。脉码调制的叫法是从信号调制的角度看的，它与数字电路中的“模/数（A/D）”变换的原理是一样的，只是称呼不同。

5.4.1 脉冲编码调制的基本原理

PCM 系统的原理方框图如图 5-11 所示。在发送端，由冲激脉冲对模拟信号抽样，得到在抽样时刻上的信号抽样值。这个抽样值仍是模拟量。在它量化之前，通常用保持电路将其作短暂保存，以便电路有时间对其进行量化。在实际电路中，常把抽样和保持电路做在一起，称为抽样保持电路。量化器把模拟抽样信号变成离散的数字量，然后进行二进制编码。这样，每个二进制码组就代表一个量化后的信号抽样值。在接收端，通过译码器恢复出模拟信号。

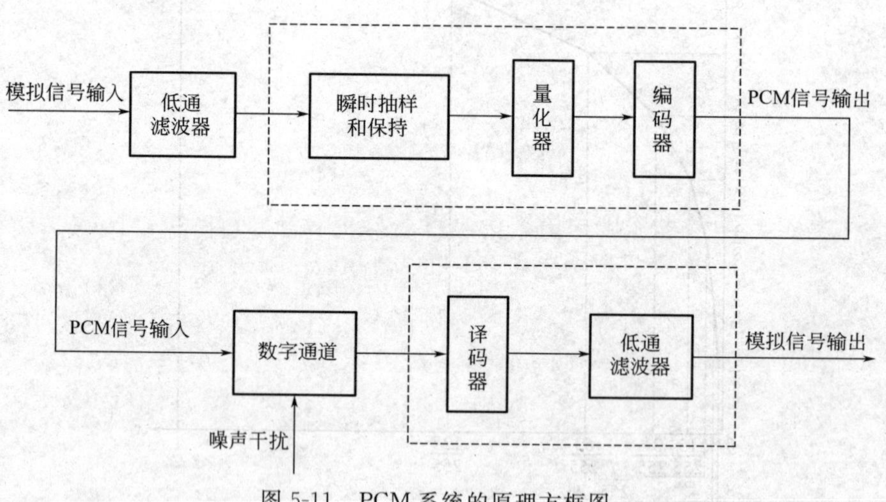

图 5-11　PCM 系统的原理方框图

5.4.2 编码方式

在讨论编码之前，应先明确编码的码字码型以及码位数的选择和安排。所谓码字就是一个样值所编的 n 位码，编码过程中采用的规律称为码型。在 PCM 编码中广泛使用的二进制码型有自然（普通）二进制码、折叠二进制码和格雷（循环）码。表 5-1 列出了用 4 位码表示 16 个量化级时三种码型的编码规律。

表 5-1　三种 4 位二进制码组

序号	自然二进制码				折叠二进制码				雷二进制码			
	b1	b2	b3	b4	b1	b2	b3	b4	b1	b2	b3	b4
15	1	1	1	1	1	1	1	1	1	0	0	0
14	1	1	1	0	1	1	1	0	1	0	0	1
13	1	1	0	1	1	1	0	1	1	0	1	1
12	1	1	0	0	1	1	0	0	1	0	1	0
11	1	0	1	1	1	0	1	1	1	1	0	0
10	1	0	1	0	1	0	1	0	1	1	0	1
9	1	0	0	1	1	0	0	1	1	1	1	1
8	1	0	0	0	1	0	0	0	1	1	1	0
7	0	1	1	1	0	0	0	0	0	1	0	0
6	0	1	1	0	0	0	0	1	0	1	0	1
5	0	1	0	1	0	0	1	0	0	1	1	1
4	0	1	0	0	0	0	1	1	0	1	1	0
3	0	0	1	1	0	1	0	0	0	0	1	0
2	0	0	1	0	0	1	0	1	0	0	1	1
1	0	0	0	1	0	1	1	0	0	0	0	1
0	0	0	0	0	0	1	1	1	0	0	0	0

由表 5-1 可以看出，自然二进制码实际上就是一般的十进制正整数的二进制表示，编译码都比较简单。折叠二进制码实际上是一种符号幅度码，如果将其左边的第一位作为信号的极性位后（比如用“1”表示信号的正极性，用“0”表示信号的负极性），后面 3 位码在表中呈映像关系，故称折叠二进制码。

折叠二进制码与自然二进制码相比，有两个突出的优点：①对于双极性的信号，只要信号的绝对值相同，而只是极性不同时，折叠二进制码可以采用单极性的编码方法，这样可以简化编码电路；②在传输的过程中当出现误码时，对小信号的影响小。比如，大信号 1111 在传输中第一位发生误码变成 0111，由表 5-1 可以看出自然二进制码电平序号由 15 变为 7，其误差为 8 个量化级，而对于折叠二进制码则从 15 变为 0，其误差为 15 个量化级，显然折叠二进制码对大信号的影响大；当小信号 0000 在传输中第一位发生误码变成 1000，对于自然二进制码的误差为 8 个量化级，而对于折叠二进制码的误差仅为 1 个量化级。实际中的语音信号的特点就是小信号出现的概率大而大信号出现的概率小，因而对于语音信号的编码通常采用折叠二进制码。

格雷二进制码的特点是任何相邻电平的码组中只有一个码位不同，因而如果传输过程中发生一位误码，接收端恢复出来的量化电平的误差比较小。但是，实现格雷二进制码的电路较复杂，所以一般都不采用。

目前，脉冲编码调制主要运用在电话通信系统中，故在 A 律 13 折线的 30/32 路 PCM 系统中选取了折叠二进制码。

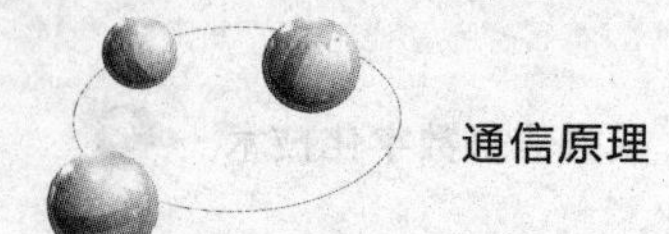

5.4.3 A 律 PCM 编码（非线性编码）规则

目前国际上普遍采用 8 位非线性编码，用于 A 律 13 折线的 30/32 路 PCM 系统的编码，这 8 位的安排如表 5-2 所示。

表 5-2 每个抽样量化值的编码安排

<table>
<tr><td>b1</td><td>b2</td><td>b3</td><td>b4</td><td>b5</td><td>b6</td><td>b7</td><td>b8</td></tr>
<tr><td>极性码</td><td colspan="3">段落码</td><td colspan="4">段内码</td></tr>
<tr><td>正极性编为 1
负极性编为 0</td><td colspan="3">对应 8 个段落</td><td colspan="4">对应每个段落内的 16 个分层电平</td></tr>
</table>

根据上述码位的安排，段落码、段落的起始电平、段落内量化间隔与段落序号之间的关系如表 5-3 所示。

表 5-3 段落码、起始电平、量化间隔与段落号之间的关系

<table>
<tr><td rowspan="2">段落序号</td><td colspan="3">段落码</td><td rowspan="2">段落起始电平</td><td rowspan="2">段内量化间隔</td></tr>
<tr><td>b2</td><td>b3</td><td>b4</td></tr>
<tr><td>1</td><td>0</td><td>0</td><td>0</td><td>0</td><td>1Δ</td></tr>
<tr><td>2</td><td>0</td><td>0</td><td>1</td><td>16Δ</td><td>1Δ</td></tr>
<tr><td>3</td><td>0</td><td>1</td><td>0</td><td>32Δ</td><td>2Δ</td></tr>
<tr><td>4</td><td>0</td><td>1</td><td>1</td><td>64Δ</td><td>4Δ</td></tr>
<tr><td>5</td><td>1</td><td>0</td><td>0</td><td>128Δ</td><td>8Δ</td></tr>
<tr><td>6</td><td>1</td><td>0</td><td>1</td><td>256Δ</td><td>16Δ</td></tr>
<tr><td>7</td><td>1</td><td>1</td><td>0</td><td>512Δ</td><td>32Δ</td></tr>
<tr><td>8</td><td>1</td><td>1</td><td>1</td><td>1024Δ</td><td>64Δ</td></tr>
</table>

注：Δ 为归一化条件下的最小量化间隔，其值为 1/2048。

5.4.4 逐次比较型编码原理

在 A 律的 13 折线 30/32 路 PCM 系统中，实现编码的具体方法和电路有很多，比如逐次比较型编码、级联型编码和混合型编码等。而且由于大规模集成电路和超大规模集成电路技术的发展，编译码器已实现集成化。目前生产的单片集成 PCM 编译码器可以同时完成抽样、量化、压扩和编码多个功能。这里主要介绍目前比较常用的逐次比较型编码的原理。

逐次比较型编码器的原理框图如图 5-12 所示。其编码原理与天平称物体的方法类似，编码器中的抽样值（I_s）相当于天平中的被测物，而标准电流（I_r）则相当于天平中的砝码。预先设定一系列作为比较用的标准电流（通常称为权值电流，权值电流的数量与编码位数有关）。

抽样信号经过一个整流器，它将双极性变为单极性，并给出极性码 b1，I_s 由保持电路短时间保持，并和几个称为权值电流的标准电流 I_r 逐一比较。每比较一次就输出 1bit，直到 I_r 和抽样值 I_s 逼近为止。其规则如下：若 $I_s > I_r$，编码输出“1”：若 $I_s < I_r$，编码输出“0”。

逐次比较型编码器中有一个本地译码器，它由记忆电路、7/11 变换电路和恒流源网络组成。记忆电路主要用来寄存比较器输出的段落码和段内码，因为在比较的过程中，除了第

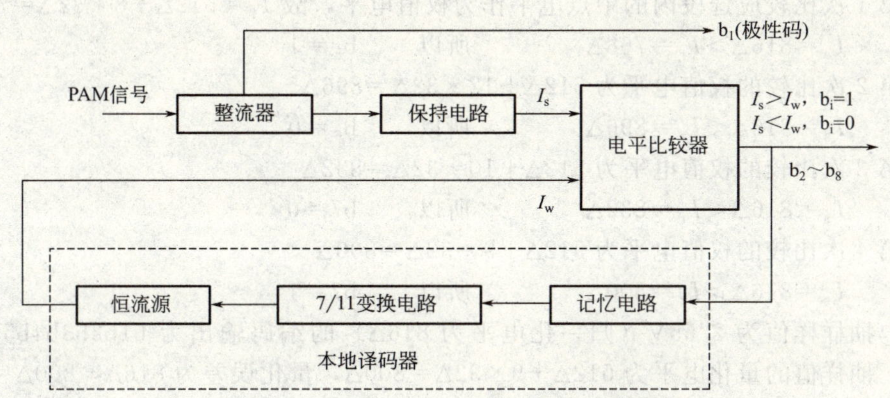

图 5-12 逐次比较型编码器的原理框图

一次比较外，其他各次比较都要根据前次比较的结果来确定权值电流。7/11 变换电路实质上是一个实现非线性到线性编码之间变换的数字压缩器，它将 7 位码变换成 11 位码，为恒流源解码电路提供 11 个控制脉冲。恒流源实际上是一个线性的解码电路，它用来产生各种权值电流。在恒流源中有多个基本的权值电流支路，其个数与量化的级数有关。按照 A 律 13 折线进行编码，除去极性码外还剩 7 位码；需要 11 个基本的权值电流支路，每个支路都有一个控制开关。

下面结合一个实例详细说明编码过程。

【例 5-2】 某模拟信号的幅度范围为－6.4～＋6.4V，对该信号采用奈奎斯特抽样，其某一抽样值为 2.55V，采用逐次比较型编码，按照 A 律 13 折线将此抽样值编为 8 位，写出编码过程并计算量化误差。

【解】 首先计算出该样值信号的归一化抽样值为：2.55/(6.4/2048)＝816Δ

假设该 8 位码为 $b_1b_2b_3b_4b_5b_6b_7b_8$

① 确定极性码 b_1

因为 $I_s=816\Delta>0$

所以 $b_1=1$（表示正极性）

② 确定段落码 $b_2b_3b_4$

按照逐次比较规则，由表 5-3 可知，第一次比较应该取 8 段的中点电平作为权值电平，则 $I_r=128\Delta$。

因为 $I_s=816\Delta>I_r=128\Delta$ 所以 $b_2=1$

表明抽样值落在 8 段中后 4 段。

故第二次比较时应该选择后 4 段的中点电平，则 $I_r=512\Delta$。

因为 $I_s=816\Delta>I_r=512\Delta$ 所以 $b_3=1$

表明抽样值落在 8 段中的第 7 段或者第 8 段。

故第三次比较时应该选择第 7 段和第 8 段的中点电平，则 $I_r=1024\Delta$。

因为 $I_s=816\Delta<I_r=1024\Delta$ 所以 $b_4=0$

表明抽样值落在 8 段中的第 7 段内，即 $b_2b_3b_4=110$。

③ 确定段内码 $b_5b_6b_7b_8$

段内码的确定方法同段落码类似，关键是确定权值电平。

由于抽样值落在第 7 段内，由于该段的起点电平为 512Δ，段内量化间隔为 32Δ。

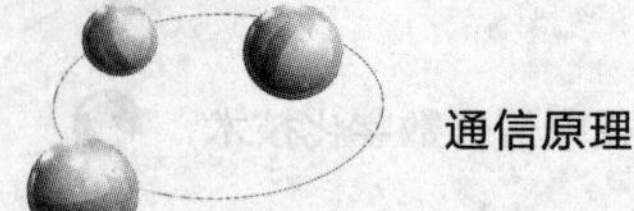

段内第 1 次比较应选段内的中点电平作为权值电平，故 $I_r=512\Delta+8*32\Delta=768\Delta$

因为 $I_s=816\Delta>I_r=768\Delta$ 所以 $b_5=1$

段内第 2 次比较的权值电平为 $512\Delta+12*32\Delta=896\Delta$

因为 $I_s=816\Delta<I_r=896\Delta$ 所以 $b_6=0$

段内第 3 次比较的权值电平为 $512\Delta+10*32\Delta=832\Delta$

因为 $I_s=816\Delta<I_r=832\Delta$ 所以 b7=0

段内第 4 次比较的权值电平为 $512\Delta+9*32\Delta=800\Delta$

因为 $I_s=816\Delta>I_r=800\Delta$ 所以 b7=1

所以，抽样样值为 2.55V（归一化电平为 816Δ）的编码输出为 b1b2b3b4b5b6b7b8=11101001，抽样值的量化电平为 512Δ+9×32Δ=800Δ，量化误差为 816Δ−800Δ=16Δ。

5.4.5 PCM 信号的码元速率和传输信道带宽

由于 PCM 信号要用 8 位二进制码组表示一个抽样值，因此传输它所需要的信道带宽比模拟信号 $x(t)$ 的带宽大得多。

（1）码元速率

设 $x(t)$ 为低通信号，最高频率为 f_m，抽样速率 f_s。若量化电平数为 L，采用 M 进制代码，则每个量化电平需要的代码数为 $n=\log_M L$。因此，码元速率为 $R_B=nf_s$。实际中一般采用二进制代码，则 $R_B=f_s\log_2 L$。

（2）传输 PCM 信号所需的最小带宽

抽样速率的最小值 $f_s=2f_m$，因此最小码元传输速率为 $R_B=nf_s$，此时所具有的传输信道带宽有两种：

$$B_{PCM}=\frac{R_B}{2}=\frac{nf_s}{2}\text{（理想低通滤波器）}$$

$$B_{PCM}=R_B=nf_s\text{（升余弦传输系统）}$$

5.5 增量调制（DM）

以较低的速率获得高质量编码一直是语音编码追求的目标。通常，人们把话路速率低于 64Kbps 的语音编码方法，称为语音压缩编码技术。语音编码压缩的方法很多，比如本节要讨论的增量调制以及下节要讨论的差分脉冲编码调制和自适应差分脉冲编码调制等等。

增量调制（Delta Modulation，DM 或 ΔM）是在 PCM 的基础上发展而来的另一种语音信号的编码方式，其目的在于简化模拟信号的数字化方法。增量调制电路比较简单，能以较低的数码率进行传输，通常为 16～32Kbps。因此，增量调制在频带严格受限的传输系统（比如卫星通信、短波通信）中应用广泛。

5.5.1 增量调制的原理

增量调制是指将信号瞬时值与前一个采样时刻的量化值之差进行量化，而且只对这个差值的符号进行编码，不对差值的大小编码。因此，量化后的编码为 1bit，如果差值是正的，就发 1，若差值是负就发 0。这是 ΔM 与 PCM 的本质区别。因此这一位码反映了波形的变化趋势（反映了相邻两个抽样值的近似差值，即增量。增量调制也因此而得名）。增量调制的原理可用图 5-13 所示的波形图来解释。

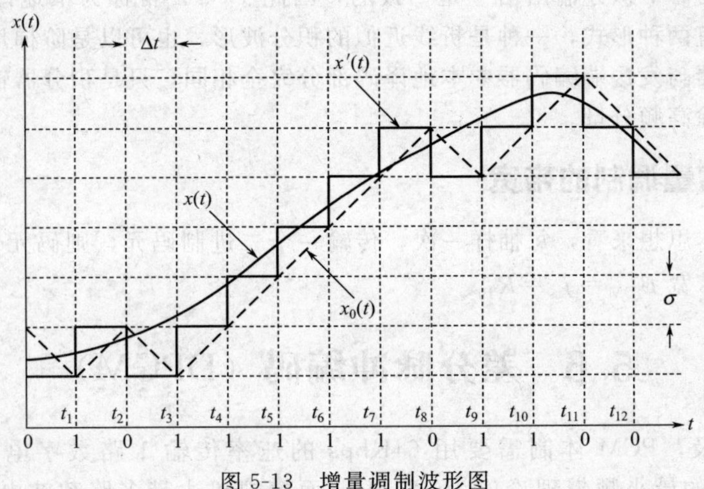

图 5-13　增量调制波形图

在图 5-13 中，假设模拟信号 $x(t) \geqslant 0$，于是可以用一时间间隔为 Δt、幅度差为 $\pm\sigma$ 的阶梯波 $x'(t)$ 逼近它。只要 Δt 足够小，即抽样频率 $f_s=\dfrac{1}{\Delta t}$ 足够高，且 σ 足够小，则 $x'(t)$ 可近似于 $x(t)$。我们称 σ 为量阶，Δt 为抽样间隔。在 t_1 时刻，用 $x(t_1)$ 与 $x'(t_{1-})$（t_{1-} 表示 t_1 时刻前某瞬间）比较，若 $x(t_1)>x'(t_{1-})$，则上升一个量阶 σ，同时 DM 调制器输出 1；在 t_2 时刻，用 $x(t_2)$ 与 $x'(t_{2-})$ 比较，若 $x(t_1)<x'(t_{1-})$，则下降一个量阶 σ，同时调制器输出 0。以此类推。这样，图 5-13 所示的 $x(t)$ 就可得到二进制代码序列 0101111101100。除了用阶梯波 $x'(t)$ 去近似 $x(t)$ 外，也可以用图中虚线所示的锯齿波 $x_0(t)$ 去近似。无论采用哪种波形，在相邻抽样时刻，其波形幅度变化都只增加或减少一个固定的量阶 σ，并没有本质的区别，只是产生波形的实现方法不同。

5.5.2　增量调制系统的原理框图

在分析实际的增量调制电路时，常采用图 5-14 所示的方框图。

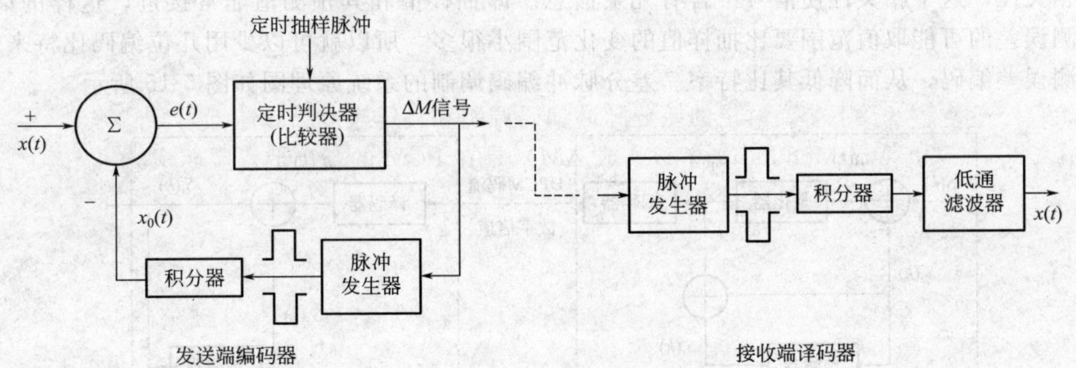

图 5-14　增量调制系统的原理框图

图 5-14 的工作过程如下：模拟信号 $x(t)$ 与来自积分器的信号 $x_0(t)$ 相减得到量化误差信号 $e(t)$。如果在抽样时刻 $e(t)>0$，判决器（比较器）输出则为“1”；反之 $e(t)<0$ 时则为“0”。判决器输出一方面作为编码信号经信道送往接收端。另一方面又送往编码器内部的脉冲发生器：“1”产生一个正脉冲，“0”产生一个负脉冲。积分后得到 $x_0(t)$。由于 x_0

(t) 与接收端译码器中积分输出信号是一致的，因此 $x_0(t)$ 常称为本地译码信号。积分器输出的信号可以有两种形式，一种是折线近似的积分波形，也可以是阶梯形波形。

接收端译码器与发送端编码器中本地译码部分完全相同，只是积分器输出再经过一个低通滤波器，以滤除高频分量。

5.5.3 增量调制的带宽

从编码的基本思想来看，每抽样一次，传输一个二进制码元，则码元传输速率为 $R_B=f_s$，DM 的调制带宽 $B_{DM}=f_s=R_B$。

5.6 差分脉冲编码（DPCM）

前面已经述及，PCM 体制需要用 64Kbps 的速率传输 1 路数字电话信号，而传送 64Kbps 数字信号的最小频带理论值为 32kHz。而模拟单边带多路载波电话占用的频带仅 4kHz。因此，在频带宽度严格受限的传输系统中，采用 PCM 数字通信方式时的经济性能很难和模拟通信相比拟，特别是在超短波波段的移动通信网中，由于其频带有限（每路电话必须小于 25kHz），64Kbps PCM 更难获得广泛应用；另一方面，对于有些信号（例如图像信号等），由于信号的瞬时斜率比较大，很容易引起过载现象，所以不能用简单的增量调制，只能采用瞬时压扩的方法，但瞬时压扩实现起来比较困难。在此背景下，产生了一种综合增量调制和脉冲编码调制两者特点的调制方式，这种方式称为差分脉冲编码调制（DPCM）。

5.6.1 差分脉冲编码调制（DPCM）的原理

在 PCM 系统中，对每一个抽样量化值都要进行独立的编码，如果将抽样量化值与一个预测值作差，然后对该差值进行编码并传输，则在相同的条件下对差值编码所需的码位数较少，传输速率较低，从而使数字化后的信号带宽减少，此差值称为预测误差。在 DPCM 中，只将前一个抽样值当作预测值。

上述方案是可行的，这是因为，话音信号等连续变化的信号，其相邻抽样值之间有一定的相关性，这个相关性使信号中含有冗余信息。即抽样值和其预测值非常接近，这样的话，预测误差的可能取值范围要比抽样值的变化范围小很多，所以就可以少用几位编码比特来对预测误差编码，从而降低其比特率。差分脉冲编码调制的系统原理图如图 5-15 所示。

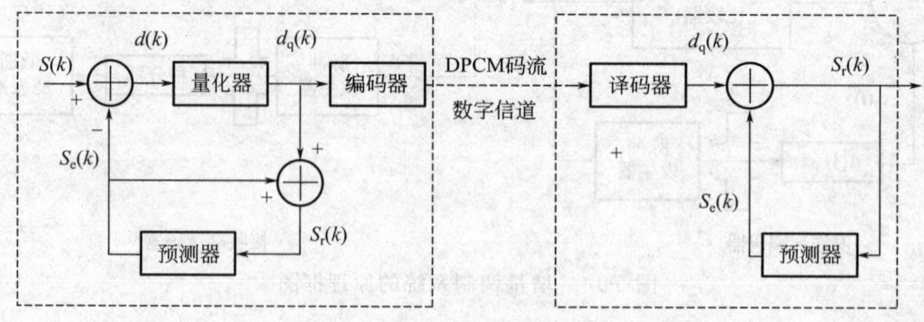

图 5-15 差分脉冲编码调制的系统原理图

图 5-15 中，发送端编码器中的预测器与接收端解码器中的预测器是完全一样的，因此，在信道传输无误码的情况下，接收端解码器输出的重构信号 $S_r(k)$ 与编码器的 $S_r(k)$ 信号

是完全相同的。在 DPCM 系统中的总量化误差 $e(k)$ 如下式所示：

$$e(k)=S(k)-S_r(k)=[S_e(k)+d(k)]-[S_e(k)+d_q(k)]=d(k)-d_q(k)$$

由上式可知，在 DPCM 系统中的总量化误差只与发送端差值量化器的量化误差有关。因而，在相同码元速率的条件下，DPCM 的量化噪声明显小于 PCM 的量化噪声。故当 DPCM 系统与 PCM 系统抗噪性能相当时，DPCM 系统可以降低对量化器的信噪比要求，从而量化器可以减少量化电平数，达到减少编码位数、降低传输速率的目的。

由于 DPCM 中只将前一个抽样值当作预测值，因此图 5-15 中的预测器就简化为一个延时电路，其延时时间为一个抽样时间间隔。

综上所述，DPCM 与 PCM 的区别是：在 PCM 中是用信号抽样值进行量化、编码后传输，而 DPCM 则是用信号抽样值与信号预测值的差值进行量化、编码后传输，由于差值信号的动态范围一般比信号小，如果输入信号的统计特性已知，则进行适当预测可使差值信号范围更缩小，这样就可以采用较少的位数对差值信号进行编码。比如，在较好图像质量的情况下，每一抽样值只需 4bit 即可，因此大大压缩了传送的比特率。另一方面，如果比特速率相同，则 DPCM 比 PCM 信噪比可改善 14～17dB；DPCM 与 DM 的区别是：DPCM 是用 n 位二进制码表示增量，DM 只用 1 位，由于 DPCM 增多了量化级，系统的信噪比要优于 DM，但 DPCM 的缺点是较易受到传输线路噪声的干扰，即在抑制信道噪声方面不如 DM。因此，DPCM 很少独立使用，一般要结合其他的编码方法使用。

5.6.2　自适应差分脉冲编码调制（ADPCM）的原理

DPCM 系统性能的改善是以最佳的预测和量化为前提的。但对语音信号进行预测和量化是复杂的技术问题，这是因为语音信号在较大的动态范围内变化。为了能在相当宽的变化范围内获得最佳的性能，可对 DPCM 系统采用自适应处理，有自适应系统的 DPCM 称为自适应差分脉冲编码调制，简称 ADPCM。

所谓自适应是指编码器预测系数的改变与输入信号幅度值相匹配，从而使预测误差为最小值，这样预测的编码范围可减小，可在相同编码位数情况下提高信噪比。图 5-16 为 ADPCM 编码器的简化方框图。它由 PCM 码/线性码变换器、自适应量化器、自适应逆量化器、自适应预测器和量化尺度适配器组成。编码器输入的信号为非线性 PCM 码。可以是 A 律和 μ 律 PCM 码。为了便于进行数字信号运算处理，首先将 8 位非线性码变换为 12 位线性码，然后进入 ADPCM 部分。线性 PCM 信号与预测信号相减获得预测误差信号。自适应量化器将

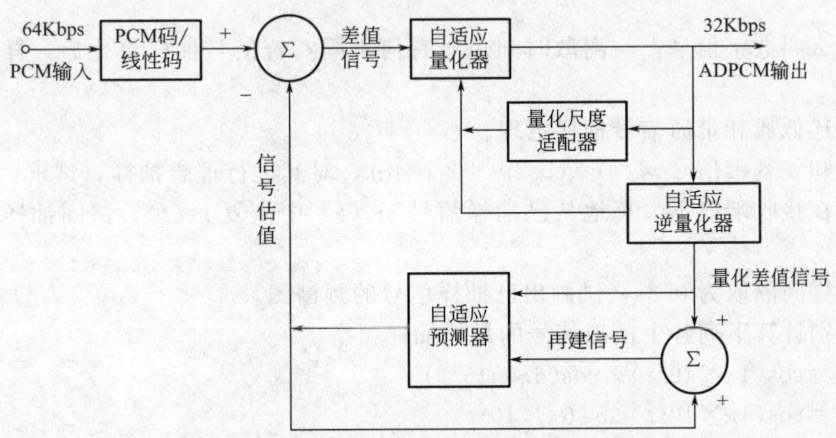

图 5-16　自适应差分脉冲编码器的原理框图

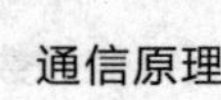

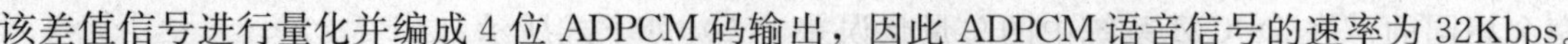

该差值信号进行量化并编成4位ADPCM码输出，因此ADPCM语音信号的速率为32Kbps。

ADPCM系统与PCM系统相比，可以大大压缩数码率和传输带宽，从而增加通信容量，用32Kbps的传输速率基本能满足64Kbps的语音质量要求。因此，国际电信联盟(ITU)建议32Kbps的ADPCM为长途传输中的一种新型国际通用的语音编码方法。

本章小结 ▸▸▸

(1) 模拟信号数字化需要经过三个步骤，即抽样、量化和编码。

(2) 抽样的理论基础是抽样定理。根据信号频带的特点，抽样定理分为低通抽样定理和带通抽样定理。已抽样信号虽然在时间上是离散的，但幅度仍然有无穷多种取值，因此，已抽样信号仍然是模拟信号。

(3) 抽样信号的量化有两种方法，一种是均匀量化，另一种是非均匀量化。抽样信号量化后的量化误差又称为量化噪声。根据语音概率密度分布特性（小信号概率大，大信号概率小），从改善小信号量化信噪比着眼，提出了压缩扩张技术（非均匀量化）。ITU对电话信号制定了非均匀量化标准建议，即A律和μ律。为了便于采用数字电路实现量化，通常采用13折线和15折线的近似算法来代替A律和μ律。

(4) 量化后的信号已经是幅度为有限多种状态的多值数字信号。为了适宜传输和存储，通常用编码的方法将其变成二进制信号的形式。电话信号最常用的编码是PCM、ΔM、DPCM和ADPCM，它们都属于信源编码的范畴。

(5) 信源编码有两大主要任务：第一是将信源的模拟信号转换成数字信号，即通常所说的模/数转换；第二是设法降低数字信号的数码率，即通常所说的数据压缩编码比特率，其在通信中直接影响传输所占的带宽，而传输所占的带宽又直接反映了通信的有效性。

(6) 本章介绍DPCM、ADPCM和DM的数字化原理，均属于PCM一个总体系。但DPCM、ADPCM和DM又以不同的方式扩展了技术思路。DPCM是基于相邻样本的差值进行较低码率的预测编码，ADPCM却是通过自适应量化与自适应预测，在多个相邻样本间进一步去掉冗余信息，并利用人耳听觉特征，以低比特率编码的编码机制。DM可以看成是PCM的一个特例，它是指将信号瞬时值与前一个采样时刻的量化值之差进行量化，而且只对这个差值的符号进行编码，不对差值的大小编码。

思考题与习题 ▸▸▸

5-1 什么叫数字信号？与离散时间信号有何不同？若信号抽样量化后，样本序列是否为数字信号？

5-2 试述低通和带通信号抽样定理。

5-3 已知一基带信号$m(t)=\cos 2\pi t+2\cos 4\pi t$，对其进行理想抽样，试求：

① 为了在接收端能不失真地从已抽样信号$m_s(t)$中恢复$m(t)$，试问抽样间隔应如何选择？

② 若抽样间隔取为0.2s，试画出已抽样信号的频谱图。

5-4 分别计算下列各个模拟信号的最低抽样频率。

① $f(t)=\cos(4\pi\times10^3 t)+\cos(6\pi\times10^4 t)$

② $f(t)=\cos(4\pi\times10^3 t)\cos(6\pi\times10^4 t)$

5-5 简述脉冲调制、脉码调制的物理含义。这里“调制”与第4章的调制的含义是否不同？

5-6　求 A 律 PCM 的最大量化间隔 Δmax 与最小量化间隔 Δmin 的比值。

5-7　简述 DPCM 与 PCM 和 ΔM 的区别。

5-8　若 13 折线 A 律编码器的过载电平 $V=5V$，输入抽样脉冲幅度为 $-0.937v$。设最小量化间隔为 2 个单位，最大量化器的分层电平为 4096 个单位。试求输出编码器的码组，并计算量化误差。

5-9　采用 13 折线 A 律编码，设最小量化间隔为 1 个单位，已知抽样脉冲值为 $+635$ 单位。试求此时编码器输出码组，并计算量化误差。

5-10　在 PCM 系统中，已知某抽样量化值为 -298Δ，其中 $\Delta=1/2048$，将其按照逐次比较法进行编码，写出编码过程。

5-11　设过载电压为 2048mV，试对 PAM＝260mV 的信号按 A 律 13 折线编码，并计算接收端的误差。

5-12　一单路话音信号的最高频率为 4kHz，抽样频率为 8kHz，以 PCM 方式传输。设传输信号的波形为矩形脉冲，其宽度为 τ，且占空比为 1，试求：

① 若抽样后信号按 8 级量化，PCM 基带信号频谱的第一零点频率为多少？

② 若抽样后信号按 128 级量化，PCM 基带信号的第一零点频率又为多少？

第 6 章　数字基带传输系统

【本章导读】

- 数字基带信号的功率谱
- 常见的传输码型
- 奈奎斯特第一准则
- 无码间串扰的传输波形
- 眼图

6.1 概　述

数字通信系统的根本任务是传输数字信息。一般来说，数字信息的来源有两个：一个是模拟信号（如话音、图像等）经过 A/D 变换（PCM、DPCM、ADPCM、ΔM 等）后的脉冲编码信号；另一个是来自计算机、电传机、发报机等的数字信号。数字信息通常可以表示成一个数字序列：

$$\ldots, x_{-2}, x_{-1}, x_0, x_1, x_2, \ldots$$

简记为 $\{x_n\}$。x_n是数字序列的基本单元，称为码元。每个码元只能取离散的有限个值，例如在二进制中，x_n取 0 或 1 两个值；在 M 进制中，x_n取 0，1，2，…，$M-1$ 等 M 个值，或者取二进制码的 M 种排列。

但是上述这些数字信息并没有任何的物理意义，只不过是用来表示信息的一些抽象的符号。因此，需要有明确物理意义的波形来表示或者“携带”这些数字信息。由于码元只有有限个可能取值，所以通常用一组幅度取值有限的脉冲信号来表示码元的不同取值，例如用幅度为 E 的矩形脉冲表示 1，用幅度为 $-E$ 的矩形脉冲表示 0。

需要指出的是，表示信息码元的单个脉冲的波形并非一定是矩形的。根据实际需要和信道情况，还可以是高斯脉冲、升余弦脉冲等其他形式。但无论采用什么形式的波形，数字基带信号都可用数学式表示出来。若表示各码元的波形相同而电平取值不同，则数字基带信号可表示为

$$s(t) = \sum_{-\infty}^{\infty} x_n g(t - nT_s)$$

式中，x_n为第 n 个码元所对应的电平值（0，+1 或−1，+1 等）；T_s为码元持续时间；$g(t)$ 为某种脉冲波形。

通常情况下，这种脉冲信号所占据的频带是从直流或低频率开始，因而称为数字基带信号。在某些有线信道中，特别是传输距离不太远的情况下，数字基带信号可以直接传送，我们把直接传输数字基带信号的系统称为数字基带传输系统，其原理框图如图 6-1 所示。

但大多数实际的信道都是带通型的，这时就必须先用数字基带信号对载波进行调制，形成数字调制信号，然后再进行传输，我们把这种经过调制来传输数字基带信号的系统称为数字频带（调制或带通）传输系统，其原理框图如图 6-2 所示。

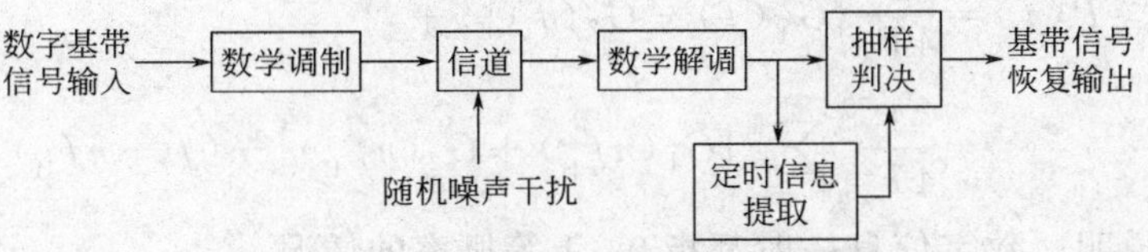

图 6-1 数字基带传输系统

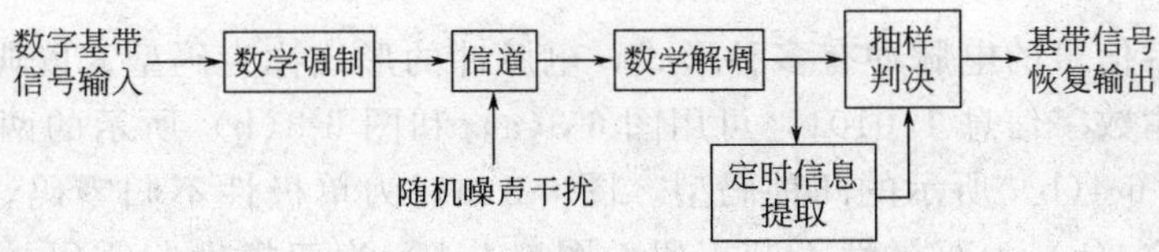

图 6-2 数字频带传输系统

实际中，虽然数字基带传输系统远不如数字频带传输系统应用广泛，但是对数字基带传输系统的研究仍然非常有意义。一方面，数字基带传输系统中的许多问题都是数字频带系统中所需要解决的；另一方面，从广义信道的角度上讲，数字频带传输系统可以当作基带传输系统来研究。因此掌握数字基带传输系统的传输原理是十分重要的。

6.2 数字基带信号的波形与频谱

6.2.1 数字基带信号的功率谱

用脉冲波形表示数字信息，就得到了数字基带信号。由 2.3 节可知，对确定信号可用傅氏变换求得其频谱，实际传输中的基带信号是一个随机脉冲序列，没有确定的频谱函数，所以只能用统计的方法求出其功率谱，用功率谱来描述脉冲序列的频域特性。

设二进制随机序列是由两种单元脉冲 $g_1(t)$ 和 $g_2(t)$ 组成的，出现 $g_1(t)$ 的概率为 P，出现 $g_2(t)$ 的概率为 $1-P$，$g_1(t)$ 和 $g_2(t)$ 的频谱函数为 $G_1(f)$ 和 $G_2(f)$。经推导可求出该序列功率谱表示式为

$$P(f)=\frac{1}{T_s}P(1-P)|G_1(f)-G_2(f)|^2+\frac{1}{T_s^2}\sum_{n=-\infty}^{\infty}|PG_1(nf_B)+(1-P)G_2(nf_B)|^2\delta(f-nf_B) \tag{6.2-1}$$

式中，T_s为码元周期，f_B为脉冲序列的时钟频率（也叫位定时频率），在数值上与码元速率 R_s相等，即 $f_B=1/T_s$。

由上式可以看出，二进制随机脉冲序列的功率谱可能包含连续谱和离散谱两部分。其中，连续谱是由于 $g_1(t)$ 和 $g_2(t)$ 不完全相同，使得 $G_1(f)\neq G_2(f)$ 而形成的，所以它总是存在的。但离散谱却不一定存在，它与 $g_1(t)$ 和 $g_2(t)$ 的波形及出现的概率均有关系。离散谱包括直流、位定时分量 f_B及 f_B的谐波。离散谱是否存在是至关重要的，因为它关系着能否从脉冲序列中直接提取位定时信号。如果做不到这一点，则要设法变换基带信号的波形，以利于位定时信号的提取。

通常，二进制信息 1 和 0 是等概率的，即 $P=1/2$，这时上式可简化为

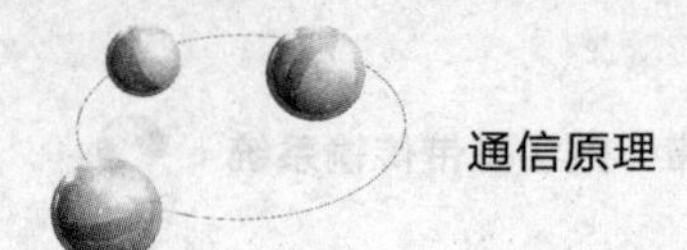

$$P(f)=\frac{1}{4T_s}|G_1(f)-G_2(f)|^2+\frac{1}{4T_s^2}\sum_{n=-\infty}^{\infty}|G_1(nf_B)+G_2(nf_B)|^2\delta(f-nf_B) \tag{6.2-2}$$

除非有特别说明，数字信息一般都指 0，1 等概率的情况。

6.2.2 矩形脉冲序列的波形和频谱

用来表示基带信号的电脉冲有多种形式，电脉冲的形式称为码型。以典型的二进制矩形脉冲为例，若传输数字信息 110101，可用图 6-3(a) 和图 6-3(b) 所示的两种码型，也可以用图 6-4(a) 和图 6-4(b) 所示的两种码型。图 6-3(a) 为单极性不归零码，图 6-3(b) 为单极性归零码，图 6-4(a) 为双极性不归零码，图 6-4(b) 为双极性归零码。所谓单极性是指用正电平和零电平分别对应二进制码"1"和"0"，或者说，它在一个码元时间内用脉冲的有或无来表示"1"和"0"，双极性是指用正电平和负电平两种极性分别表示"1"和"0"；所谓不归零（Nonreturn-To-Zero，NRZ）是指在整个码元期间电平保持不变，其占空比 $\tau/T=100\%$，归零码（Return-To-Zero，RZ）是指在码元周期内的某个时刻又回到零电平（通常为码元周期的中点，此时占空比为 $\tau/T=50\%$）。在 1，0 等概率出现时，上述四种码型的功率谱如图 6-3(c) 和图 6-4(c) 所示，其中实线表示不归零码，虚线表示归零码，箭头线表示离散谱分量，连续曲线表示连续谱分量。

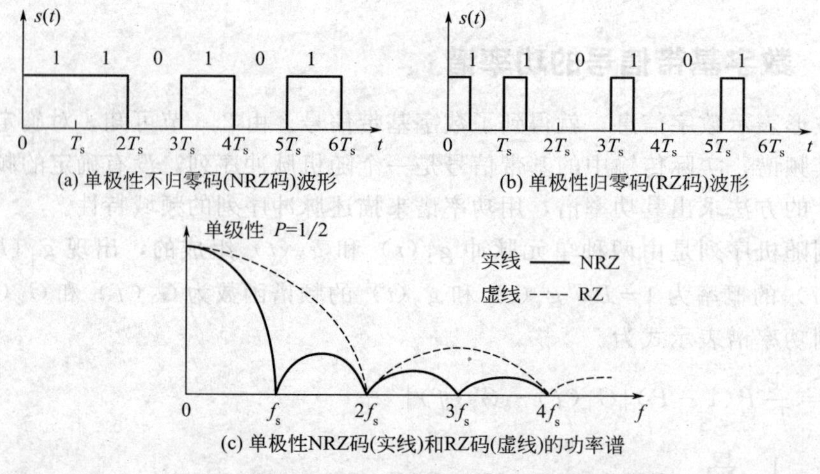

图 6-3　单极性 NRZ 码和 RZ 码的波形和功率谱

从图 6-3 和图 6-4 不难看出，矩形脉冲序列功率谱的分布似花瓣状，在功率谱的第一个过零点之内的花瓣最大，称为主瓣，其余的称为旁瓣。主瓣内集中了绝大部分功率，所以主瓣的宽度可以作为信号的近似带宽，称为谱零点带宽（也叫第一零点带宽）。进一步分析，可得到以下几点结论。

① 功率谱的形状取决于单个脉冲波形的频谱函数。例如单极性矩形波的频谱函数为 $Sa(x)$，功率谱形状为 $Sa^2(x)$。

② 时域波形的占空比愈小，频带愈宽。通常我们用谱零点带宽 B_s 作为信号的近似带宽。由图 6-5 可知，全占空不归零脉冲的 $B_s=f_B$，而半占空归零脉冲的 $B_s=2f_B$。这里 $f_B=1/T_s$，就是位定时信号的频率。

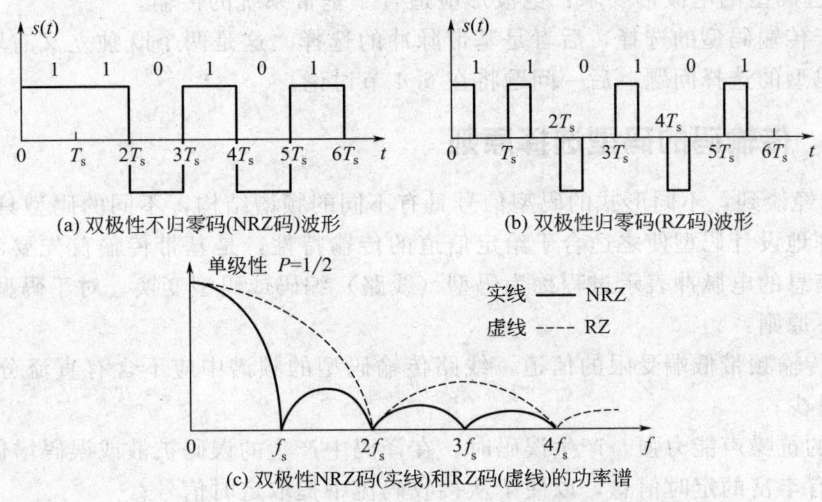

图 6-4　双极性 NRZ 码和 RZ 码的波形和功率谱

③ 双极性码在 1，0 码等概率出现时，不论归零与否，都没有直流成分和离散谱。这就意味着这种脉冲序列无直流分量和位定时分量。

④ 单极性基带信号是否存在离散谱取决于矩形脉冲的占空比。单极性 RZ 信号中含有定时分量，可以直接提取，单极性 NRZ 信号中没有定时分量，若想获取定时分量，要进行波形变换，设法将其变换成单极性 RZ 脉冲序列，便可获取位定时分量。

以单极性全占空脉冲序列为例，其变换过程如图 6-5 所示。

图 6-5(a) 所示的单极性全占空脉冲序列经微分电路，在跳变沿处得到尖脉冲。沿后的双极性尖脉冲序列（b）经全波整流后成为单极性尖脉冲序列（c)，再经过成形电路便得到了单极性半占空脉冲序列（d)。从以上变换过程可知，全占空脉冲序列的跳变沿中含有位定时的信息。

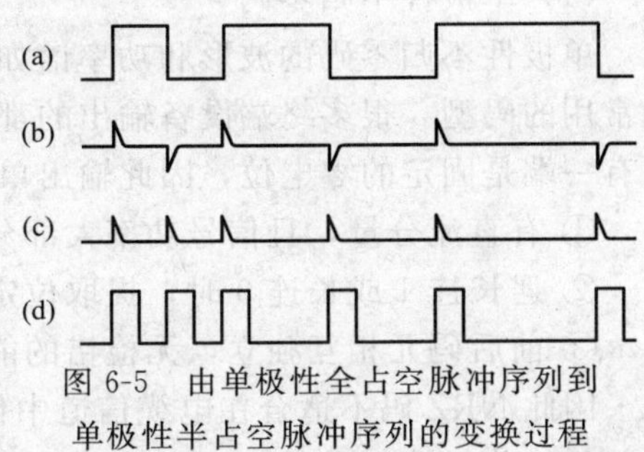

图 6-5　由单极性全占空脉冲序列到单极性半占空脉冲序列的变换过程

有了以上这些结论，对其他脉冲序列的功率谱可以进行定性的分析，当然，具体的功率谱公式必须经过定量的计算。通过频谱分析，可以确定信号需要占据的频带宽度，还可以获得信号谱中的直流分量、位定时分量、主瓣宽度和谱滚降衰减速度等信息。这样，可以针对信号频谱的特点来选择相匹配的信道，或者说根据信道的传输特性来选择适合的信号形式或码型。

6.3　数字基带传输的常用码型

在实际的基带传输系统中，并不是所有的基带波形都适合在信道中传输。例如，含有丰富直流和低频分量的单极性基带波形就不适宜在低频传输特性差的信道中传输，因为这有可能造成信号严重畸变。又如，当消息代码中包含长串的连续“1”或“0”符号时，非归零波形呈现出连续的固定电平，因而无法获取定时信息。单极性归零码在传送连“0”时，也存在同样的问题。因此，对传输用的基带信号主要有以下两个方面的要求：

① 对码型的要求：原始消息代码必须编成适合于信道传输所用的码型；

② 对所选码型的电波形要求：电波形应适合于基带系统的传输。

前者属于传输码型的选择，后者是基带脉冲的选择。这是两个既独立又有联系的问题。本节先讨论码型的选择问题，后一问题将在 6.4 节讨论。

6.3.1 传输码的码型选择原则

6.2 节已经谈到，不同形式的码型信号具有不同的频谱结构，不同的码型具有不同的频域特性，合理地设计码型使之适合于给定信道的传输特性，是基带传输首先要考虑的问题。通常把数字信息的电脉冲表示过程称为码型（线路）编码或码型变换。对于码型的选择，通常要考虑以下原则：

① 对于传输频带低端受限的信道，线路传输码型的频谱中应不含有直流分量，同时低频分量要尽量少；

② 信号的抗噪声能力强。产生误码时，在译码中产生的误码扩散或误码增值越小越好；

③ 应含有丰富的定时信息，以便于从接收码流中提取定时信号；

④ 尽量减少基带信号频谱中的高频分量，以节省传输频带并减小串扰；

⑤ 编译码的设备应尽量简单。

数字基带信号的码型种类很多，并不是所有的码型都能满足上述要求。因此在实际应用中，往往要根据实际需求进行选择。就目前应用广泛的一些重要码型，本节将分别加以介绍。

6.3.2 基带传输的常用码型

(1) 单极性不归零码

单极性不归零码的波形和功率谱如图 6-3(a) 和图 6-3(c) 中实线所示。这是一种最简单最常用的码型。很多终端设备输出的都是这种码，这是因为一般终端设备都是不对称输出，即有一端是固定的零电位，因此输出单极性码最为方便。单极性 NRZ 码有以下缺点：

① 有直流分量，且信号功率大部分集中在低频段；

② 遇长连 1 或长连 0 时，提取位定时信号很困难；

③ 前后码元相互独立，无检错的能力。

因此 NRZ 码不适合在电缆信道中传输。

(2) 单极性归零码

单极性归零码的波形和功率谱如图 6-3(b) 和图 6-3(c) 中虚线所示。RZ 码与 NRZ 码的区别是占空比不同，NRZ 码的占空比为 100%，RZ 码的占空比通常为 50%。

归零码的功率谱有位定时分量，不出现长 0 时，可直接提取。其它码型在提取位定时信号时，通常将 RZ 码作为一种过渡码型。但除此以外，RZ 码同样具有 NRZ 码的缺点。

(3) 双极性不归零码

双极性不归零码的波形和功率谱如图 6-4(a) 和图 6-4(c) 中实线所示。双极性码无直流成分，可以在电缆等无接地的传输线上传输，因此得到了较多的应用，如计算机中使用的串行 RS-232 接口就采用这种编码传输方式。但在功率谱分布、位定时信号的提取及检错方面的问题与单极性 NRZ 码相同。

(4) 双极性归零码

双极性归零码的波形和功率谱如图 6-4(b) 和图 6-4(c) 中虚线所示。双极性归零码构成原理与单极性归零码相同，“1”和“0”在传输线路上分别用正电平和负电平表示，且相邻脉冲间必有零电平区域存在。

对于双极性归零码，在接收端根据接收波形归于零电平便可知道 1bit 信息已接收完毕，以便准备下一比特信息的接收。所以，在发送端不必按一定的周期发送信息。可以认为正负脉冲前沿起了启动信号的作用，后沿起了终止信号的作用。因此，可以经常保持正确的比特同步。即收发之间无需特别定时，且各符号独立地构成起止方式，此方式也叫自同步方式。

双极性归零码具有双极性非归零码的抗干扰能力强及码中不含直流成分的优点，应用比较广泛。

(5) 差分码

在差分码中，用相邻码元的电平的跳变和不变来表示 1 和 0，图 6-6(a) 中，以电平跳变表示“1”，以电平不变表示“0”；图 6-6(b) 中，以电平跳变表示“0”，以电平不变表示“1”。由于电平只具有相对意义，所以又称为相对码。用差分波形传送代码可以消除设备初始状态的影响。

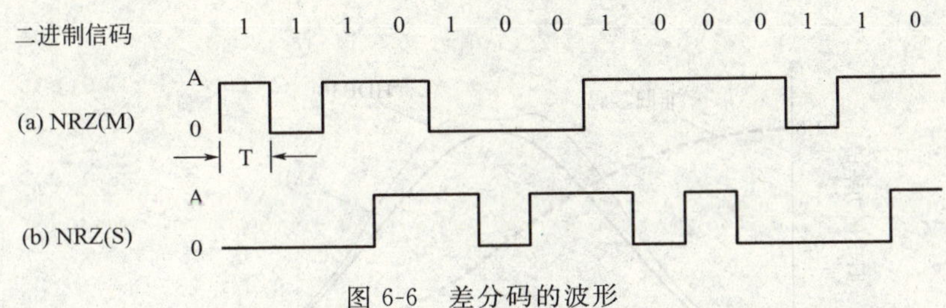

图 6-6　差分码的波形

在电报通信中，常把 1 称为传号 (Mark)，把 0 称为空号 (Space)。若用电平跳变表示 1，称为传号差分码；若用电平跳变表示 0，则称为空号差分码。

(6) AMI 码

传号交替反转码 (Alternative Mark Inversion，简称 AMI) 是一种适用于基带传输的码型。它是一种三电平码，三种电平的取值为＋A、0、－A 或记作＋1、0、－1，其编码规则是：将 1 码交替地用＋A 和－A 的半占空归零码表示，0 码用 0 电平表示。AMI 码的波形如图 6-7 所示，功率谱如图 6-9 所示。

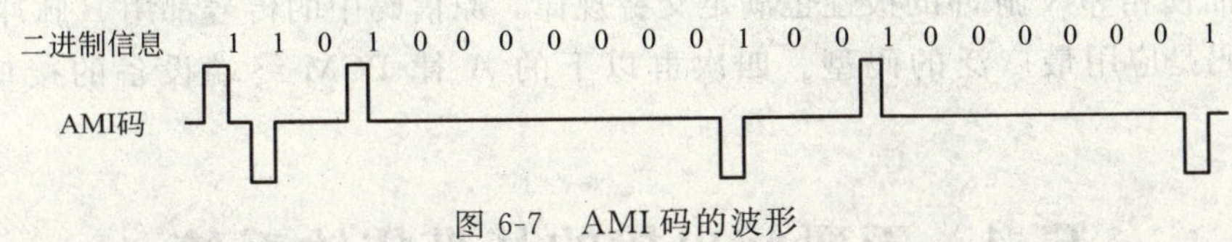

图 6-7　AMI 码的波形

AMI 码的波形是双极性的，单个脉冲波形为半占空归零脉冲，所以 AMI 码有以下优点：

① 无直流分量，低频分量也较少，可用于有交流耦合（例如用变压器）的信道；

② 功率谱中虽然没有位定时分量，但对 AMI 码进行全波整流后即得到单极性归零码，可从中提取位定时信号；

③ 传号码的极性是交替的，如果接收端发现不符合这种规律，就一定是出现了误码，所以 AMI 码具有检错的能力。

由于上述优点，AMI 码得到了广泛的应用。

如果二进制码中出现长连 0 码，则 AMI 码将出现长时间的 0 电平，这就不利于位定时信号的提取。为了解决这一问题，必须对 AMI 码加以改进。

(7) HDB_3 码

三阶高密度双极性码（High Density Bipolar of Order 3，简称 HDB_3 码）是一种适用于基带传输的编码方式，它是为了克服 AMI 码的缺点而出现的。HDB_3 码保留了 AMI 码的所有优点，还可将连 0 码限制在 3 个以内，以解决 AMI 码遇长连 0 时提取位定时信号的困难。HDB_3 码的波形如图 6-8 所示，功率谱如图 6-9 所示。HDB_3 码的功率谱与 AMI 码的功率谱大体相同，图 6-9 中还用虚线画出 NRZ 码的功率谱，以示比较。

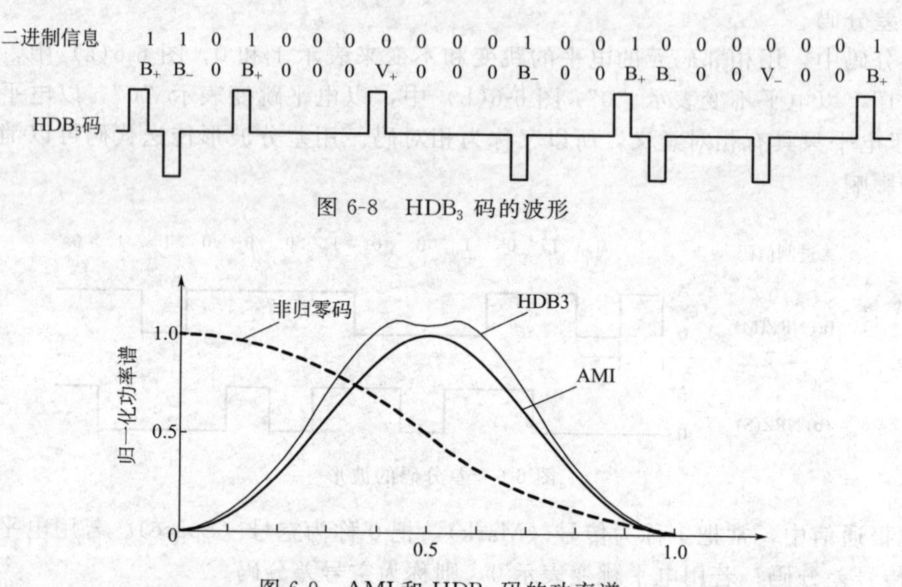

图 6-8 HDB_3 码的波形

图 6-9 AMI 和 HDB_3 码的功率谱

当不出现 4 个以上连 0 时，HDB_3 码与 AMI 码的编码规律相同。如果出现 4 个连 0 码则用取代节 B00V 或 000V 代替，其中 B 表示符合极性交替规律的传号，V 表示破坏极性交替规律的传号，也称为破坏点。当两个 V 脉冲之间的传号数为奇数时，采用 000V 取代节；若为偶数时采用 B00V 取代节。这种选取原则能确保任意两个相邻 V 脉冲间的 B 脉冲数目为奇数，从而使相邻 V 脉冲的极性也满足交替规律。原信码中的传号都用 B 脉冲表示。

HDB_3 码是应用最广泛的码型。四次群以下的 A 律 PCM 终端设备的接口码型均为 HDB_3 码。

6.4 无码间串扰的基带传输系统

6.4.1 基带传输系统的模型

前面讨论的数字基带信号都是矩形波形，这样的信号在频域内是无穷延伸的。而实际信道的条件是频带受限，并且还有噪声。基带信号通过这样的信道传输，不可避免地要受到影响而产生畸变。

由频谱分析的基本原理可知，任何信号的频带受限和持续时间受限不可能同时成立。因此，信号经频域受限的系统传输后，其波形在时域上必定是无限延伸的。这样，前面的码元对后面的若干码元都有影响，这种影响被称为码间串扰（或符号间干扰）。另外，信号在传

输的过程中要叠加信道噪声。当码间串扰严重和噪声幅度过大时，将会引起接收端的判断错误，即产生误码。

码间串扰和信道噪声是影响基带信号进行可靠传输的主要因素，而它们都与基带传输系统的传输特性有密切的关系。如何使基带系统的总传输特性能够把码间串扰和噪声的影响减到足够小的程度，是基带传输系统的设计目标。由于码间串扰和信道噪声产生的机理不同，为了分析问题的方便，可分别进行讨论。本书仅讨论在没有噪声的条件下码间串扰与基带传输特性的关系。

为了讨论基带信号的传输，需要首先来了解基带传输系统的典型模型。如图 6-10 所示，数字基带信号的产生过程可分成码型编码和波形成形两步。码型编码的输出信号为脉冲序列，波形成形网络的作用则是将每个 $\delta(t)$ 脉冲转换为所需形状的接收波形 $s(t)$。成形网络由发送滤波器、信道和接收滤波器组成。由于成形网络的冲激响应正好与 $s(t)$ 成正比，所以接收波形 $s(t)$ 的频谱函数 $S(\omega)$ 即为成形网络的传递函数。由图 6-10 可知，$S(\omega)$ 可表示为

$$S(\omega)=T(\omega)C(\omega)R(\omega) \tag{6.4-1}$$

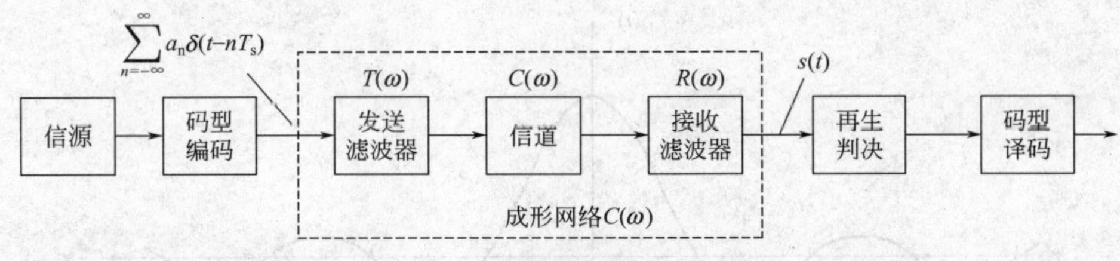

图 6-10　基带传输系统模型

$S(\omega)$ 可视为基带传输系统的总传输特性。在后面的讨论中，将更多地使用传递函数和冲激响应，用以描述无串扰信号的频域和时域特性。

由式(6.4-1) 功率谱计算公式可知，基带信号在频域内的延伸范围主要取决于单个脉冲波形的频谱函数 $G(f)$，不同编码规则的基带码型只起到加权函数的作用。因此，只要讨论单个脉冲波形传输的情况，就可了解基带信号传输的过程。

6.4.2 无码间串扰的传输条件

(1) 无码间串扰传输的时域条件

在数字信号的传输中，码元波形是按一定间隔发送的，其信息携带在幅度上。接收端经再生判决如能准确地恢复出幅度信息，则原始信码就能无误地得到传送。为此，只需要研究特定时刻的样值无串扰即可，而波形是否在时间上延伸是无关紧要的。也就是说，如果信号经传输后整个波形发生了变化，但只要特定点的抽样值能反映其所携带的幅度信息，那么用再次抽样的方法仍然可以准确无误地恢复原始信码。

接收波形满足抽样值无串扰的条件是仅在本码元的抽样时刻上有最大值，而对其他码元在抽样时刻的信号值无影响。即在抽样点上不存在码间串扰，这时在数学上应满足以下关系

$$s(kT)=S_0\delta(t) \tag{6.4-2}$$

式中　$\delta(t)=\begin{cases}0, & t\neq 0\\ 1, & t=0\end{cases}$

式(6.4-2) 表明，接收波形 $s(t)$ 除了在 $t=0$ 时抽样值为 S_0 外，在 $t=kT$ $(k\neq 0)$ 的其他抽样时刻皆为 0，因而不会影响其他抽样值。即当 $s(kT)$ 满足式(6.4-2) 的关系时，抽

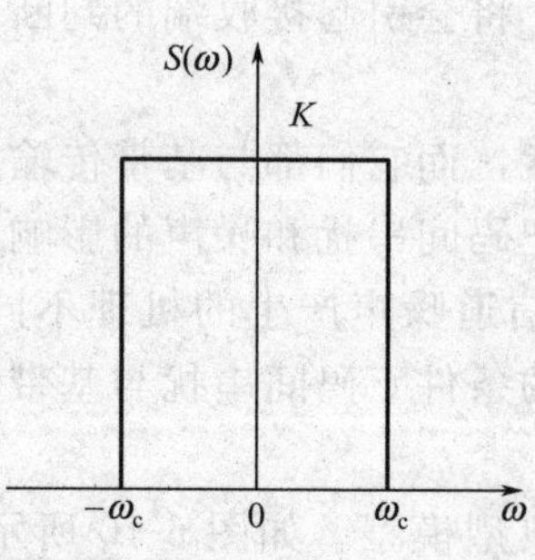

图 6-11　理想低通滤波器

样值是无码间串扰的。式(6.4-2) 是无码间串扰的时域条件。

为了进一步说明无码间串扰的条件，设基带传输系统的传输特性为理想低通滤波器特性，如图 6-11 所示。这时系统的传递函数可表示为

$$S(\omega)=\begin{cases}K, & |\omega|\leqslant\omega_c \\ 0, & |\omega|>\omega_c\end{cases} \tag{6.4-3}$$

式中，ω_c是理想低通滤波器的截止角频率，K 是通带内的传递函数，通常令 $K=1$。

如果数字信号通过式(6.4-3) 所示的低通滤波器，输出波形将会是什么样的呢？为此，先来讨论用单位冲激脉冲 $\delta(t)$ 通过该系统的响应。对式(6.4-3) 进行傅氏反变换，可求出冲击响应为

$$s(t)=\frac{1}{2\pi}\int_{-\infty}^{\infty}\mathrm{e}^{\mathrm{j}\omega t}\,\mathrm{d}\omega=\frac{1}{2\pi}\int_{-\omega_N}^{\omega_N}\mathrm{e}^{\mathrm{j}\omega t}\,\mathrm{d}\omega=\frac{\omega_c}{\pi}Sa(\omega_c t) \tag{6.4-4}$$

输出响应 $s(t)$ 的波形如图 6-12 所示。

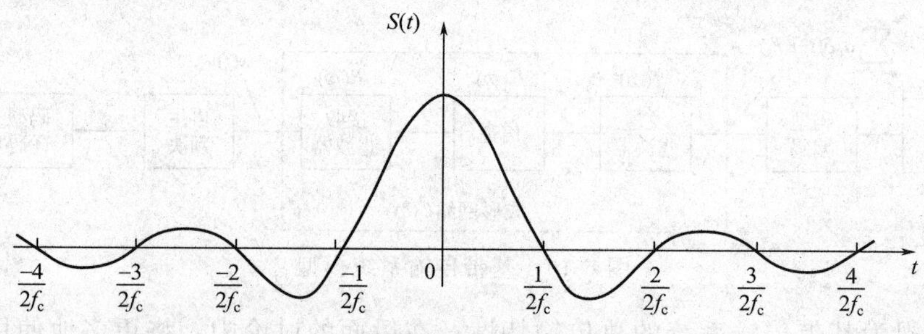

图 6-12　理想低通系统的冲击响应

图 6-12 所示的波形在 $t=0$ 时有最大值，且波形出现较大的拖尾，拖尾的幅度随时间而逐渐衰减。在 $t=0$ 的两侧上有很多零点，第一对零点是 $\pm\frac{1}{2f_c}$，其他各相邻零点的间隔都是$\frac{1}{2f_c}$，这里 $f_c=\frac{\omega_c}{2\pi}$，是低通滤波器的截止频率。零点出现的位置说明 $\delta(t)$ 通过理想低通系统传输时，其输出响应仅与理想低通的截止频率有关。

在图 6-12 所示的波形中，设零点间隔$\frac{1}{2f_c}=T$，这样，当数字信号码元速度 $R_B=\frac{1}{T}=2f_c$时，则经理想低通传输后的输出响应都相应有一个最大值。此值仅唯一地由 $\delta(t)$ 所决定，而与其他相邻的 $\delta(t)$ 的加入与否无关，即不受其他时刻加入脉冲的干扰。这是因为其他脉冲的输出响应在此处的干扰都是零。为了形象地说明这个问题，我们来分析以下一个例子。

设输入信号序列为…1011001…，用单位冲激序列表示。脉冲之间的间隔 $T=\frac{1}{2f_c}$，输出响应的波形如图 6-13(a) 所示。

由图 6-13 可以看出，当传输的脉冲序列满足 $T=\frac{1}{2f_c}$的条件，或者说以 $2f_c$的速率发送脉冲序列时，在各个 T 的整数倍处的数值仅由本码元所决定。其他各码元对应的输出响应

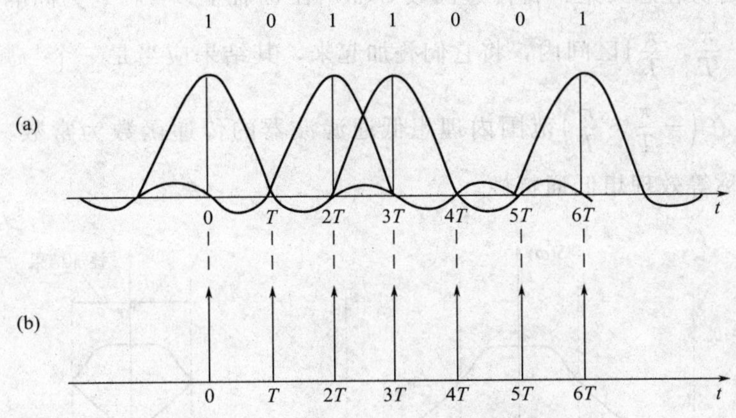

图 6-13　无码间串扰的输出响应波形

在这些点上取值均为零，即各码元之间没有干扰。这样，如在 T 的整数倍时刻进行抽样判决，如图 6-13(b) 所示，就可正确地恢复出 1 码和 0 码。但是，如果 $T<\frac{1}{2f_c}$，即脉冲速度大于 $2f_c$时，则在 T 的整数倍处，其他码元的输出响应不为零，各码元的输出响应相互影响，这时就存在码间串扰，如图 6-14 所示。在这种情况下，如在 T 的整数倍时刻抽样判决，由于码间串扰的影响，抽样判决的结果容易出现误码。

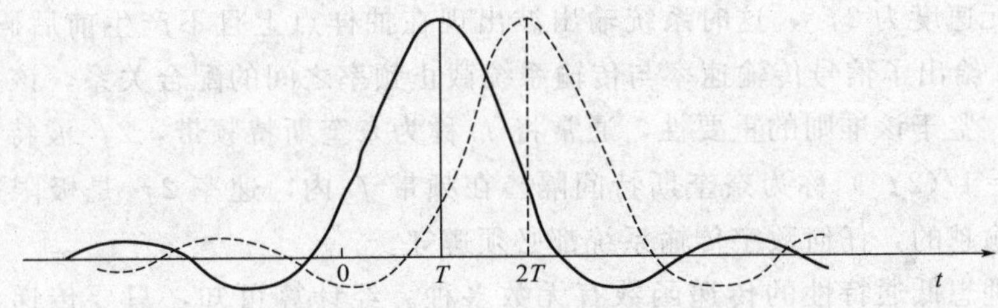

图 6-14　有码间串扰的输出响应波形

（2）无码间串扰的频域条件

式(6.4-2) 给出了无码间串扰的时域条件，而时域波形 $s(t)$ 是通过基带传输系统 $S(\omega)$ 形成的，显然，基带传输系统的传递函数 $S(\omega)$ 应满足一定的条件，才能形成抽样值无串扰的波形。根据 $s(t)\Leftrightarrow S(\omega)$ 的关系（即 $s(t)$ 是 $S(\omega)$ 的傅氏反变换），因而有

$$s(t)=\frac{1}{2\pi}\int_{-\infty}^{\infty}S(\omega)\mathrm{e}^{\mathrm{j}\omega t}\,\mathrm{d}\omega \tag{6.4-5}$$

如果把积分区间分成若干小段，每段区间长度为 $2\pi/T$，并且只考虑 $t=kT$ 时的 $s(t)$ 值，则式(6.4-5) 可表示为

$$s(kT)=\frac{1}{2\pi}\sum_{n=-\infty}^{\infty}\int_{(2n-1)\pi/T}^{(2n+1)\pi/T}S(\omega)\mathrm{e}^{\mathrm{j}\omega kT}\,\mathrm{d}\omega \tag{6.4-6}$$

对式(6.4-6) 进行相应的变量置换及运算，并将式(6.4-2) 的条件代入，可得到无码间串扰时传递函数应满足的条件为

$$\sum_{n=-\infty}^{\infty}S\left(\omega+\frac{2n\pi}{T}\right)=S_0T,\quad -\frac{\pi}{T}\leqslant\omega\leqslant\frac{\pi}{T} \tag{6.4-7}$$

式(6.4-7) 是无码间串扰传输的频域条件。

式(6.4-7)的物理意义是：将传递函数 $S(\omega)$ 在 ω 轴上以 $2\pi/T$ 为间隔切开，然后分段沿 ω 轴平移到 $\left(-\frac{\pi}{T},\frac{\pi}{T}\right)$ 区间内，将它们叠加起来，其结果应当是一个与频率无关的常数，如图 6-15 所示。在 $\left(-\frac{\pi}{T},\frac{\pi}{T}\right)$ 范围内理想低通滤波器的传递函数为常数，所以式(6.4-7)所表达的特性又称等效理想低通特性。

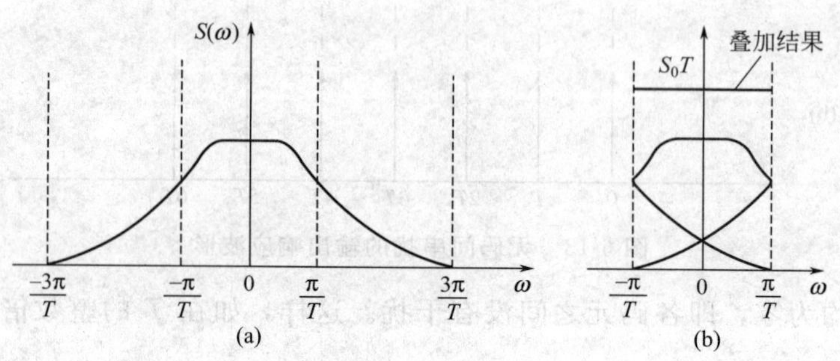

图 6-15 满足抽样值无串扰条件的传递函数

设 $\omega_c=\pi/T$，则 $f_c=1/2T$，将式(6.4-3)与式(6.4-7)相比较，前者称为截止频率为 f_c 的理想低通特性，后者称为截止频率为 f_c 的等效理想低通特性。

式(6.4-7)说明，如果传输系统具有等效理想低通特性，且截止频率为 f_c，则该系统允许的最高码元速度为 $2f_c$，这时系统输出波出现在抽样点上且不产生前后码元间的串扰。所以式(6.4-7)给出了信号传输速率与传输系统截止频率之间的配合关系，该关系称为奈奎斯特第一准则。鉴于该准则的重要性，通常将 f_c 称为奈奎斯特频带，$2f_c$ 波特称为奈奎斯特速率，并将 $T=1/(2f_c)$ 称为奈奎斯特间隔。在频带 f_c 内，速率 $2f_c$ 是极限速率，这个极限速率是不能逾越的，任何数字传输系统都必须遵守。

满足等效理想低通特性的传递函数有无数多种。经计算可知，只要传递函数在 $\pm\pi/T$ 处满足奇对称的要求，不管 $S(\omega)$ 的形式如何，都可以做到消除码间串扰。

6.4.3 无码间串扰的传输波形

(1) 理想低通信号

一个理想低通滤波器的传递函数和冲激响应分别如式(6.4-3)和式(6.4-7)所示。由理想低通系统产生的信号称为理想低通信号。由图 6-12 可知，理想低通信号在 $t=\pm nT$ $(n\neq 0)$ 时有周期性零点。如果发送码元波形的时间间隔为 T，接收端在 $t=nT$ 时抽样，就能达到无码间串扰。为了说明此时传输系统的带宽与码元速率的关系，定义频带利用率 η 为

$$\eta=\frac{\text{码元传输速率}}{\text{传输带宽}}=\frac{R_B}{B}$$

因为 R_B 的单位为 Baud（波特），带宽的单位为 Hz（赫兹），所以 η 的单位为 Baud/Hz，η 的物理意义为单位频带所传输的码元速率。由图 6-11 和式(6.4-3)可知，理想低通信号的传输带宽为

$$B=\frac{1}{2\pi}\cdot\frac{\pi}{T}=\frac{1}{2T}$$

由于码元周期为 T，可得码元传输速率

$$R_B=\frac{1}{T}$$

这时频带利用率 η 为

$$\eta=\frac{R_B}{B}=\frac{1/T}{1/(2T)}=2$$

在抽样值无串扰条件下，这是基带系统传输所能达到的极限情况。也就是说，若已知码元速率为 $R_B=1/T$，则最小传输带宽是码元速率的一半，即 $1/(2T)$。这里的码元可以是二元码，也可以是多元码。

频带利用率 η 的另一定义为

$$\eta=\frac{\text{信息传输速率}}{\text{传输带宽}}=\frac{R_b}{B}$$

R_b 的单位为 bit/s，带宽的单位为 Hz，所以 η 的单位为 bit/(s · Hz)，η 的物理意义为单位频带所传输的信息速率。

二进制的码元传输速率 R_B 与信息传输速率 R_b 相等，这时频带利用率 η 的最大值为

$$\eta=\frac{R_b}{B}=\frac{1/T}{1/(2T)}=2$$

当基带信号为 M 进制码元时，由于码元速率 R_B 与信息速率 R_b 存在如下关系式，即

$$R_b=R_B\log_2 M$$

又因为码元速率相同时，二进制码元和 M 进制码元的传输带宽是相同的。这样，基带系统传输 M 进制码元所达到的最高频带利用率为

$$\eta=\frac{R_B\log_2 M}{B}=2\log_2 M\ (\text{bit/s}\cdot\text{Hz})$$

因此，当传输系统的带宽一定时，在无码间串扰条件下，可以通过提高多进制数 M 来提高系统的信息传输速率。当然，M 的提高将要求系统提供更高的信噪比来保证接收端的正确判决。

虽然理想低通信号可达到系统传输能力的极限值，但是这种波形实际中是不可能实现的，这是因为理想低通系统的传输特性具有无限陡峭的过渡带，这在工程上是无法实现的。即使获得了这种传输特性，其冲激响应波形的尾部衰减特性很差，尾部仅按 $1/t$ 的速度衰减。接收波形在再生判决中还要再抽样一次，这样就要求接收端的抽样定时脉冲必须准确无误，若稍有偏差，就会引入可观的码间串扰。所以式(6.4-3) 表达的无串扰传递条件只有理论上的意义。

(2) 升余弦滚降信号

在实际中得到广泛应用的无串扰波形，其频域过渡特性是以 π/T 为中心，具有奇对称升余弦形状，通常称之为升余弦滚降信号，简称升余弦信号。这里的“滚降”指的是信号的频域过渡特性或频域衰减特性。能形成升余弦信号的基带系统的传递函数为

$$S(\omega)=\begin{cases}\dfrac{S_0T}{2}\left\{1-\sin\left[\dfrac{T}{2\alpha}\left(\omega-\dfrac{\pi}{T}\right)\right]\right\}, & \dfrac{\pi(1-\alpha)}{T}\leqslant|\omega|\leqslant\dfrac{\pi(1+\alpha)}{T}\\ S_0T, \quad 0\leqslant|\omega|\leqslant\dfrac{\pi(1-\alpha)}{T} & \\ 0, \quad |\omega|>\dfrac{\pi(1+\alpha)}{T} & \end{cases}\tag{6.4-8}$$

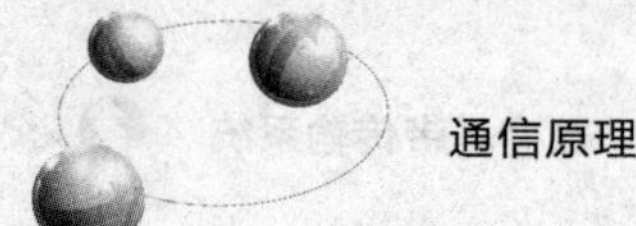

其中，α 称为滚降系数，$0\leqslant\alpha\leqslant1$。

系统的传递函数 $S(\omega)$ 就是接收波形 $s(t)$ 的频谱函数，由式(6.4-8) 可求出系统的冲激响应即接收波形 $s(t)$ 为

$$s(t)=S_0\frac{\sin\frac{\pi t}{T}}{\frac{\pi t}{T}}\frac{\cos\frac{\alpha\pi t}{T}}{1-\left(\frac{4\alpha^2t^2}{T^2}\right)} \tag{6.4-9}$$

式(6.4-9) 表明，接收波形是 Sa 函数的加权函数，在 Sa 函数取值为 0 的那些点，接收波形的取值一定满足抽样值无串扰的传输条件。

图 6-16 表示出滚降系数 $\alpha=0$，$\alpha=0.5$，$\alpha=1$ 时的传递函数和冲激响应。图中给出的是归一化图形。不难发现，升余弦滚降信号在前后抽样值处的串扰始终为 0，因而满足抽样值无串扰的传输条件。随着滚降系统 α 的增加，两个零点之间的波形振荡起伏变小，其波形的衰减与 $1/t^3$ 成正比。但随着 α 的增大，所占频带增加。

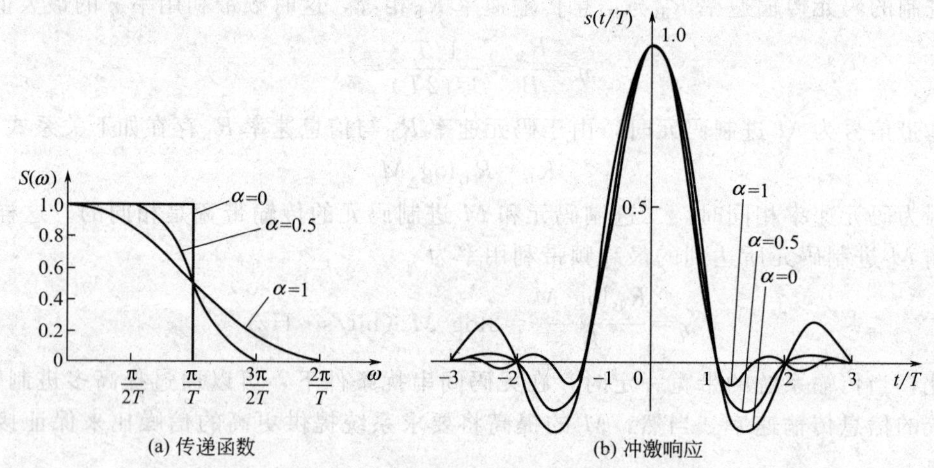

图 6-16 升余弦滚降系统

由式(6.4-8) 和图 6-16 可知，升余弦信号的传输带宽为

$$B=\frac{1}{2\pi}\cdot\frac{\pi}{T}(1+\alpha)=\frac{1+\alpha}{2T}$$

如果二进制码元周期为 T，则信息传输速率 $R_b=1/T$，这时频带利用率 η 为

$$\eta=\frac{R_b}{B}=\frac{1/T}{(1+\alpha)/2T}=\frac{2}{1+\alpha}$$

当 $\alpha=0$ 时即为前面所述的理想低通信号，当 $\alpha=1$ 时，式(6.4-8) 可简化为

$$S(\omega)=\begin{cases}\frac{S_0T}{2}\left(1+\cos\frac{\omega T}{2}\right), & |\omega|\leqslant2\pi/T\\ 0, & |\omega|\leqslant2\pi/T\end{cases} \tag{6.4-10}$$

此时的信号称为全升余弦信号，它所占的频带是理想低通信号的 2 倍，其频带利用率为 1。

考虑到抽样时刻不可能完全没有时间上的误差。为了减小抽样定时脉冲误差所带来的影响，滚降系数 α 不能太小，通常选择 $\alpha\geqslant0.2$。

(3) 部分响应信号

随着高速传输的发展，人们对频带利用率的要求不断提高，简单地消除码间串扰有时不

能满足提高频带利用率的要求。那么，能否找到频率利用率既高又使“尾巴”衰减大、收敛快的传输波形呢？奈奎斯特第二准则回答了这个问题。该准则告诉人们：人为地、有规律地在码元的抽样时刻引入码间串扰，并在接收端抽样判决前加以消除，即可以达到改善频谱特性，压缩传输频带，使频带利用率提高到理论上的最大值，并加速传输波形尾巴的衰减和降低对定时精度要求的目的。通常把这种波形称为部分响应波形。利用部分响应信号波形传输的基带系统称为部分响应系统。常见的部分响应信号有五类，简单起见，现以第 I 类部分响应波形为例来简述其原理。

观察图 6-13（a）所示的 $\sin x/x$ 波形，我们发现相距一个码元间隔的两个 $\sin x/x$ 波形的“拖尾”刚好正负相反，利用这样的波形组合肯定可以构成“拖尾”衰减很快的脉冲波形。根据这一思路，我们可用两个间隔为一个码元周期的 $\sin x/x$ 的合成波形来代替 $\sin x/x$，如图 6-17 所示。

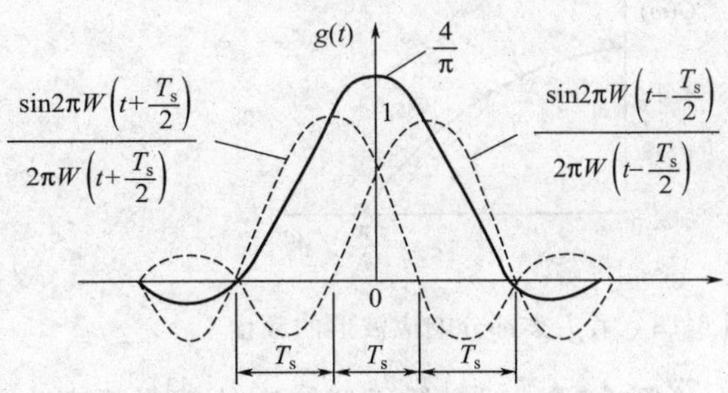

图 6-17 第 I 类部分响应波形

合成波形的表达式为

$$g(t)=\frac{\sin\frac{\pi}{T_s}\left(t+\frac{T_s}{2}\right)}{\frac{\pi}{T_s}\left(t+\frac{T_s}{2}\right)}+\frac{\sin\frac{\pi}{T_s}\left(t-\frac{T_s}{2}\right)}{\frac{\pi}{T_s}\left(t-\frac{T_s}{2}\right)}$$

经简化后得

$$g(t)=\frac{4}{\pi}\left[\frac{\cos\pi t/T_s}{1-4t^2/T_s^2}\right] \tag{6.4-11}$$

由式(6.4-11) 可知，$g(t)$ 的“拖尾”幅度随 t^2 下降，这说明它比 $\sin x/x$ 波形收敛快，衰减大。这是因为，相距一个码元间隔的两个 $\sin x/x$ 波形的“拖尾”正负相反而相互抵消，使得合成波形的“拖尾”衰减速度加快了。

此外，由图 6-17 还可以看出，$g(t)$ 除了在相邻的取样时刻 $t=\pm T_s/2$ 处，$g(t)=1$ 外，其余的取样时刻上，$g(t)$ 具有等间隔 T_s 的零点。

对 $g(t)$ 的进行傅里叶变换，得到其频谱函数

$$G(\omega)=\begin{cases}2T_s\cos\frac{\omega T_s}{2}, & |\omega|\leqslant\frac{\pi}{T_s}\\ 0, & |\omega|\leqslant\frac{\pi}{T_s}\end{cases}$$

对应的频谱如图 6-18 所示

从图 6-18 可以看出，第 I 类部分响应波形的带宽为 $B=1/2T_s$，与理想矩形滤波器的相同。频带利用率为

$$\eta=R_B/B=\frac{1}{T_s}\bigg/\frac{1}{2T_s}=2\ (\text{Baud/Hz})$$

很明显，部分响应系统达到了基带系统在传输二进制序列时的理论极限值。

如果用上述构造的部分响应波形 $g(t)$ 作为传送信号的波形，且发送码元间隔为 T_s，则在抽样时刻上仅发生前一码元对本码元抽样值的干扰，而与其他码元不发生串扰（图

6-19）。表面上看，由于前后码元的串扰很大，似乎无法按 $1/T_s$ 的速率进行传送。但由于这种“串扰”是确定的，在接收端可以消除掉，故仍可按 $1/T_s$ 传输速率传送码元。

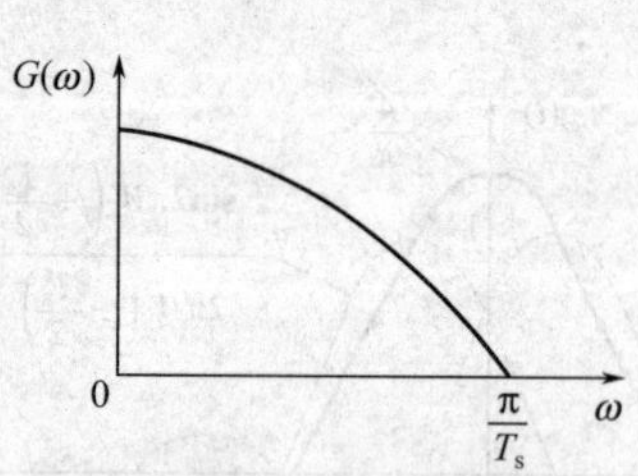

图 6-18　第 I 类部分响应波形的频谱

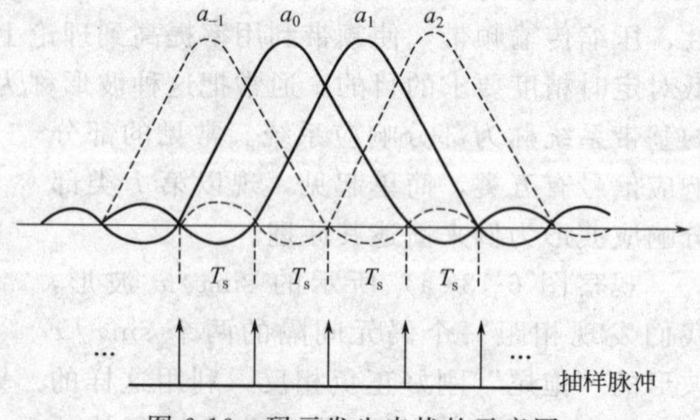

图 6-19　码元发生串扰的示意图

【例 6-1】 理想低通型信道的截止频率为 3000Hz，当传输以下二电平信号时，求信号的频带利用率和最高信息速率。

① 理想低通信号；

② $\alpha=0.4$ 的升余弦滚降信号；

③ NRZ 码。

【解】 ① 理想低通信号的频带利用率为

$$\eta_b=2\ (\text{bit/s}\cdot\text{Hz})$$

取信号的带宽为信道的带宽，由 η_b 的定义式

$$\eta_b=\frac{R_b}{B}$$

可求出二进制时最高信息传输速率为

$$R_b=\eta_b B=2\times3000\text{bit/s}=6000\text{bit/s}$$

② 升余弦滚降信号的频带利用率为

$$\eta_b=\frac{2}{1+\alpha}=\frac{2}{1+0.4}\ (\text{bit/s}\cdot\text{Hz})=1.43\ (\text{bit/s}\cdot\text{Hz})$$

取信号的带宽为信道的带宽，可求出二进制时的最高信息传输速率为

$$R_h=\eta_b B=1.43\times3000\text{bit/s}=4290\text{bit/s}$$

③ 二进制 NRZ 码的信息传输速率 R_b 与码元速率 R_B 相同，取 NRZ 码的谱零点带宽为信道带宽，即

$$B=R_B$$

所以频带利用率为

$$\eta_b=\frac{R_b}{B}=\frac{R_s}{B}=1\ (\text{bit/s}\cdot\text{Hz})$$

可求出二进制时最高信息速率为

$$R_b=1\times3000\text{bit/s}=3000\text{bit/s}$$

【例 6-2】 对模拟信号 $m(t)$ 进行线性 PCM 编码，量化电平数 $L=16$。PCM 信号先通过 $\alpha=0.5$，截止频率为 5kHz 的升余弦滚降滤波器，然后再进行传输。求：

① 二进制基带信号无串扰传输时的最高信息速率；

② 可允许模拟信号 $m(t)$ 的最高频率分量 f_H。

【解】 ① PCM 编码信号经升余弦滚降滤波器后形成升余弦滚降信号，由 α 可列出二进制时信号的频带利用率为

$$\eta=\frac{2}{1+\alpha}$$

η_b的定义式为

$$\eta=\frac{R_b}{B}$$

所以基带信号无串扰传输的最高信息速率为

$$R_b=\eta B=\frac{2B}{1+\alpha}=\frac{2\times5\times10^3}{1+0.5}\text{bit/s}=6.67\ (\text{Kbit/s})$$

② 对最高频率为 f_H的模拟信号 $m(t)$ 以速率 f_s进行抽样，当量化电平数 $L=16$ 时，编码位数 $n=\log_2 L=4$。PCM 编码信号的信息速率可表示为

$$R_b=f_x n$$

抽样频率 $f_s\geqslant 2f_H$，取等号时信息速率为

$$R_b=2f_H n$$

因此可允许模拟信号的最高频率为

$$f_H=\frac{R_b}{2n}=\frac{6.67\times10^3}{2\times4}\text{Hz}=834\text{Hz}$$

6.5 眼图与均衡

6.5.1 基带传输系统的测量工具——眼图

在实际工程中，由于部件调试不理想或信道特性发生变化，都可能使系统的性能变坏。除了用专用精密仪器进行定量的测量以外，在调试和维护工作中，技术人员还希望用简单的方法和通用仪器也能宏观监测系统的性能，其中一个有效的实验方法是观察眼图。眼图是利用实验手段方便地估计和改善系统性能时在示波器上观察到的一种图形。眼图的作用是观察出码间串扰和噪声的影响，从而估计系统性能的优劣程度。获得眼图的方法是将待测的基带信号加到示波器的输入端，同时把位定时信号作为扫描同步信号，然后调整示波器扫描周期，使示波器对基带信号的扫描周期严格与码元周期同步，这样，各码元的波形就会重叠起来。对于二进制数字信号，这个图形与人眼相像，故称为“眼图”。眼图的“眼睛”张开的大小反映着码间串扰的强弱。“眼睛”张的越大，且眼图越端正，表示码间串扰越小；反之表示码间串扰越大。

观察图 6-20 可以了解双极性二元码的眼图形成情况。图（a）为没有失真的波形，示波器将此波形每隔 T_s 秒重复扫描一次，利用示波器的余辉效应，扫描所得的波形重叠在一起，结果形成图（b）所示的“开启”的眼图；图（c）是有失真的基带信号的波形，重叠后的波形会变差，张开程度变小，如图（d）所示。基带波形的失真通常是由噪声和码间串扰造成的，所以眼图的形状能定性地反映系统的性能。

为了解释眼图与系统性能之间的关系，可把眼图抽象为一个模型，如图 6-21 所示。由眼图可以获得的信息是：

① 最佳取样时刻应选在眼图张开最大的时刻，此时的信噪比最大；

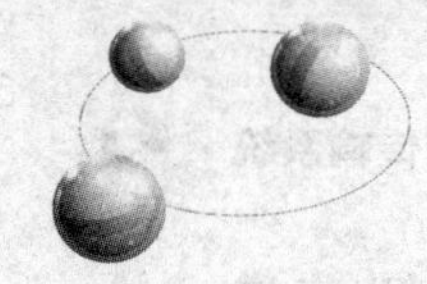

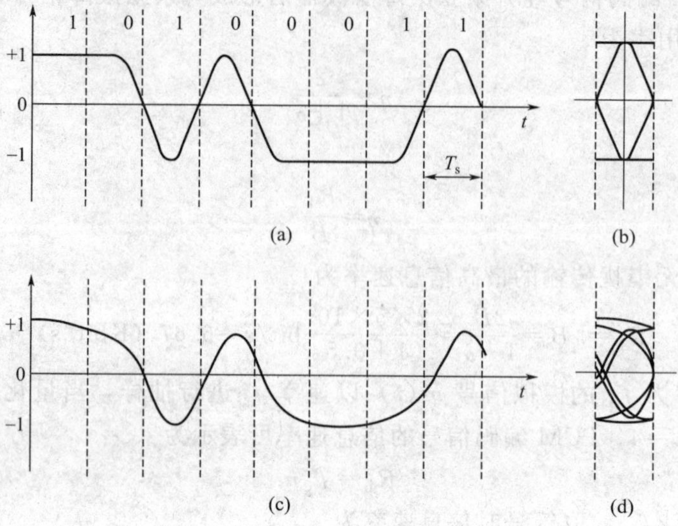

图 6-20 双极性二元码的波形及眼图

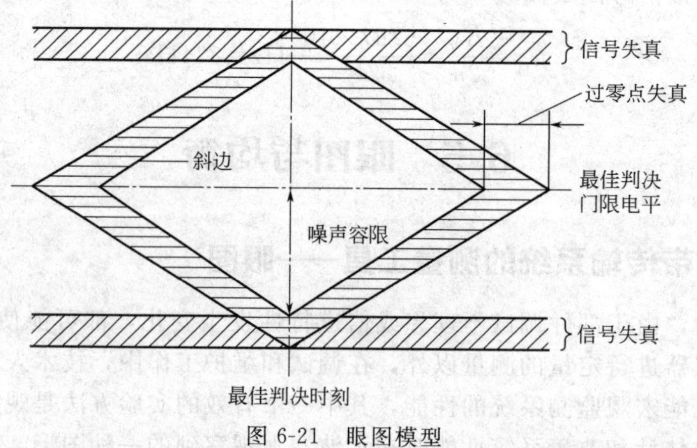

图 6-21 眼图模型

② 眼图斜边的斜率反映出系统对定时误差的灵敏度，斜边愈陡，对定时误差愈灵敏，对定时稳定度要求愈高；

③ 在抽样时刻，上下两个阴影区的高度称为信号失真量，它是噪声和码间串扰叠加的结果，所以眼图的张开度决定了系统的噪声容限。

当码间串扰十分严重时，“眼睛”会完全闭合起来，系统不可能无误工作，因此就必须对码间串扰进行校正。

6.5.2 基带传输系统的调整工具——均衡器

在 6.4 节中，已从理论上找到了消除码间串扰的方法，即使基带系统的传输总特性 $S(\omega)$ 满足奈奎斯特第一准则。但实际实现时，由于难免存在滤波器的设计误差和信道特性的变化，无法实现理想的传输特性，故在抽样时刻上总会存在一定的码间串扰，从而导致系统性能的下降。当串扰造成严重影响时，必须对整个系统的传递函数进行校进行校正，使其接近无失真传输条件。这种校正可以采用串接一个滤波器的方法，以补偿整个系统的幅频和相频特性，这种校正是在频域进行的，称为频域均衡；如果校正在时域进行，即直接校正系统的冲激响应，则称为时域均衡。目前数字基带传输系统中大部分采用时域均衡，下面对时域均衡的基本原理作一简单介绍。

时域均衡的基本思想可用图 6-22 所示波形来简单说明。它是利用波形补偿的方法对失真的波形加以直接校正，这可以利用观察波形的方法直接加以调节。在图 6-22(a) 中，接收到的单个脉冲波形由于信道特性不理想而产生了“拖尾”现象，对其他码元波形形成了码间串扰。如果设法加上一条补偿波形，如图 6-22(a) 中虚线所示，那么这个补偿波形恰好把原来失真波形的“尾巴”抵消掉，使校正后的波形不再有“拖尾”，如图 6-22(b) 所示，这就消除了码间串扰。

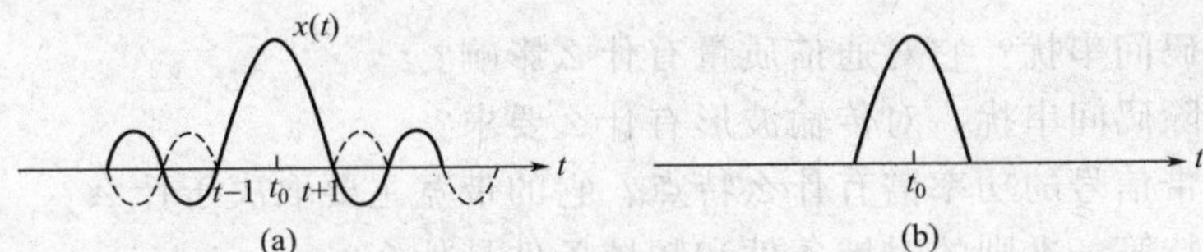

图 6-22　时域均衡原理

时域均衡器的作用就是形成图 6-22(a) 中虚线所示的补偿波形。由于该补偿波形的形成过程较复杂，本书对具体均衡器的组成和工作原理不作过多介绍，有兴趣的读者可自行参阅有关资料。

本章小结 ▶▶▶

(1) 数字基带码型变换属于信道编码范畴，主要目的是使基带传输信号适合信道的传输特性，保证系统的可靠性能。因此，基带编码必须符合码型设计的原则。

(2) 数字基带信号是消息代码的电波形表示。表示形式有多种，有单极性和双极性波形、归零和非归零波形、差分波形、多电平波形之分，各自有不同的特点。等概双极性波形无直流分量，有利于在信道中传输；单极性 RZ 波形中含有位定时频率分量，常作为提取位同步信息时的过渡性波形；差分波形可以消除设备初始状态的影响。

(3) 功率谱分析的意义在于，可以确定信号的带宽，还可以明确能否从脉冲序列中直接提取定时分量，以及采取怎样的方法可以从基带脉冲序列中获得所需的离散分量。

(4) HDB_3 码是一种常用传输码型，与 AMI 码相比最大的区别是：HDB_3 码中不会出现 3 个以上的连“0”串，这样有利于接收端提取位定时信息。

(5) 再生判决是数字通信系统的一大亮点，它能使接收信号在噪声容限范围内进行完全恢复。这是模拟通信系统无法完成的。

(6) 奈奎斯特第一准则描述了信号传输速率与传输系统截止频率之间的配合关系，为消除码间串扰奠定了理论基础。$\alpha=0$ 的理想低通系统可以达到 2Baud/Hz 的理论极限值，但它不能物理实现；实际中应用较多的是 $\alpha>0$ 的余弦滚降特性，其中 $\alpha=1$ 的升余弦频谱特性易于实现，且响应波形的尾部衰减收敛快，有利于减小码间串扰和位定时误差的影响，但占用带宽最大，频带利用率下降为 1Baud/Hz。

(7) 具有理想低通传输特性的基带系统的主要优点是基带传输无码间干扰，频带利用率较高。但是，该系统只是一个理想系统，实际中无法实现，同时系统函数的“尾巴”衰减较慢，对整个定时精度要求高。

(8) 升余弦系统也是一个无码间干扰的基带传输系统，该系统的系统函数“尾巴”衰减较快，由于定时精度误差所引起的码间干扰值小，因而实际中通常被采用，但该系统的频带

利用率不高。

(9) 部分响应系统通过有控制地引入码间串扰（在接收端加以消除），可以达到 2Baud/Hz 的理想频带利用率，并使波形“尾巴”振荡衰减加快这样两个目的。

(10) 在理想情况下，根据奈奎斯特准则可以从理论上得到无码间串扰的基带传输系统，而在实际系统中码间串扰不可避免。对于实际的基带传输系统，为减少码间串扰的影响，实现最佳传输，常采用眼图来监测系统的性能，并采用均衡器来改善系统的性能。

思考题与习题 ▶▶▶

6-1 什么是码间串扰？它对通信质量有什么影响？

6-2 为了消除码间串扰，对传输波形有什么要求？

6-3 数字基带信号的功率谱有什么特点？它的带宽主要取决于什么？

6-4 奈奎斯特第一准则的时域条件和频域条件是什么？

6-5 理想低通传输系统和具有升余弦滚降特性的基带传输系统相比较，在可实现性、最大频带利用率 η_b、拖尾衰减速度等方面有哪些区别？

6-6 何谓眼图？它有什么用处？

6-7 理想低通信号的时域波形是什么函数，频谱衰减特性是什么？升余弦信号的时域波形是什么函数的加权函数？频谱衰减特性是什么？

6-8 无串扰传输码元速率为 R_B 的信号时，传输系统所需的最窄带宽为多少？二元码时传输系统的最高频带利用率为多少？

6-9 当二进制码元速率为 R_B 时，滚降系数为 α 的升余弦信号的传输带宽和频率利用率分别为多少？

6-10 设数字基带信号的码元间隔为 T，基带传输系统的传递函数 $H(\omega)$ 如图 6-23 所示，试问有无码间串扰，说明原因。

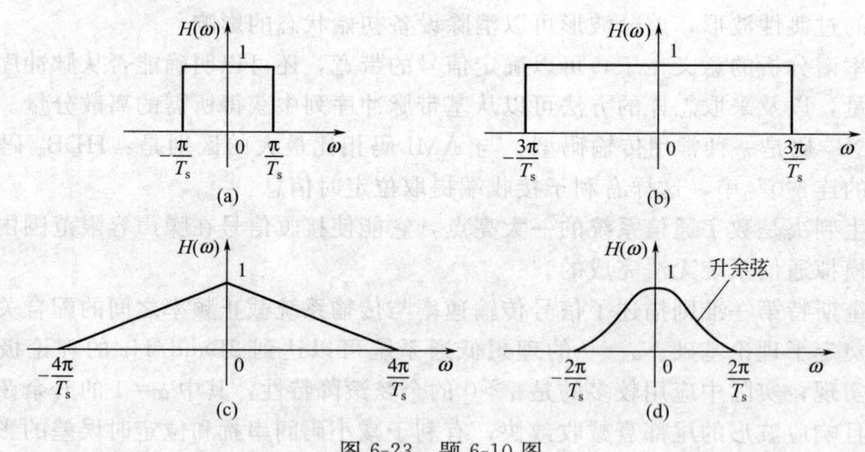

图 6-23 题 6-10 图

6-11 二进制数字基带信号的信息速率 $R_b = 1\times10^3$ bit/s。为实现无串扰传输，图 6-24 列出 3 种传输特性。

① 这 3 种传输特性是否满足无串扰传输的条件？

② 试比较它们的带宽和可实现性；

③ 其中哪一种传输特性较好？简要说明理由。

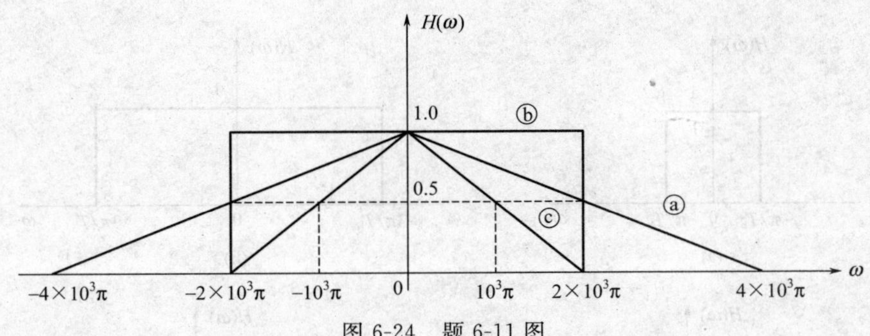

图 6-24　题 6-11 图

6-12　已知信息代码为 100000000011，求相应的 AMI 码和 HDB_3 码，并分别画出它们的波形图（采用半占空比矩形脉冲）。

6-13　已知 HDB_3 码为 0＋100－1000－1＋1000＋1－1＋1－100－1＋100－1，试译出原信息代码。

6-14　设某二进制数字基带信号的基本脉冲如图 6-25 所示。图中 T_b 为码元宽度，数字信息“1”和“0”分别用 $g(t)$ 的有无表示，它们出现的概率分别为 P 及 $(1-P)$：

① 求该数字信号的功率谱密度，并画图；

② 该序列是否存在离散分量 $f_b=1/T_b$？

③ 该数字基带信号的带宽是多少？

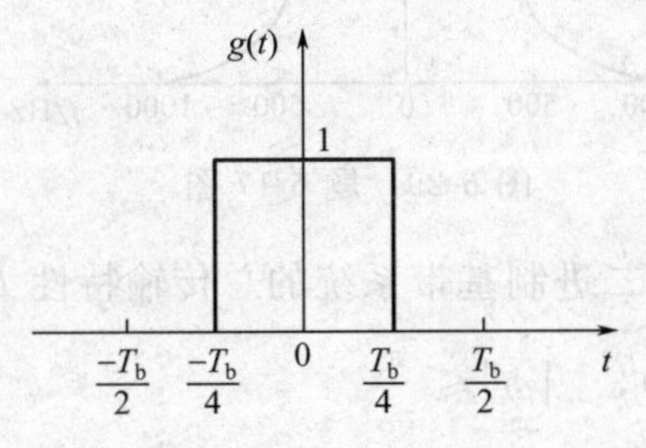

图 6-25　题 6-14 图

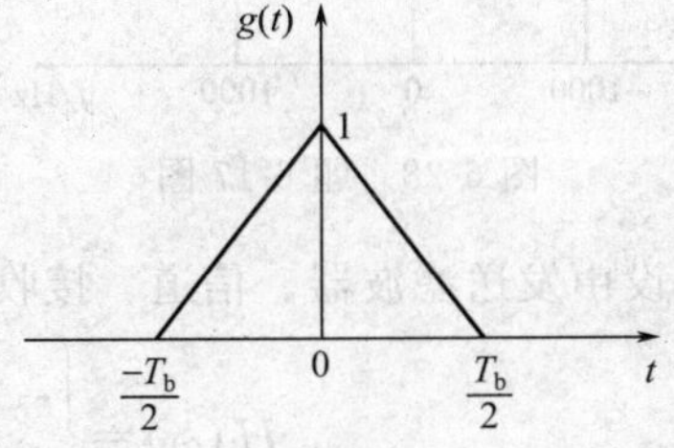

图 6-26　题 6-15 图

6-15　设某二进制数字基带信号的基本脉冲为三角形脉冲，如图 6-26 所示。图中 T_b 为码元宽度，数字信息“1”和“0”分别用 $g(t)$ 的有无表示，且“1”和“0”出现的概率相等：

① 求该数字信号的功率谱密度，并画图；

② 能否从该数字基带信号中提取 $f_b=1/T_b$ 的位定时分量？若能，试计算该分量的功率。

③ 该数字基带信号的带宽是多少？

6-16　设基带传输系统的发送滤波器、信道、接收滤波器组成总特性为 $H(\omega)$，若要求以 $2/T_b$ 波特的速率进行数据传输，试检验图 6-27 各种系统是否满足无码间串扰条件。

6-17　已知滤波器的 $H(\omega)$ 具有如图 6-28 所示的特性（码元速率变化时特性不变），当采用以下码元速率时：

(a) 码元速率 $R_B=500$ Baud；

(b) 码元速率 $R_B=1000$ Baud；

(c) 码元速率 $R_B=1500$ Baud；

(d) 码元速率 $R_B=2000$ Baud。

问：① 哪种码元速率不会产生码间串扰？

② 如果滤波器的 $H(\omega)$ 改为图 6-29 所示，重新回答①。

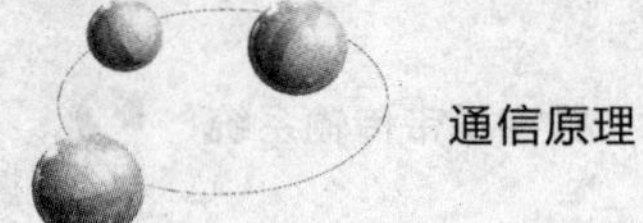

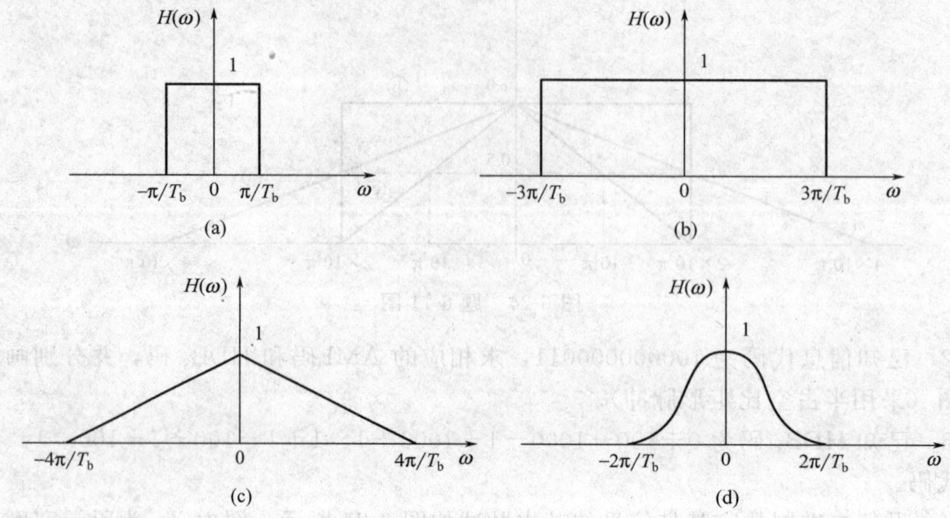

图 6-27 题 6-16 图

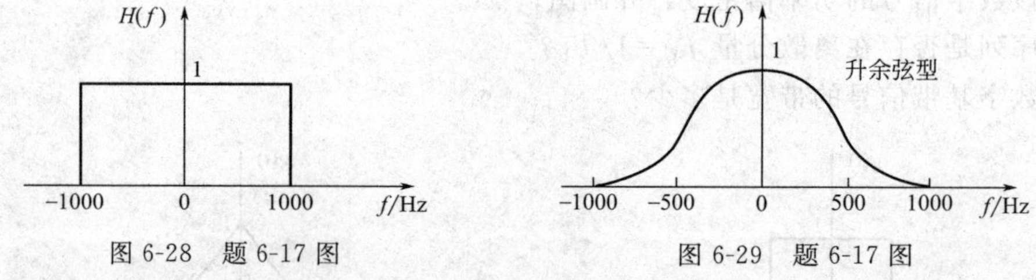

图 6-28 题 6-17 图　　图 6-29 题 6-17 图

6-18 设由发送滤波器、信道、接收滤波器组成二进制基带系统的总传输特性 $H(\omega)$ 为

$$H(\omega)=\begin{cases}\tau_0(1+\cos\omega\tau_0), & |\omega|\leqslant\dfrac{\pi}{\tau_0}\\ 0, & \text{其他 }\omega\end{cases}$$

试确定该系统最高传码率 R_B 及相应的码元间隔 T_b。

6-19 已知基带传输系统的发送滤波器、信道、接收滤波器组成总特性如图 6-30 所示的直线滚降特性 $H(\omega)$。其中 α 为某个常数（$0\leqslant\alpha\leqslant1$）：

① 检验该系统能否实现无码间串扰传输；

② 试求该系统的最大码元传输速率为多少？这时的频带利用率为多大？

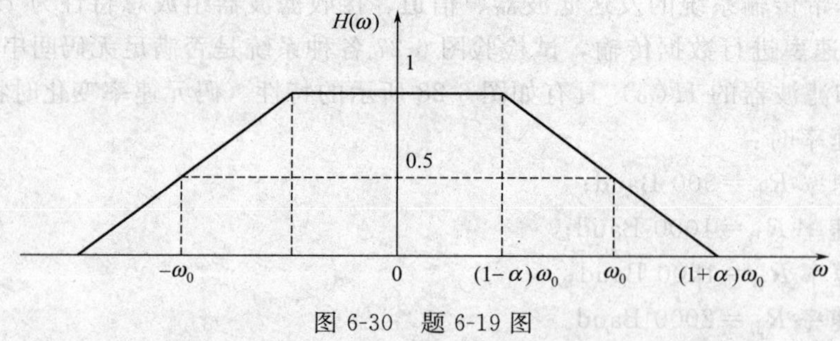

图 6-30 题 6-19 图

第 7 章　数字频带传输系统

【本章导读】

- 二进制数字调制
- 多进制数字调制
- 新型数字调制技术

7.1 引　言

第 6 章已经谈到，在实际中，大多数信道都是带通型信道，比如无线信道中的微波通信、卫星通信、无线电广播等，有线信道中的光纤通信等。为了使数字基带信号能在这些通信系统中传输，就需要把数字基带信号的频谱搬移到这些通信系统的频带上去，这种频谱搬移的过程就是调制的过程。由于调制信号为数字基带信号，因此将这种调制称为数字调制。

在数字调制系统中，采用什么样的波形来充当载波信号呢？从原理上说，可以采用正弦载波来加载数字基带信号，也可以用高频脉冲来加载数字基带信号。但实际上，在大多数数字通信系统中都选择正弦信号作为载波。这是因为正弦信号形式简单，便于产生及接收。本章介绍的数字频带传输系统就是采用正弦载波信号来“携带”基带信息的。

应该指出，在“模拟调制”与“数字调制”之间，就调制的目的与原理而言，两者并没有什么区别。因为数字基带信号是模拟基带信号的一种特定形式。因此，数字调制可以认为是模拟调制中的一个特例。然而，数字信号有离散取值的特点。因此实现数字调制有两种方法：

① 利用模拟调制的方法去实现数字调制；

② 利用开关键控载波来实现数字调制。因此，数字调制又称为键控。根据基带信号控制正弦载波参数的不同，通常有三种基本的数字键控方式：振幅键控（Amplitude Shift Keying，ASK）、频移键控（Frequency Shift Keying，FSK）和相移键控（Phase Shift Keying，PSK）。

数字信息有二进制和多进制之分，因此，数字调制可分为二进制调制和多进制调制。在二进制调制中，信号参量只有两种可能的取值；而在多进制调制中，信号参量可能有 M（$M>2$）种取值。本章主要讨论二进制数字调制的原理及系统性能，简要介绍多进制数字调制和几种新型数字调制技术。

7.2　二进制数字调制原理

7.2.1　二进制幅度键控（2ASK）

（1）二进制幅度键控原理

幅度键控是指载波幅度受二进制单极性不归零（NRZ）信号控制，而其频率和初始相

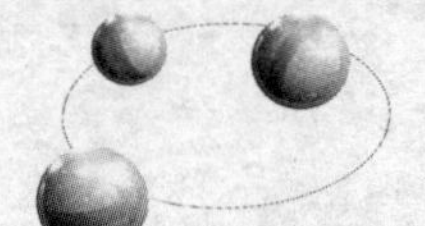

位保持不变。与二进制数“1”或“0”相对应，载波传输变为时通时断，所以二进制幅度键控（2ASK）又称通-断键控（ON-OFF Keying，简称 OOK）。

假设二进制数字基带信号序列 $\{a_n\}$ 由“0”和“1”组成，其中发送数字信号“1”的概率为 P，则发送数字信号“0”的概率为 $1-P$，且统计独立。数字基带信号的表达式为

$$s(t)=\sum_{n=-\infty}^{\infty} a_n g(t-nT_s)\cos\omega_c t$$

其中 $a_n=\begin{cases}1 & 概率为\ P\\ 0 & 概率为\ (1-P)\end{cases}$

则已调信号（即 2ASK 信号）的表达式为

$$s_{2ASK}(t)=s(t)\cos\omega_c t=\sum_{n=-\infty}^{\infty} a_n g(t-nT_s)\cos\omega_c t$$

当在一个码元周期 T_s 内对 2ASK 信号进行观察，其观察值为

$$s_{2ASK}(t)=\begin{cases}\cos\omega_c t & 概率为\ P\\ 0 & 概率为(1-P)\end{cases}$$

假设某数字基带信号的序列为 {1 0 1 1 0 1}，则该序列所对应的 2ASK 信号波形如图 7-1 所示。

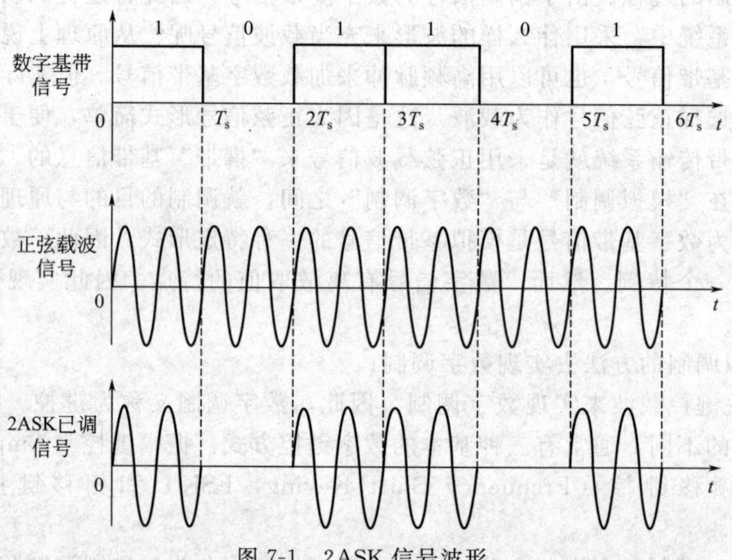

图 7-1 2ASK 信号波形

从原理上说，2ASK 信号调制器如图 7-2(a) 所示。实际实现的方法如图 7-2(b) 所示的开关电路实现方法，一个载波源被一个开关源通断控制即可。

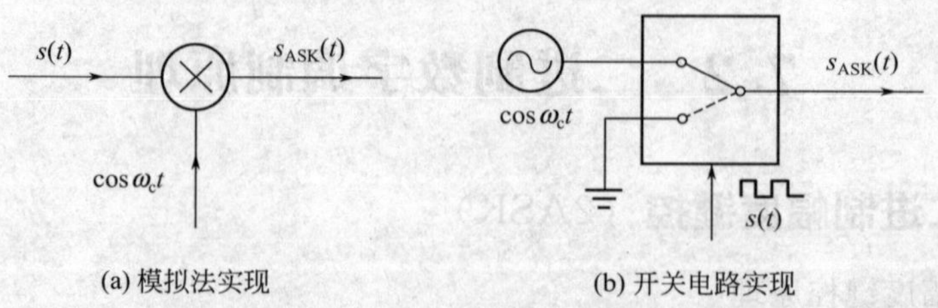

图 7-2 2ASK 信号调制器

(2) 2ASK 信号的解调

2ASK 信号解调如同模拟幅度调制信号一样，有两种解调方法，一种是非相干解调（又叫包络检波)，另一种是相干解调（又叫同步检测)。

非相干解调如图 7-3(a) 所示。已调信号中包含有 2ASK 信号的高斯白噪声，带通滤波器用以通过所需的频带并限制噪声。全波整流器构成了包络检波器。低通滤波器是将波形平滑，并滤去高频端噪声。取样判决电路是使接收到的脉冲只在时钟到达的瞬时进行抽样，并对应于一定的门限值而判决为“1”或“0”信号。

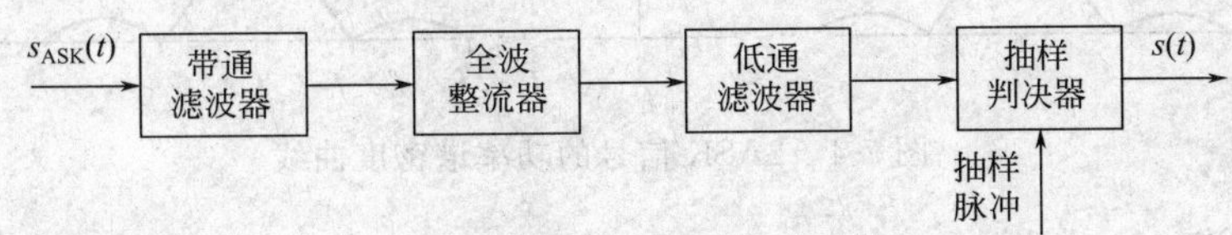

(a) 非相干解调

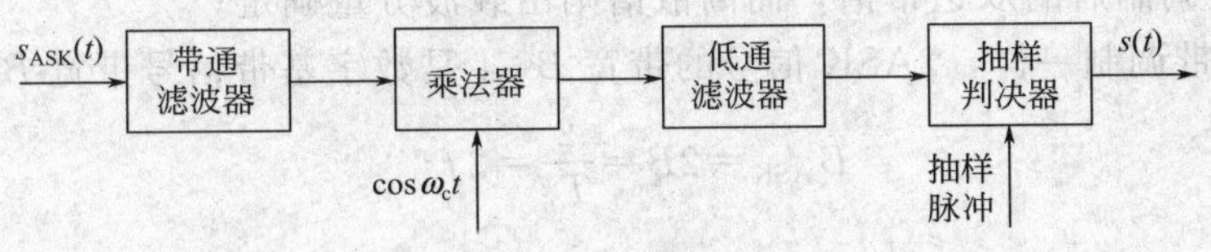

(b) 相干解调

图 7-3　2ASK 信号的解调

相干解调如图 7-3(b) 所示。图中用乘法器替代非相干解调的包络检波器，同时需要一个本地载波，它的频率和相位与发送端载波信号一致。

(3) 2ASK 信号的功率谱密度

由于 2ASK 信号是随机的功率信号，故研究它的频谱特性时，应讨论它的功率谱密度。一个 2ASK 信号 $s_{ASK}(t)$ 可以表示成

$$s_{ASK}(t)=s(t)\cos\omega_c t \tag{7.2-1}$$

式中，$s(t)$ 为二进制单极性随机矩形脉冲序列。

设：$P_s(f)$ 为 $s(t)$ 的功率谱密度，$P_{ASK}(f)$ 为 2ASK 信号的功率谱密度。

则由式(7.2-1) 可得

$$P_{2ASK}(f)=\frac{1}{4}[P_s(f+f_c)+P_s(f-f_c)] \tag{7.2-2}$$

由式(7.2-2) 可见，2ASK 信号的功率谱 $P_{ASK}(f)$ 是基带信号功率谱 $P_s(f)$ 的线性搬移（属线性调制)。

对于单极性 NRZ 码，有

$$P_s(f)=f_sP(1-P)|G(f)|^2+\sum_{m=-\infty}^{\infty}|f_s(1-P)G(mf_s)|^2\delta(f-mf_s) \tag{7.2-3}$$

对于全占空矩形脉冲序列，根据矩形波形的频谱特点，式(7.2-3) 可简化为

$$P_s(f)=f_sP(1-P)|G(f)|^2+f_s^2(1-P)^2|G(0)|^2\delta(f) \tag{7.2-4}$$

将式(7.2-4) 代入式(7.2-2) 得

$$P_{2ASK}=\frac{1}{4}f_sP(1-P)[|G(f+f_c)|^2+|G(f-f_c)|^2]+$$

$$\frac{1}{4}f_s^2(1-P)^2|G(0)|^2[\delta(f+f_c)+\delta(f-f_c)] \tag{7.2-5}$$

其功率谱密度如图 7-4 所示

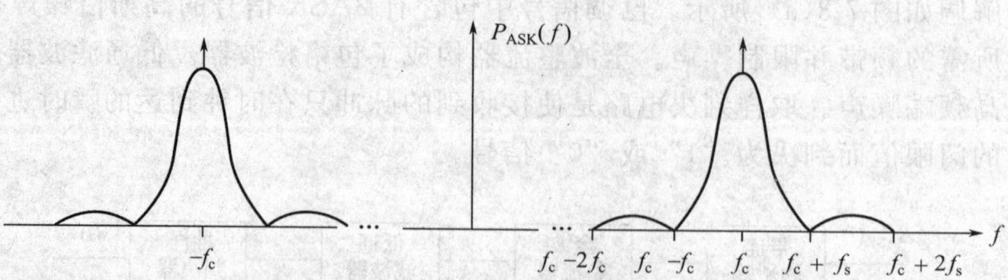

图 7-4　2ASK 信号的功率谱密度曲线

由图 7-4 可知：

① 2ASK 信号的功率谱由连续谱和离散谱两部分组成。其中，连续谱取决于数字基带信号 $s(t)$ 经线性调制后的双边带谱，而离散谱则由载波分量确定；

② 如同双边带调制一样，2ASK 信号的带宽 B_{ASK} 是数字基带信号带宽 B 的两倍：

$$B_{ASK}=2B=\frac{2}{T_s}=2f_s$$

③ 因为系统的传码率 $R_s=\frac{1}{T_s}$ (Baud)，故 2ASK 系统的频带利用率为

$$\eta=\frac{1/T_s}{2/T_s}=\frac{f_s}{2f_s}=\frac{1}{2}\ (\text{Baud/Hz})$$

这意味着用 2ASK 方式传送码元速率为 R_B 的二进制数字信号时，要求该系统的带宽至少为 $2R_B$ (Hz)。

7.2.2　二进制频移键控（2FSK）

(1) 二进制频移键控原理

频移键控系统中用不同的载波频率来表征数字基带信息。对于二进制信号来讲，用两个载波频率就可以完全表征。

假设二进制数字基带信号序列 $\{a_n\}$ 由“0”和“1”组成，其中发送数字信号“1”的概率为 P，则发送数字信号“0”的概率为 $1-P$，且统计独立。数字基带信号 $s(t)$ 的表达式为

$$s(t)=\sum_{n=-\infty}^{\infty}a_n g(t-nT_s)\cos\omega_c t$$

则 2FSK 信号的表达式为

$$s_{FSK}(t)=\sum_{n=-\infty}^{\infty}a_n g(t-nT_s)\cos\omega_{c1}t+\sum_{n=-\infty}^{\infty}a_n g(t-nT_s)\cos\omega_{c2}t$$

当在一个码元周期 T_s 内对 2FSK 信号进行观察，其观察值为

$$s_{FSK}(t)=\begin{cases}\cos\omega_{c1}t & \text{概率为 } P\\ \cos\omega_{c2}t & \text{概率为 } 1-P\end{cases}$$

假设某数字基带信号的序列为 {1 0 1 1 0 1}，则该序列所对应的 2FSK 波形如图 7-5 所示。

类似的，2FSK 信号可以采用模拟调频法来产生，如图 7-6(a) 所示。也可以采用开关

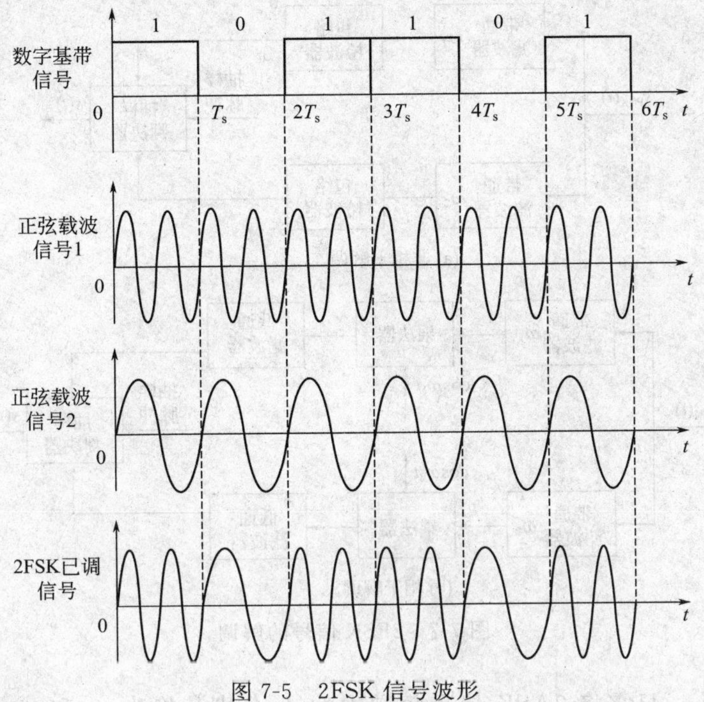

图 7-5　2FSK 信号波形

电路来实现，如图 7-6(b) 所示。

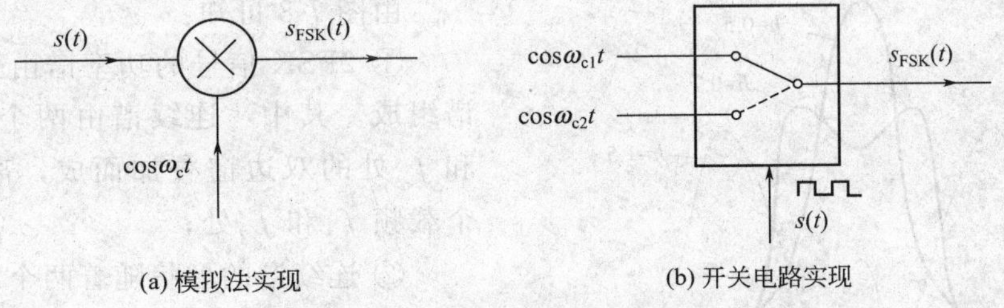

图 7-6　2FSK 信号调制器

(2) 2FSK 信号的解调

2FSK 信号的解调方法有相干解调、非相干解调和过零检测等。图 7-7 示出了最常见的非相干解调和相干解调。其解调原理是将 2FSK 信号分解为上下两路 2ASK 信号分别进行解调，然后进行抽样判决。这里的抽样判决是直接比较两路信号抽样值的大小，可以不专门设置门限。判决规则应与调制规则相呼应，调制时若规定“1”符号对应载波频率 ω_1，则接收时上支路的样值较大，应判为“1”；反之则判为“0”。

(3) 2FSK 信号的功率谱密度

对于相位不连续的 2FSK 信号，可以看成由两个不同载频的 2ASK 信号的叠加，它可以表示为

$$s_{FSK}(t)=s_1(t)\cos\omega_1 t+s_2(t)\cos\omega_2 t$$

其中，$s_1(t)$ 和 $s_2(t)$ 为两路二进制基带信号。

据 2ASK 信号功率谱密度的表示式，不难写出这种 2FSK 信号的功率谱密度的表示式：

$$P_{FSK}(f)=\frac{1}{4}[P_{s_1}(f-f_1)+P_{s_1}(f+f_1)]+\frac{1}{4}[P_{s_2}(f-f_2)+P_{s_2}(f+f_2)]$$

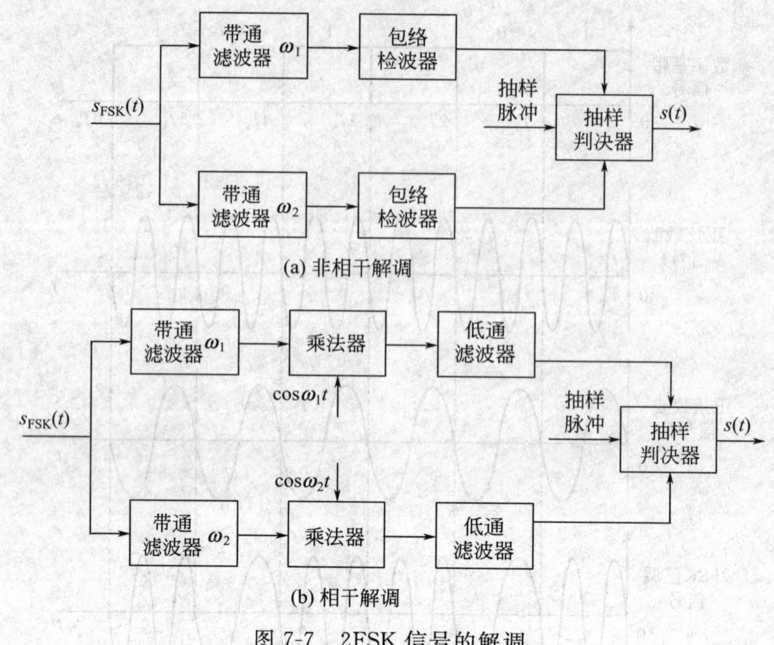

图 7-7　2FSK 信号的解调

令概率 $P=\frac{1}{2}$，只需将 2ASK 信号频谱中的 f_c 分别替换为 f_1 和 f_2，然后代入上式，即可得到 2FSK 信号的功率谱密度曲线，如图 7-8 所示。

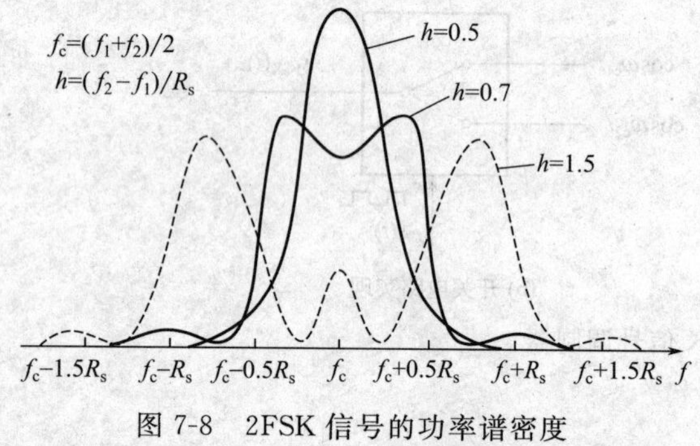

图 7-8　2FSK 信号的功率谱密度

由图 7-8 可知：

① 2FSK 信号的功率谱由连续谱和离散谱组成。其中，连续谱由两个中心位于 f_1 和 f_2 处的双边谱叠加而成，离散谱位于两个载频 f_1 和 f_2 处；

② 连续谱的形状随着两个载频之差的大小而变化，若 $|f_1-f_2|<f_s$，连续谱在 f_c 处出现单峰；若 $|f_1-f_2|>f_s$，则出现双峰；

③ 若以功率谱第一个零点之间的频率间隔计算 2FSK 信号的带宽，则其带宽近似为

$$B_{FSK}=|f_2-f_1|+2B$$

其中，B 为基带信号的带宽，f_c 为两个载频的中心频率。

7.2.3　二进制相移键控（2PSK）

（1）二进制相移原理

二进制相移键控是用正弦载波的两种相位来表示二进制数字基带信号“1”和“0”自的两种状态。

假设二进制数字基带信号序列 $\{a_n\}$ 由“0”和“1”组成，其中发送数字信号“1”的概率为 P，则发送数字信号“0”的概率为 $1-P$，且统计独立。数字基带信号的表达式为

$$s(t)=\sum^{\infty}a_n g(t-nT_s)\cos\omega_c t$$

则 2PSK 信号的表达式为

$$s_{2PSK}(t)=\sum_{n=-\infty}^{\infty} a_n g(t-nT_s)\cos\omega_c t$$

其中 $a_n=\begin{cases}+1 & 概率为 P\\ -1 & 概率为 1-P\end{cases}$

当在一个码元周期 T_s 内对 2PSK 信号进行观察，其观察值为

$$s_{2PSK}(t)=\begin{cases}\cos(\omega_c t+0) & 概率为 P\\ \cos(\omega_c t+\pi)=-\cos(\omega_c t+0) & 概率为 1-P\end{cases}$$

假设某数字基带信号的序列为 {1 0 1 1 0 1}，则该序列所对应的 2PSK 波形如图 7-9 所示。

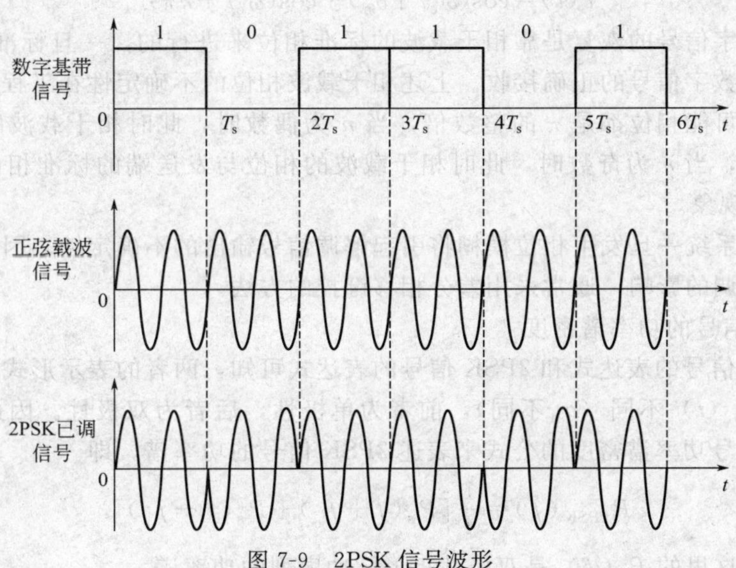

图 7-9　2PSK 信号波形

2PSK 信号的产生可以采用模拟调相的方式，也可以采用开关电路的键控方式，实际中多采用键控方式实现。2PSK 信号键控实现的原理如图 7-10 所示。

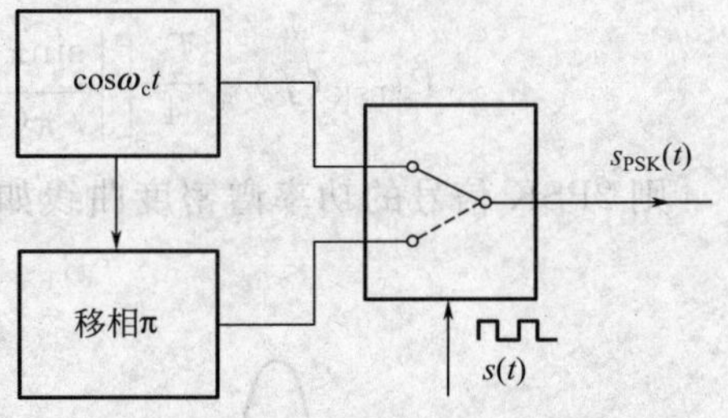

图 7-10　2PSK 键控实现的原理框图

(2) 2PSK 信号的解调

2PSK 信号具有恒定的包络，因而不能用包络解调法解调，应采用相干解调器解调，其原理框图如图 7-11 所示。

在 2PSK 信号相干解调中，接收端需要一个相干载波，该相干载波信号通常都是从 2PSK 已调信号中提取的。但是，通过对 2PSK 信号进行频谱分析发现，该信号中并不含有离散的载波分

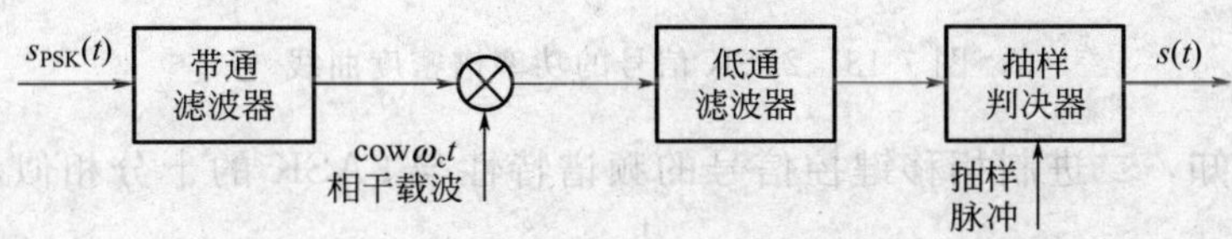

图 7-11　2PSK 信号的相干解调原理框图

量，需要通过非线性变换来产生离散的载波分量。实现这种非线性变换的电路常为含有锁相环的平方电路，其原理如图 7-12 所示。

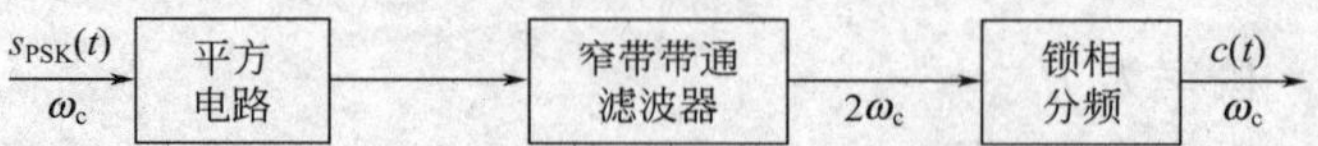

图 7-12　含有锁相环的平方电路相干载波提取

2PSK 信号通过平方电路后将产生一个 $2f_c$ 的新频率成分，经过窄带滤波器以后便可得到频率为 $2f_c$ 的正弦信号，它通过锁相环分频便可得到一个频率和载波频率相同的正弦信号。但是，在提取过程中，由于锁相环本身就是一个非线性电路，当它处于稳定平衡状态时，输出相位将有多个可能值，且为 π 的整数倍，即

$$c(t)=\cos(\omega_c t+\theta_n)+\cos(\omega_c t+n\pi)$$

而接收端数字信号的恢复是靠相干载波的标准相位来进行的，一旦标准相位发生变化，将会直接影响到数字信号的正确接收。上述相干载波相位的不确定性在工程上就称为相位模糊，由于出现的可能相位都是 π 的整数倍，当 n 为偶数时，此时相干载波的相位与发送端的标准相位相同，当 n 为奇数时，此时相干载波的相位与发送端的标准相位恰好相反，故又叫作“倒 π”现象。

由此可见，系统一旦发生相位模糊将引起解调信号输出的不确定性。因此，为了克服相位模糊对相干解调的影响，通常采用差分相移键控的方法。

（3）2PSK 信号的功率谱密度

比较 2ASK 信号的表达式和 2PSK 信号的表达式可知，两者的表示形式完全一样，区别仅在于基带信号 $s(t)$ 不同（a_n 不同），前者为单极性，后者为双极性。因此，我们可以直接引用 2ASK 信号功率谱密度的公式来表述 2PSK 信号的功率谱，即

$$P_{2PSK}(f)=\frac{1}{4}[P_s(f+f_c)+P_s(f-f_c)]$$

应当注意，这里的 $P_s(f)$ 是双极性矩形脉冲序列的功率谱。

若概率 $P=\frac{1}{2}$，并考虑到矩形脉冲的频谱，则 2PSK 信号的功率谱密度

$$P_{2PSK}(f)=\frac{T_s}{4}\left[\left|\frac{\sin\pi(f+f_c)T_s}{\pi(f+f_c)T_s}\right|^2+\left|\frac{\sin\pi(f-f_c)T_s}{\pi(f-f_c)T_s}\right|^2\right]$$

则 2PSK 信号的功率谱密度曲线如图 7-13 所示。

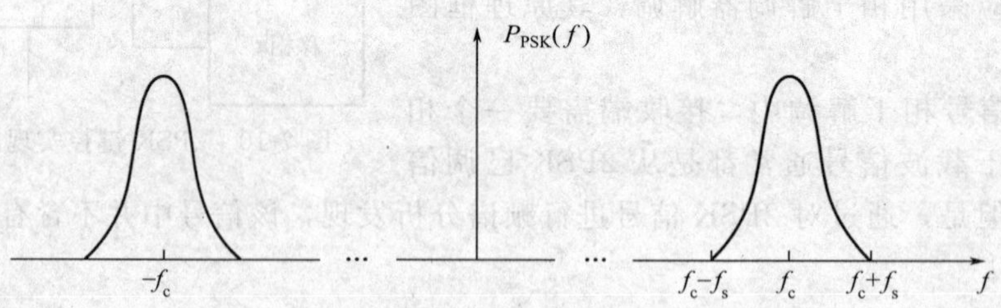

图 7-13　2PSK 信号的功率谱密度曲线

由图 7-13 可知，二进制相移键控信号的频谱特性与 2ASK 的十分相似，带宽也是基带信号带宽的两倍。区别仅在于当概率 $P=\frac{1}{2}$ 时，其谱中无离散谱（即载波分量），此时

2PSK 信号实际上相当于抑制载波的双边带信号。因此，它可以看作是双极性基带信号作用下的调幅信号。

7.2.4　二进制差分相移键控（2DPSK）

（1）二进制差分相移键控的原理

上面已经谈到，2PSK 系统容易发生相位模糊，克服的措施就是采用差分相移键控（记为 DPSK）方式。所谓差分相移键控，是利用前后相邻码元的载波相对相位的变化来传递信息的，所以也称为相对相移键控差（相对的，2PSK 通常称作绝对相移键控，记为 2CPSK）。也就是说，2DPSK 信号的相位并不直接代表基带信号，而前后相邻码元的载波相对相位差才唯一决定信息符号。

假设 $\Delta\varphi$ 为当前码元与前一码元的载波相位差，可定义一种数字信息与 $\Delta\varphi$ 之间的关系为（当然，也可以定义与此相反的关系）

$$\Delta\varphi=\begin{cases}0 & \text{表示数字信息"0"}\\ \pi & \text{表示数字信息"1"}\end{cases}$$

假设某数字基带信号的序列为 {1 0 1 1 0 1}，则该序列所对应的 2DPSK 波形如图 7-14 所示。

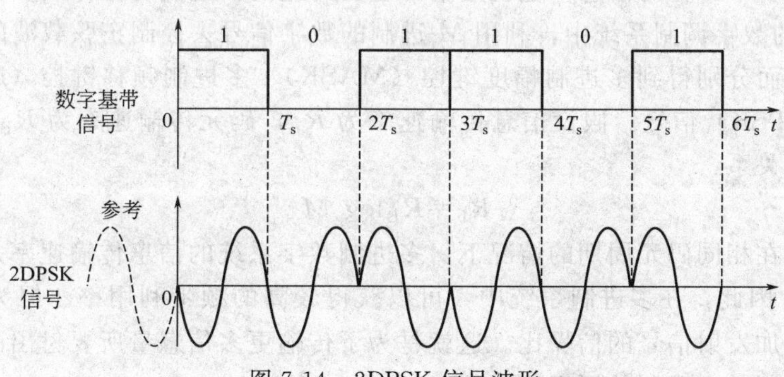

图 7-14　2DPSK 信号波形

2DPSK 信号的产生是通过码变换加 2PSK 调制产生，其产生原理如图 7-15 所示。这种方法是把基带信号经过绝对码—相对码（差分码）变换后，根据相对码进行绝对相移键控，其输出便是 2DPSK 信号。

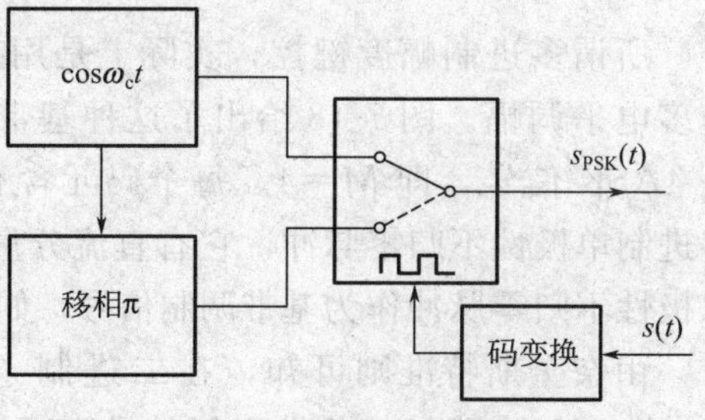

图 7-15　2DPSK 信号实现的原理框图

（2）2DPSK 信号的解调

2DPSK 信号的解调可以采用相干解调，也可以采用差分相干解调。相干解调中，由于解调出来的数字序列为相对码，故在接收端还要经过一个码反变换电路，将相对码转换成绝对码。相干解调的原理如图 7-16 所示。

2DPSK 差分相干解调实际上是把信号中当前码元的相位与前一码元的相位进行比较，通常又称作相位比较法。差分相干解调中由于不需要提取相干载波，因而在恢复相干载波比较困难的情况下，将得到很好的应用。差分相干解调的原理如图 7-17 所示。

需要注意的是，由于 2PSK 信号和 2DPSK 信号可以用同一个时间函数来表示，因此这两种信号具有相同的频谱特性和相同的带宽。

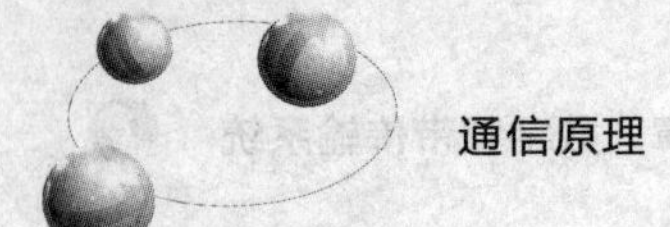

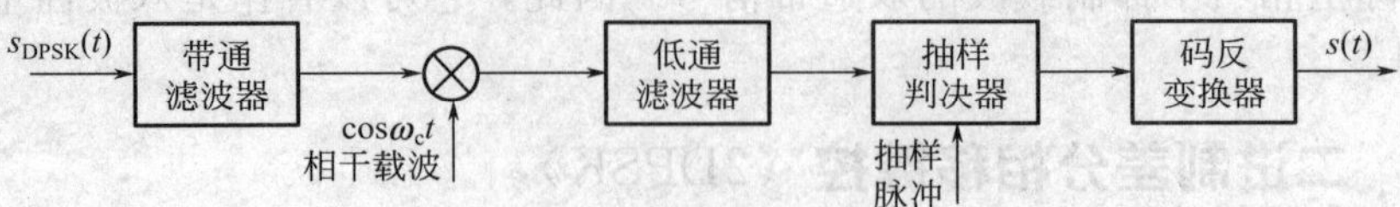

图 7-16　2DPSK 信号的相干解调原理框图

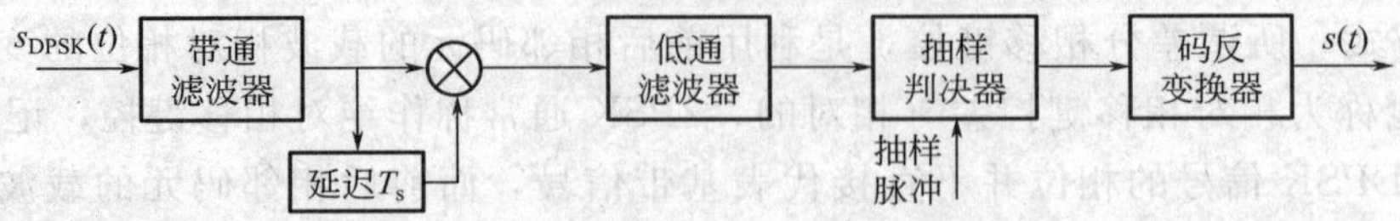

图 7-17　2DPSK 差分相干解调原理框图

7.3　多进制数字调制原理

二进制数字调制是数字调制系统的最基本方式，具有较强的抗干扰能力，但系统中每个码元只传输 1 比特信息，其频带利用率不高。为了提高通信系统的有效性，最有效的办法是使一个码元传输多个比特的信息，这就是本节将要讨论的多进制键控体制。

在 M 进制的数字调制系统中，利用 M 进制的数字信号去控制正弦载波的幅度、频率和相位的变化，从而分别得到多进制幅度键控（MASK）、多进制频移键控（MFSK）和多进制相移键控（MPSK）信号。假设信息传输速率为 R_b，码元传输速率为 R_B，则在 M 进制的情况下有如下关系：

$$R_b = R_B \log_2 M$$

由此可见，在相同码元周期的情况下，多进制数字系统的信息传输速率是二进制数字系统的 $\log_2 M$ 倍。因此，在多进制系统中，可以获得较高的频带利用率。但为了保证一定的误码率，需要增加发射信号的信噪比。这就是为了传输更多信息量所要付出的代价。下面分别介绍几种多进制数字调制的原理。

7.3.1　多进制幅度键控

所谓多进制幅度键控，实际上是用 M 个离散电平值去控制载波幅度的过程，因此又称作多电平调幅。图 7-18 给出了这种基带信号和相应的 MASK 信号的波形举例。图中的信号是 4ASK 信号，即 $M=4$。每个码元含有 2 比特的信息。在图 7-18(a) 中示出的基带信号是多进制单极性不归零脉冲，它有直流分量，此时的已调信号如图 7-18(b) 所示；若改用多进制双极性不归零脉冲作为基带调制信号，如图 7-18(c) 所示，此时的已调信号如图 7-18(d) 所示。

由奈奎斯特准则可知，在二进制条件下，对于基带信号，信道频带利用率最高可达 2bit/s · Hz，即每赫兹带宽每秒最多可以传输 2 比特的信息。按照这一准则，由于 2ASK 信号的带宽是基带信号的 2 倍，故其频带利用率最高是 1bit/s · Hz。又因为，在码元周期为 T 时，数字基带信号的带宽可以近似为 $1/T$，即 MASK 信号的带宽和 2ASK 信号的带宽相同，故 MASK 信号的频带利用率可以超过 1bit/s · Hz。

多进制幅度键控系统的频带利用率 η 的计算公式为

$$\eta = \frac{R_b}{B} = \frac{R_s \log_2 M}{B} = \frac{1/T \cdot \log_2 M}{2/T} = \frac{\log_2 M}{2}$$

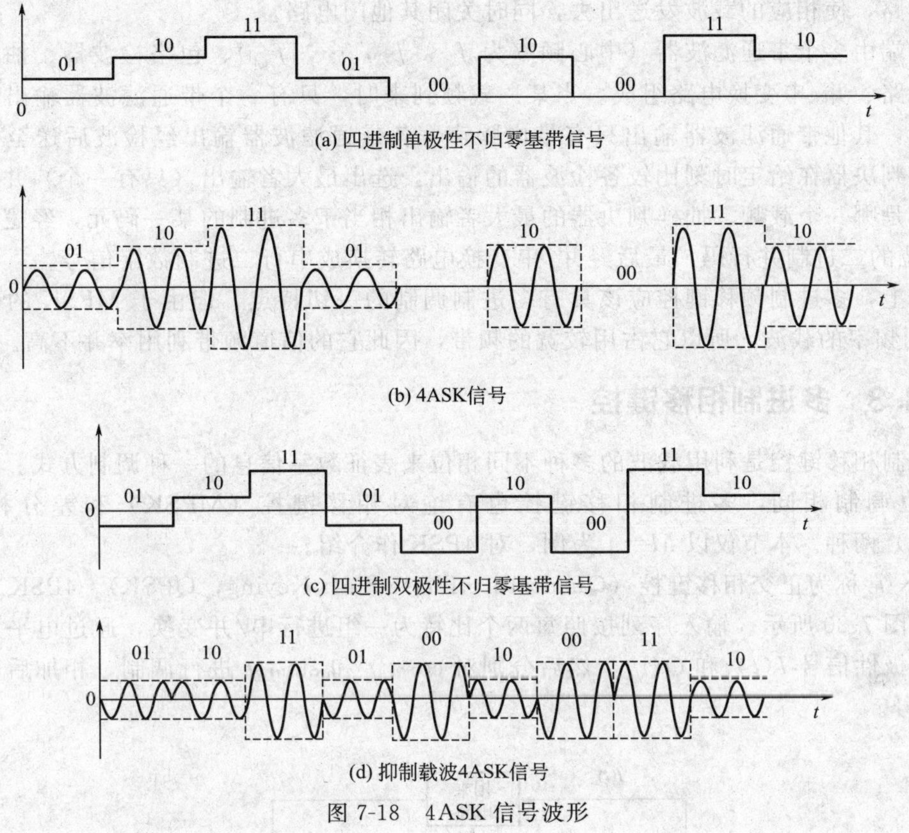

图 7-18　4ASK 信号波形

7.3.2　多进制频移键控

多进制频移键控是用多个频率的正弦载波代表不同的多进制数字信号，且在某一码元间隔内只发送其中一个频率，每个频率的振荡可代表一个多进制码。多进制频移键控系统的组成方框图如图 7-19 所示。

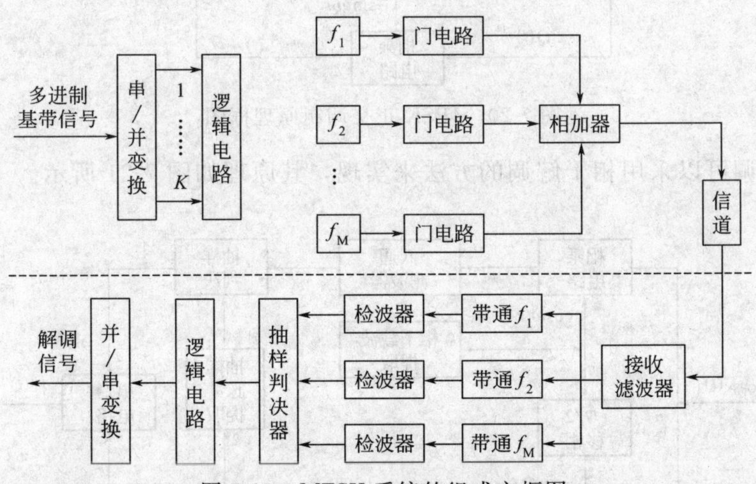

图 7-19　MFSK 系统的组成方框图

发送端串/并变换是把输入的串行二进制码每 K 位分成一组，由逻辑电路转换成具有多种状态（$M=2^K$ 个状态）的多进制码。当某组二进制到来时，逻辑电路的输出打开相应的某个门电路，使相应的载波发送出去，同时关闭其他门电路。

接收端由多个带通滤波器（中心频率为 f_1，f_2，…，f_M）、包络检波器、抽样判决器及逻辑电路、并/串变换电路组成。当某一载频到来时，只有一个带通滤波器输出有信号和带内噪声，其他带通滤波器输出只有带内噪声。各带通滤波器输出经检波后送至抽样判决器，抽样判决器在给定时刻比较各检波器的输出，选出最大者输出（只有一个）并以此判决发送来的是哪一个载频。抽样判决器的最大者输出相当于多进制的某一码元，经逻辑电路转换成 K 位的二进制并行码，最后经并/串变换电路转换成串行二进制数字信号。

理论上，多进制频移键控应该具有多进制调制的一切特点，但由于 MFSK 的码元采用 M 个不同频率的载波，所以它占用较宽的频带，因此它的信道频带利用率并不高。

7.3.3 多进制相移键控

多进制相移键控是利用载波的多种不同相位来表征数字信息的一种调制方式。与二进制数字相位调制相同，多进制相移键控也有绝对相移键控（MPSK）和差分相移键控（MDPSK）两种。本节仅以 $M=4$ 为例，对 4PSK 作介绍。

4PSK 常称为正交相移键控（Quadrature Phase Shift Keying，QPSK）。4PSK 调制的原理框图如图 7-20 所示。输入序列按照每两个比特为一组进行串/并变换，通过电平发生器分别产生双极性信号 $I(t)$ 和 $Q(t)$，然后分别对 $\cos\omega_c t$ 和 $\sin\omega_c t$ 进行调制，相加后即可得到 4PSK 信号。

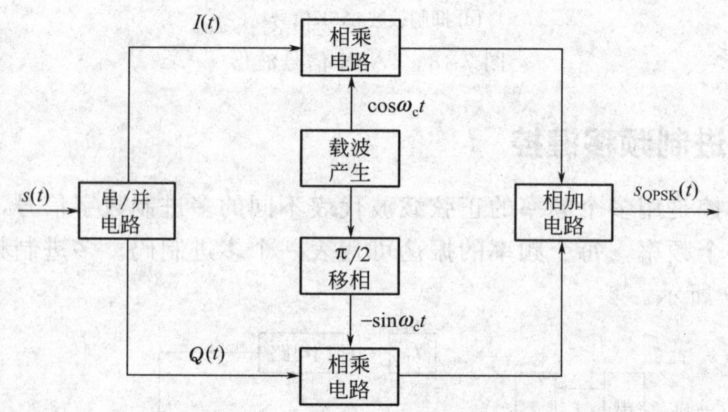

图 7-20 4PSK 正交调制原理框图

4PSK 的解调可以采用相干解调的方法来实现，其原理如图 7-21 所示。

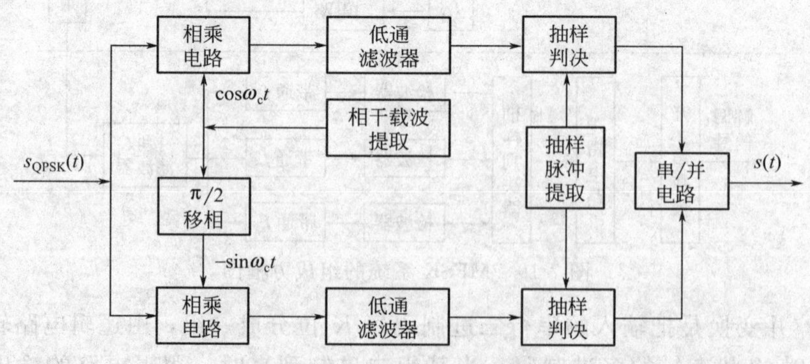

图 7-21 4PSK 相干解调原理

在 4PSK 系统中，相位的取值通常有 A、B 两种方式，具体如图 7-22 所示。

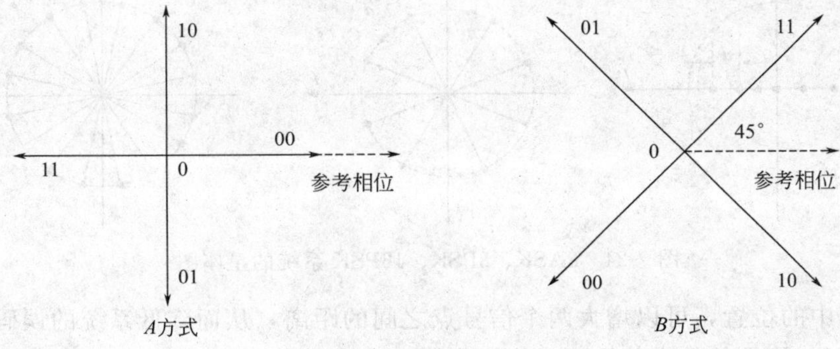

图 7-22　4PSK 系统的相位

通常情况下，A 方式中的相位大都是连续变化的，而 B 方式中的相位都是跳跃变化的。在实际的应用系统中，B 方式被多数相移键控系统所采用，因为相位的跳跃变化有利于接收端提取定时信息。

7.4　新型数字调制技术

前面讨论了数字调制的三种基本方式：幅度键控、频移键控和相移键控。这三种数字调制方式是数字调制的基础。然而，这三种数字调制方式都存在某些不足，如频谱利用率低、抗多径衰落能力差、功率谱衰减慢、带外辐射严重等。为了改善这些不足，近几十年来人们陆续提出一些新的数字调制技术，以适应各种新的通信系统的要求，比如 QAM (Quadrature Amplitude Modulation，正交幅度调制)、MSK (Minimum Frequency Shift Keying，最小频移键控)、OQPSK (Offset-QPSK，交错正交相移键控)、GMSK (Guassian Minimum Shift Keying，高斯最小移频键控) 等。这些调制技术主要是围绕着寻找频带利用率高，同时抗干扰能力强的调制方式而展开的。本节仅以 QAM 为代表介绍现代数字调制技术。

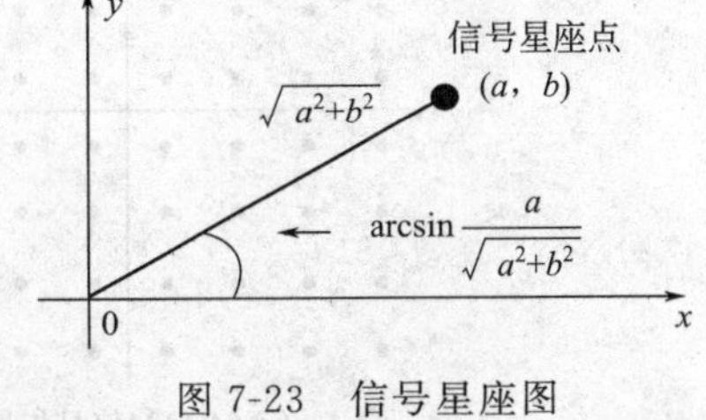

图 7-23　信号星座图

在介绍 QAM 之前，先引入星座图的概念。所谓信号星座，即坐标系上的一个点阵，该点阵定义了信号所有状态的变化，如图 7-23 所示。其中的点由长度（点到原点的距离）及它和水平坐标轴的夹角所确定。

由星座图不难看出，当两个信号点的距离越近时，其信号波形就越接近，也就越容易受到噪声的干扰而造成误判。图 7-24 示出了 8ASK、8PSK、16PSK 系统的星座图。

从图 7-24 可以看出，8ASK 的信号点是分布在一条直线上的，而 8PSK 的信号点则分布在一个圆周上。很明显，8ASK 系统中两信号点的距离小于 8PSK 系统，故 8PSK 系统抗干扰能力强于 8ASK 系统。对于 8PSK 和 16PSK 系统来讲，16PSK 系统两信号点的距离明显小于 8PSK 系统，这就意味着在相同噪声条件下，16PSK 系统将有更高的误码率。

为了增加两信号点的距离，可以采用增加发射功率的方法，即增加圆周半径。但在许多通信系统中，发射功率常常受到限制。所以，在不增加信号平均功率的前提下，通过安排信

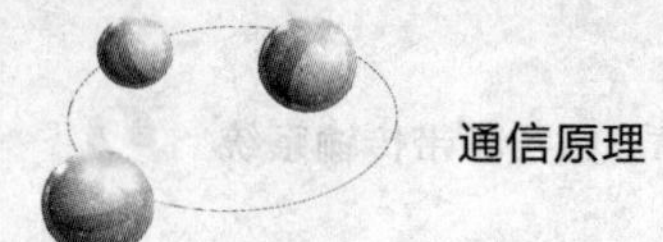

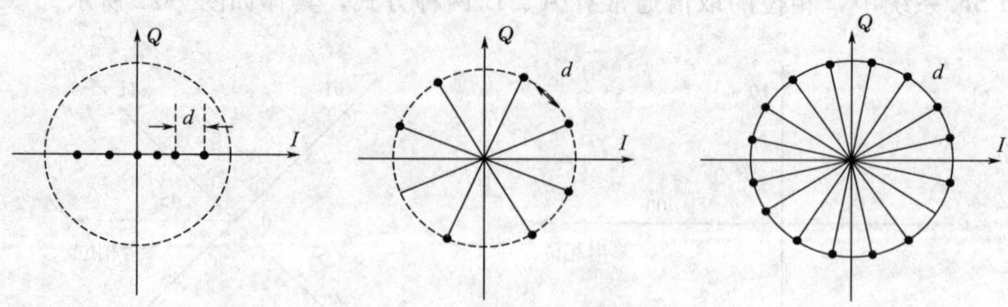

图 7-24　8ASK、8PSK、16PSK 系统的星座图

号点在星座图中的位置，可以增大两个信号点之间的距离，从而降低系统的误码率。正交振幅调制（QAM）就是基于这种思想，将幅度调制和相位调制结合起来构建的一种新的调制方式。图 7-25 示出了四种 QAM 的星座图。

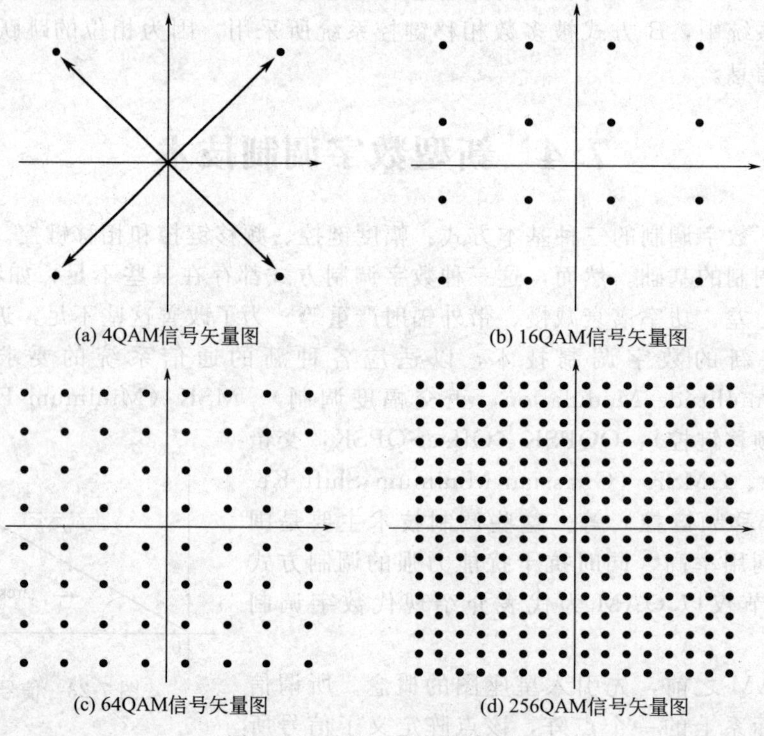

图 7-25　QAM 系统的星座图

本章小结 ▶▶▶

(1) 用数字基带信号控制高频载波，把数字基带信号变换为数字频带信号的过程称为数字调制。这里调制信号是数字基带信号，载波是正弦波。包括调制和解调过程的传输系统称为数字信号的频带传输系统。

(2) 二进制数字调制的基本方式有：2ASK（载波信号的振幅变化）、2FSK（载波信号的频率变化）和 2PSK（载波信号的相位变化）。由于 2PSK 解调中存在相位不确定性，又发展出了 2DPSK（差分相移键控）。

(3) 对 2ASK 和 2PSK 已调信号作频谱分析可知，其传输带宽近似等于基带数字序列带

宽的两倍，即 $B=\frac{2}{T_s}$。而 2FSK 已调信号的带宽则比两倍基带信号带宽还大，$B=\frac{2}{T_s}+|f_1-f_2|$。

(4) 与二进制数字调制技术相比，多进制数字调制技术的优点是：可以提高频带利用率。在传输带宽相同时，可以提高信息传输速率，在信息传输速率相同时，可以减小传输带宽。

(5) 新型调制技术主要是围绕着寻找频带利用率高，同时抗干扰能力强的调制方式而展开的。QAM 就是利用振幅和相位联合键控来传输信息的一种新型调制技术。

思考题与习题 ▶▶▶

7-1　假设某二进制信息序列为 100101001 1，采用 2ASK 方式进行传输。已知码元传输速率为 2400Baud，载频为 4800Hz。

① 画出该二进制信息序列的 2ASK 时域波形图；

② 画出该 2ASK 信号采用非相干解调的原理图和时域波形图；

③ 计算二进制信息序列和所对应的 2ASK 已调信号的传输带宽。

7-2　已知某二进制信息序列为 11010010，采用 2FSK 方式进行传输。其中码元传输速率为 1200Baud，“1”码的载频为 2400Hz，“0”码的载频为 3600Hz。

① 画出 2FSK 信号的时域波形图及调制器原理框图；

② 画出 2FSK 采用非相干解调的原理波形图；

③ 计算二进制序列和所对应的 2FSK 已调信号的传输带宽。

7-3　已知某二进制信息序列为 01101101，分别采用 2PSK、2DPSK 进行传输。其中码元周期是载波周期的两倍。

① 根据二进制信息序列写出相对码序列；

② 画出在 B 方式下 2PSK 和 2DPSK 的时域波形图；

③ 解释相位模糊的现象。

7-4　设发送的绝对码序列为 011010，采用 2DPSK 方式传输。已知码元传输速率为 1200Baud/s，载波频率为 1800Hz。定义相位差 $\Delta\varphi$ 为后一码元起始相位和前一码元结束相位之差：

① 若 $\Delta\varphi=0°$ 代表“0”，$\Delta\varphi=180°$ 代表“1”，试画出这时的 2DPSK 信号波形；

② 若 $\Delta\varphi=270°$ 代表“0”，$\Delta\varphi=90°$ 代表“1”，则这时的 2DPSK 信号波形又如何？

第 8 章 信道复用与多址技术

【本章导读】

- 信道复用与多址通信
- 复用方式及特点
- 复接与分接的概念
- 常用多址通信技术及特点

8.1 概 述

在实际的通信系统中，信道的带宽或容量往往比传输一路信号所需的带宽大得多，为了降低成本，充分利用信道资源，常采用信道复用技术。所谓信道复用，就是把多路互不相干的信号整合到一个信道中进行传输的过程。常用的信道复用方式有：频分多路复用（Frequency Division Multiplexing，FDM）、时分多路复用（Time-Division Multiplexing，TDM）和码分多路复用（Code-Division Multiplexing，CDM）等。其中，频分多路复用是通过调制将各路信号的频谱分别搬移到不同的载波频段进行传输，因此，频分多路复用是通过频率来区分多路信号的，其多用于模拟通信；时分多路复用通常是通过抽样将多路信号分别安排在固定的时隙（时间片）上进行传输，因此时分多路复用是通过时间来区分多路信号的，其广泛应用于数字通信，由于各种原因，时分复用技术的标准未能统一，存在着两种不同的制式，三套不同的标准。为此，ITU-T 制定了统一的标准来解决这一问题，这套标准即为数字复接等级标准；码分多路复用通常使用扩频码序列来区分多路信号。通常情况下，在发送端将各路信号合并到一个信道上传输的过程称为复接，在接收端分开并恢复各路信号的过程称为分接。

与信道复用技术相对应的是多址技术，现代通信通常需要在移动多用户点间进行通信，而在有线通信（针对电话交换网）中，多用户点间相互通信问题往往采用交换技术解决。早期的无线通信是以点对点通信为主，但是当卫星通信系统和移动通信系统等新的通信系统开始发展后，用户的位置分布面很广，而且可能在大范围随时移动。为了区分和识别动态用户地址，引出了“多址”这个术语。所谓多址技术，是指把处于不同地址的多个用户接入一个公共的传输媒介，实现各用户之间的通信技术。例如，在卫星通信中，多个地球站通过公共的卫星转发器来实现各地球站之间的相互通信；在蜂窝移动通信中，则是多个移动用户通过公共的基站来实现各用户的相互通信。因此，多址技术也是在通信系统内信道复用的一种方法。多址技术又称为“多址连接”。常见的多址通信系统主要有频分多址（Frequency Division Multiple Access，FDMA）、时分多址（Time Division Multiple Access，TDMA）和码分多址（Code Division Multiple Access，CDMA）。

多路复用和多址技术都是为了共享通信资源、解决信道复用的问题。它们在通信过程中都包括多个信号的复合、复合信号在信道上的传输以及信号的分离三个过程。这两种技术有许多相同之处，但是它们之间也有一些区别。一般来说，多路复用通常在中频或基带实现；

通信资源是预先分配给各用户共享的。而多址技术通常在射频实现，是远程共享通信资源，并在一个系统控制器的控制下，按照用户对通信资源的需求，随时动态地改变通信资源的分配。多路复用技术和多址技术都是现代通信系统中的关键技术。本章主要讨论这两种技术的基本原理。

8.2 常用的信道复用技术

8.2.1 频分多路复用

一般的通信系统的信道所能提供的带宽往往要比传送一路信号所需的带宽宽得多。因此，如果一条信道只传输一路信号是非常浪费的。为了充分利用信道的带宽，提出了信道的频分复用。频分复用就是在发送端利用不同频率的载波将多路信号的频谱调制到不同的频段，以实现多路复用。频分复用的多路信号在频率上不会重叠，合并在一起通过一条信道传输，到达接收端后可以通过中心频率不同的带通滤波器彼此分离开来。

图 8-1 示出了一个频分复用系统的组成框图。假设共有 n 路复用的信号，每路信号首先通过低通滤波器（LPF）变成频率受限的低通信号。简便起见，假设各路信号的最高频率 f_H 都相等。然后，每路信号通过载频不同的调制器进行频谱搬移。一般来说调制的方式原则上可任意选择，但最常用的是单边带调制，因为它最节省频带。因此，图 8-1 中的调制器由相乘器和边带滤波器（SBF）构成。

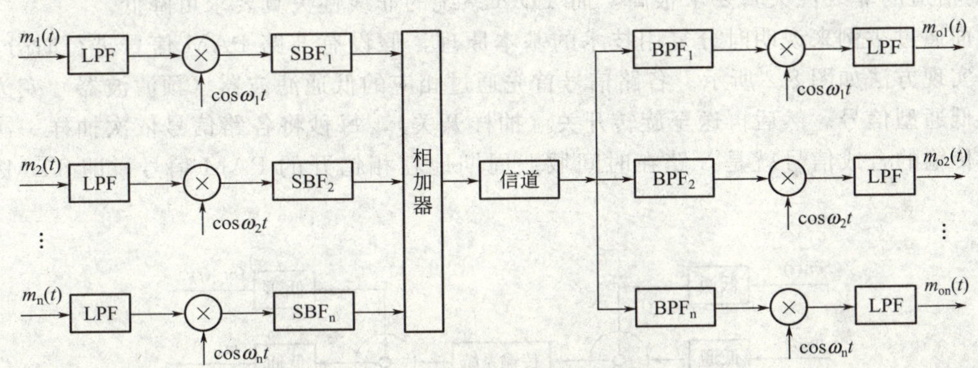

图 8-1　频分复用系统组成框图

在选择载频时，为了各路信号频谱不重叠，要求载频间隔

$$f_c = f_{c(i+1)} - f_{ci} = f'_m + f_g \quad i=1,2,\cdots,n$$

式中，f_{ci} 和 $f_{c(i+1)}$ 分别为第 i 和（$i+1$）路的载波频率。f'_m 是每一路已调信号的频谱宽度，f_g 为邻路间隔防护频带。

经过调制的各路信号，在频率位置上被分开。通过相加器将它们合并成适合信道内传输的频分复用信号。N 路复用信号的总频带宽度为

$$B_n = nf'_m + (n-1)f_g = (n-1)f_s + f'_m$$

在接收端，可利用相应的带通滤波器（BPF）来区分开各路信号的频谱。然后，再通过各自的相干解调器便可恢复各路调制信号。

频分复用信号原则上可以直接在信道中传输，但在某些应用中，还需要对合并后的复用信号再进行一次调制。第一次对多路信号调制所用的载波称为副载波，第二次调制所用的载

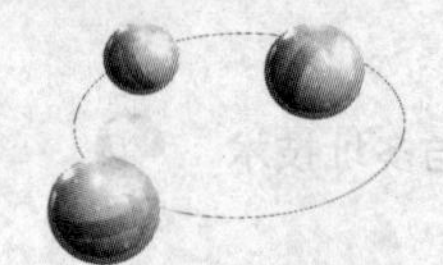

波称为主载波。频分复用系统的主要优点是信道复用路数多、分路方便。因此它曾经在多路模拟电话通信系统中获得广泛应用，国际电信联盟（ITU）对此制定了一系列建议。例如，ITU 将一个 12 路频分复用系统统称为一个“基群”，它占用 48kHz 带宽；将 5 个基群组成一个 60 路的“超群”。用类似的方法可将几个超群合并成一个“主群”；几个主群又可合并成一个“巨群”。频分复用主要缺点是设备庞大复杂，成本较高，还会因为滤波器件特性不够理想和信道内存在非线性而出现路间干扰，故近年来已经逐步被更为先进的时分复用技术所取代。不过在电视广播中图像信号和声音信号的复用、立体声广播中左右声道信号的复用，仍然采用频分复用技术。

8.2.2 时分多路复用

(1) 时分多路复用的原理

时分复用是建立在抽样定理基础上的。抽样定理指明：满足一定条件下，时间连续的模拟信号可以用时间上离散的抽样脉冲值代替。因此，如果抽样脉冲占据较短时间，在抽样脉冲之间就留出了时间空隙，利用这种空隙便可以传输其它信号的抽样值。时分复用就是利用各路信号的抽样值在时间上占据不同的时隙，来达到在同一信道中传输多路信号而互不干扰的一种方法。与频分复用相比，时分复用具有以下主要优点：

① TDM 多路信号的合路和分路都是数字电路，比 FDM 的模拟滤波器分路简单、可靠；

② 信道的非线性会在 FDM 系统中产生交调失真和多次谐波，引起路间干扰，因此 FDM 对信道的非线性失真要求很高。而 TDM 系统的非线性失真要求可降低。

下面通过举例来说明时分复用技术的基本原理，假设有 3 路 PAM 信号进行时分复用，其具体实现方法如图 8-2 所示。各路信号首先通过相应的低通滤波器（预滤波器）变为频带受限的低通型信号。然后再送至旋转开关（抽样开关），每秒将各路信号依次抽样一次，在信道中传输的合成信号就是 3 路在时间域上周期地互相错开的 PAM 信号，即 TDM-PAM 信号。

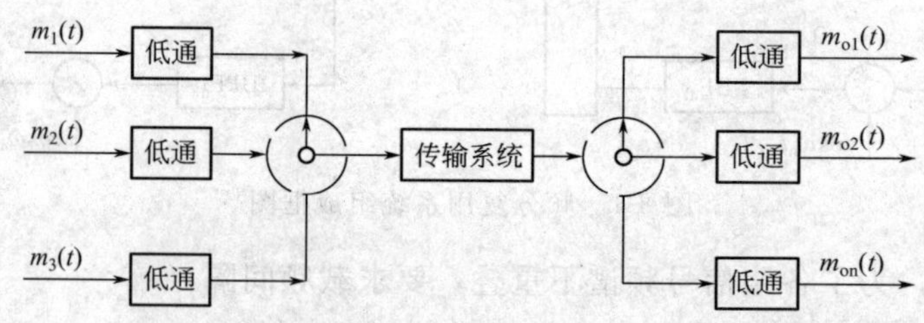

图 8-2　3 路 PAM 信号时分复用原理图

抽样时各路每轮一次的时间称为一帧，长度记为 T_s，它就是旋转开关旋转一周的时间，即一个抽样周期。一帧中相邻两个抽样脉冲之间的时间间隔叫做路时隙（简称为时隙），即每路 PAM 信号每个样值允许占用的时间间隔，记为 $T_a = T_s/n$，这里复用路数 $n=3$。3 路 PAM 信号时分复用的帧和时隙如图 8-3 所示。

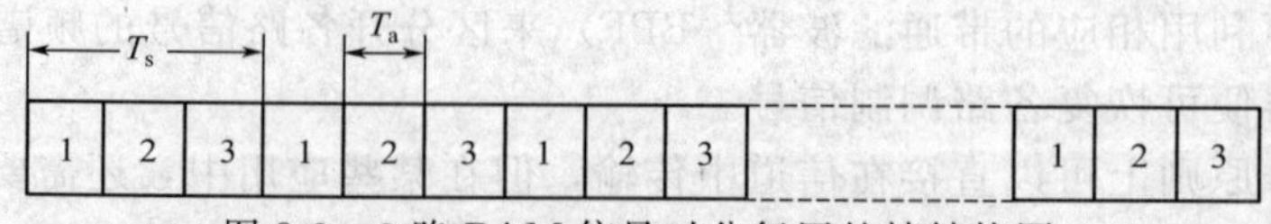

图 8-3　3 路 PAM 信号时分复用的帧结构图

上述概念可以推广到 n 路信号进行时分复用。多路复用信号可以直接送入信道进行基带传输，也可以加至调制器后再送入信道进行频带传输。在接收端，合成的时分复用信号由旋转开关依次送入各路相应的低通滤波器，重建或恢复出原始的模拟信号。需要指出的是，TDM 中发送端的抽样开关和接收端的分路开关必须保持同步。

TDM-PAM 系统目前在通信中几乎不再采用。抽样信号一般都在量化和编码后以数字信号的形式传输，目前电话信号采用最多的编码方式是 PCM 和 DPCM。

(2) PCM30/32 路系统

对于多路数字电话系统，国际上有两种标准化制式，即 PCM 30/32 路制式（E 体系）和 PCM 24 路制式（T 体系）。中国规定采用的是 PCM 30/32 路制式，一帧共有 32 个时隙，可以传送 30 路电话，即复用的路数 $n=32$ 路，其中话路数为 30。PCM 30/32 路系统的帧结构如图 8-4 所示。

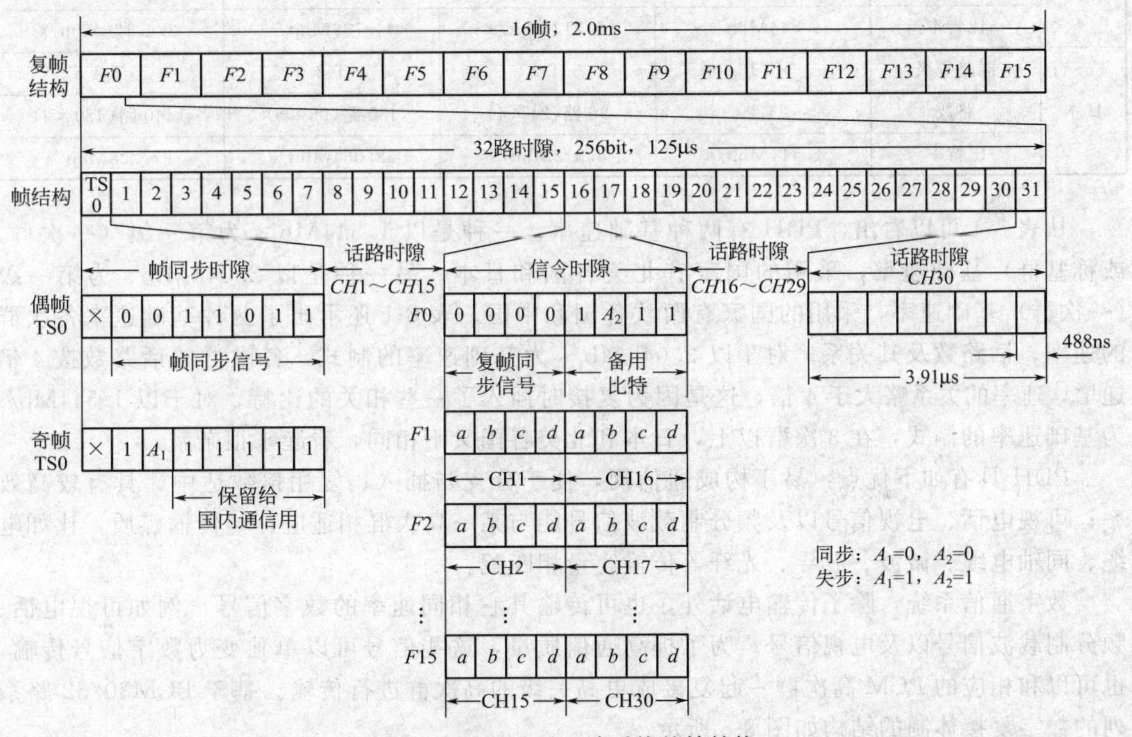

图 8-4　PCM 30/32 路系统的帧结构

从图 8-4 中可以看到，在 PCM 30/32 路的制式中，一个复帧由 16 帧组成，一帧由 32 个时隙组成，一个时隙有 8 个比特。对于 PCM30/32 路系统，由于抽样频率为 8000Hz，因此，抽样周期（即 PCM 30/32 路的帧周期）为 $1/8000=125\mu s$；一个复帧由 16 帧组成，这样复帧周期为 2ms；一帧内包含 32 路，则每路占用的时隙为 $125/32=3.91\mu s$；每时隙包含 8 位折叠二进制，因此，位时隙占 488ns。

从传输速率来讲，每秒钟能传送 8000 帧，而每帧包含 $32\times8=256$bit，因此，传码率为 2.048MBaud/s，信息速率为 2.048Mbps。

前面讨论的 PCM30/32 路（或 PCM24 路）时分多路系统，称为数字基群（即一次群）。为了能使宽带信号（如电视信号）通过 PCM 系统传输，就要求有较高的传码率。因此提出了采用数字复接技术把较低群次的数字流汇合成更高速率的数字流，以形成 PCM 高次群

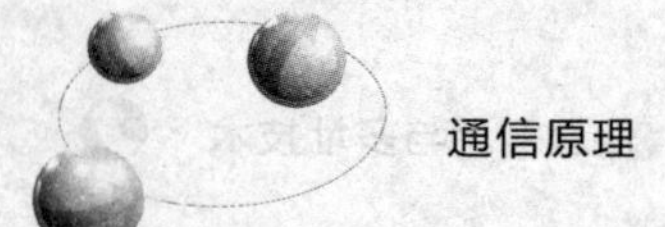

系统。

PCM高次群都是采用准同步方式进行复接的，因此称为准同步数字系列(Plesiochronous Digital Hierarchy，PDH)。CCITT推荐了两种一次、二次、三次和四次群的数字等级系列，如表8-1所示。

表 8-1　数字复接系列（准同步数字系列）

地区	系列	一次群(基群)	二次群	三次群	四次群
中国欧洲	群路等级	E-1	E-2	E-3	E-4
	路数	30路	120路(30×4)	480路(100×4)	1920路(480×4)
	比特率	2.048Mbit/s	8.448Mbit/s	34.368Mbit/s	139.264Mbit/s
北美	群路等级	T-1	T-2	T-3	T-4
	路数	24路	96路(24×4)	672路(96×7)	4032路(672×6)
	比特率	1.544Mbit/s	6.312Mbit/s	44.736Mbit/s	274.176Mbit/s
日本	群路等级	T-1	T-2	T-3	T-4
	路数	24路	96路(24×4)	480路(96×5)	1440路(480×3)
	比特率	1.544Mbit/s	6.312Mbit/s	32.064Mbit/s	97.728Mbit/s

从表8-1可以看出，PDH有两种基础速率：一种是以1.544Mb/s为第一级（一次群，或称基群）基础速率，采用的国家有北美各国和日本；另一种是以2.048Mb/s为第一级（一次群）基础速率，采用的国家有西欧各国和中国。表8-1还示出了两种基础速率各次群的速率、话路数及其关系。对于以2.048Mb/s为基础速率的制式，各次群的话路数按4倍递增，速率的关系略大于4倍，这是因为复接时插入了一些相关的比特。对于以1.544Mb/s为基础速率的制式，在3次群以上，日本和北美各国又不相同，看起来很杂乱。

PDH具有如下优点：易于构成通信网，便于分支与插入；复用倍数适中，具有较高效率；可视电话、电视信号以及频分制载波信号能与某一高次群相适应；与传输媒质，比如电缆、同轴电缆、微波、波导、光纤等传输容量相匹配。

数字通信系统，除了传输电话外，也可传输其它相同速率的数字信号，例如可视电话、频分制载波信号以及电视信号。为了提高通信质量，这些信号可以单独变为数字信号传输，也可以和相应的PCM高次群一起复接成更高一级的高次群进行传输。基于PCM30/32路系列的数字复接体制的结构如图8-5所示。

(3) 同步数字系列（SDH）

随着光纤通信的发展，准同步数字系列已经不能满足大容量高速传输的要求，不能适应现代通信网的发展要求，其缺点主要体现在以下几个方面：

① 不存在世界性标准的数字信号速率和帧结构标准，不存在世界性的标准光接口规范，无法在光路上实现互通和调配电路；

② 复接方式大多采用按位复接，不利于以字节为单位的现代信息交换；

③ 准同步系统的复用结构复杂，缺乏灵活性，硬件数量大，上、下业务费用高。

基于传统的准同步数字系列的上述弱点，为了适应现代电信网和用户对传输的新要求，必须从技术体制上对传输系统进行根本的改革，为此，ITU制订了TDM制的150Mb/s以上的同步数字系列（Synchronous Digital Hierarchy，SDH）标准。它不仅适用于光纤传输，亦适用于微波及卫星等其它传输手段。它可以有效地按动态需求方式改变传输网拓扑，充分

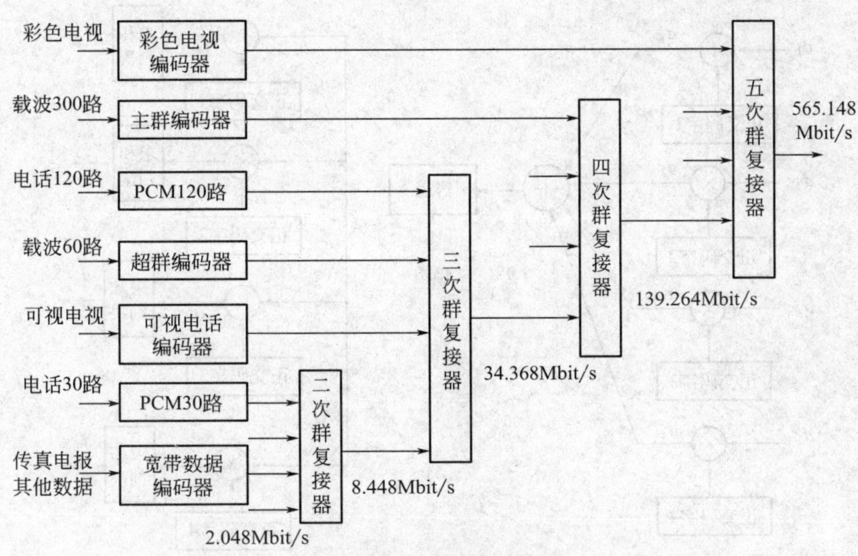

图 8-5　基于 PCM30/32 路系列的数字复接体制

发挥网络构成的灵活性与安全性，而且在网路管理功能方面大大增强。数字复接系列（同步数字系列）如表 8-2 所示。

表 8-2　数字复接系列（同步数字系列）

同步数字系列	STM-1	STM-4	STM-16	STM-64
速率	155.52Mbps	622.08Mbps	2488.32Mbps	9953.28Mbps

由于 SDH 具有同步复用、标准光接口和强大的网络管理能力等优点，在 20 世纪 90 年代中后期得到了广泛应用，而原有的 PDH 数字传输网已逐步纳入到了 SDH 网。

8.2.3　码分多路复用

码分多路复用是在 FDM 和 TDM 的基础上发展起来的一种更加先进的复用技术。在 FDM 中，通信系统的信道被分配给多路信号使用，多路信号共享时间资源，即可以进行同时传送，为了防止多路信号相互干扰，系统中的每一个子信道的频带必须互不重叠，且要留有保护带；在 TDM 中，多路信号分别独占一个时隙，享有整个信道资源，即每一路信号可以使用同频传输。而 CDM 中的多路信号可以同一时间使用整个信道进行数据传输，它在信道与时间资源上均为共享。因此，CDM 信道的效率高，系统的容量大。为了防止多路信号在系统中传输时相互干扰，必须采用正交编码或伪随机码。

四路码分复用的原理如图 8-6 所示。

图 8-7 画出了码分复用系统中各点的波形，由此可以更加深刻理解码分复用系统的工作原理。其中 $d_1 \sim d_4$ 为 4 路信号的数据波形；$W_1 \sim W_4$ 为 4 个正交码，分别为 [1　1　1　1]、[1　−1　1　−1]、[1　1　−1　−1]、[1　−1　−1　1]。$a_1 \sim a_4$ 表示信号 1、2、3、4 与载波相乘后的信号。信道中传输的复用信号为 e，在接收端，复用信号分别和本路的载波相乘、求和，经过抽样判决后恢复出原始的数据 $J_1 \sim J_4$。

8.2.4　正交频分多路复用

传统的频分复用将带宽分成几个子信道进行传输，中间用保护频带来降低干扰。它的频

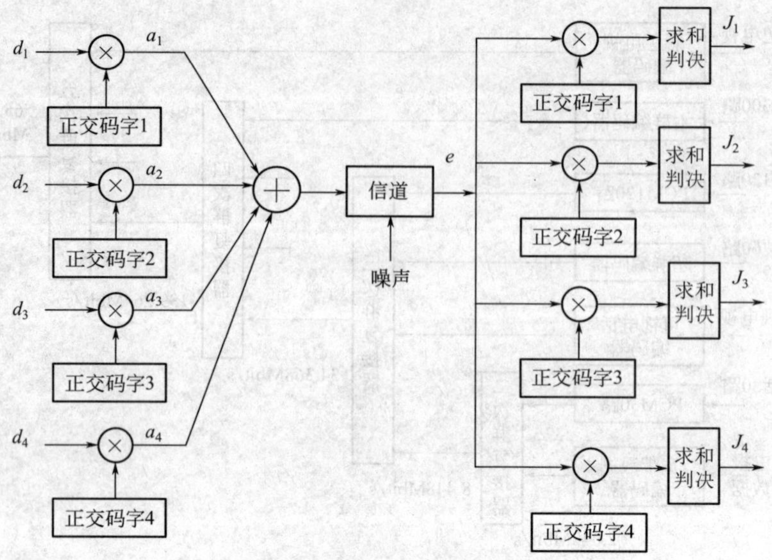

图 8-6　四路码分复用的原理图

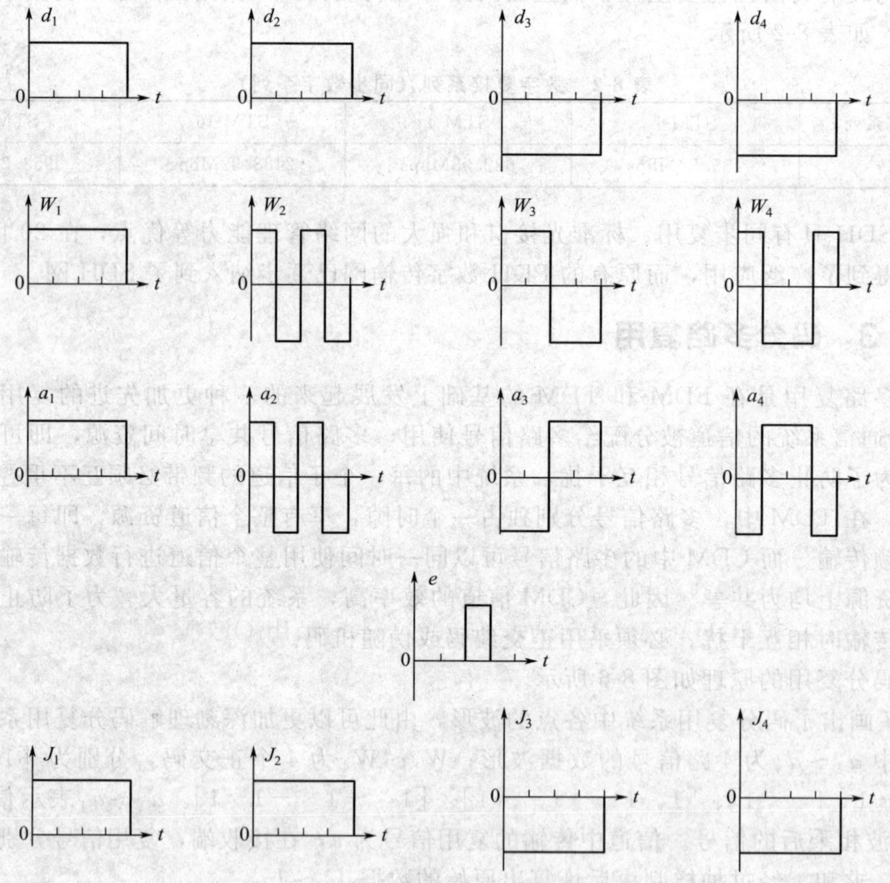

图 8-7　码分多路复用原理图

谱利用率低，子信道之间要留有保护频带，而且随着频分路数的增加，系统实现会更加复杂。正交频分多路复用（Orthogonal Frequency Division Multiplexing，OFDM）是通过无线电波进行大量数字数据传输的频分复用调制技术。它是一种无线环境下的多载波传输技术，也可以看作是一种多载波数字调制技术或多载波数字复用技术。正交频分复用系统由于使用无干扰正交载波技术，单个载波间无需保护频带，比传统的 FDM 系统要求的带宽要小很多，因而带宽利用率较高。正交频分复用在 20 世纪 60 年代中期被首次提出，当时主要用于军用的无线高频通信系统。

正交频分多路复用技术在频域内将给定信道分成许多正交子信道后，在每个子信道上使用一个子载波进行调制，并且各子载波并行传输。这样每个子信道上进行的都是窄带传输，信号带宽小于信道的相应带宽，因此就可以大大消除信号波形间的干扰，能有效对抗频率选择性衰落。为消除多径衰落的影响，在正交频分多路复用符号间加入循环前缀作为保护间隔，能有效地避免 ISI（Inter Symbol Interference，码间干扰）。

正交频分多路复用的基带传输系统原理框图如图 8-8 所示。数据首先经过调制（通常采用 BPSK、QPSK 或 QAM），然后经过快速傅里叶反变换（IFFT），由频域信号转变为时域信号。傅里叶反变换的好处就在于使得各子信道上的信号相互正交，然后经过数/模（D/A）转换，成为正交频分多路复用基带信号。在接收端则正好相反，信号要经过快速傅里叶变换（FFT），由时域信号转换为等同的频谱，再经过解调，还原成数据。

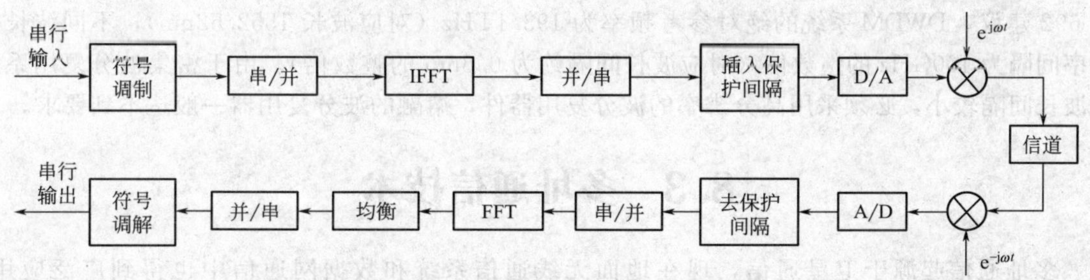

图 8-8　OFDM 基带传输系统原理框图

正交频分多路复用技术之所以越来越受关注，是因为它具有很多独特的优点。比如频谱利用率很高、抗衰落能力强、适合高速数据传输和抗码间干扰能力强等；当然，正交频分多路复用也有其缺点。例如对频偏和相位噪声比较敏感；功率峰值与均值比（PAPR）大，导致射频放大器的功率效率较低；负载算法和自适应调制技术会增加系统复杂度等。

目前，OFDM 已经较广泛地应用于非对称数字用户环路（ADSL）、高清晰度电视（HDTV）信号传输、数字视频广播（DVB）、无线局域网（WLAN）等领域，并且开始应用于无线广域网（WWAN）和正在研究将其应用在下一代蜂窝网中。IEEE 的 5GHz 无线局域网标准 802.11a 和 2GHz～11GHz 的标准 802.16a 均采用 OFDM 作为它的物理层标准。欧洲电信标准化组织（ETSI）的宽带射频接入网（BRAN）的局域网标准也把 OFDM 定为它的调制标准技术。

8.2.5　波分多路复用

所谓波分复用（Wavelength Division Multiplexing，WDM），就是采用波分复用器（合波器）在发送端将规定波长的信号光载波合并起来，并送入一根光纤中传输；在接收侧，再由另一个波分复用器（分波器）将这些不同信号的光载波分开。由于不同波长的光载波信号可以看作相互独立（不考虑光纤非线性时），从而在一根光纤中可实现多路光信号的复用传输。不同类型的光波分复用器，可以复用的波长数也不同，目前商用化的一般是 8 个波长、

16 个波长和 32 个波长的系统。波分复用系统的原理如图 8-9 所示。

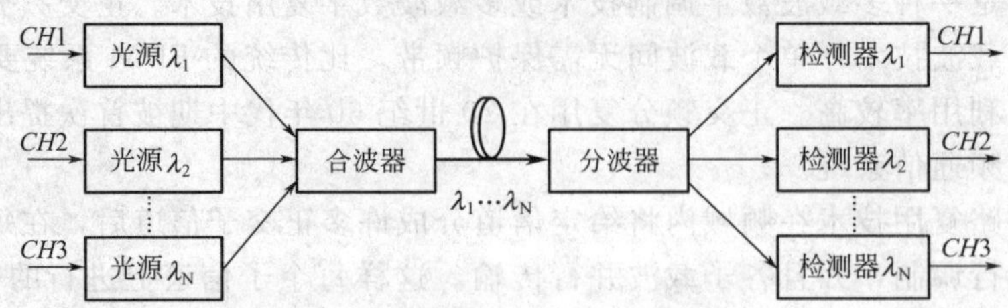

图 8-9 波分复用系统原理图

在 20 世纪 80 年代初光纤通信兴起时，首先被采用的是 1310nm/1550nm 的两个波长复用系统（即在光纤的两个低损耗窗口 1310nm 和 1550nm 各传送一路光波长信号），也叫粗波分复用系统。这种系统比较简单，一般采用熔融的波分复用器，插入损耗小，在每个中继站，两个波长都进行解复用和光/电/光再生中继。随着 1550nm 窗口 EDFA 的商用化，光传输工程可以利用 EDFA 对传送的光信号进行放大，实现超长距离无电再生中继传输，在 1550nm 窗口传送多个波长信号，这些信号相邻波长间隔较窄，且工作在一个共享的 EDFA 工作带宽内，这种波长间隔紧密的 WDM 系统称为密集型波分复用系统（DWDM）。ITU-T G. 692 建议，DWDM 系统的绝对参考频率为 193. 1THz（对应波长 1552. 52nm），不同波长的频率间隔为 100GHz 的整数倍（对应波长间隔约为 0. 8nm 的整数倍）。由于密集波分复用系统的波长间隔较小，必须采用高分辨率的波分复用器件，熔融的波分复用器一般达不到要求。

8. 3 多址通信技术

多址通信起源于卫星通信，现在地面无线通信系统和数据网通信中也得到广泛应用。图 8-10 为卫星多址通信示意图。在卫星通信中，多址通信技术就是指通信网中每个地球站利用同一颗卫星的信道（譬如一个转发器的信道）进行多边通信。所以，多址通信实质上就是各地球站对一个转发器的复用技术。

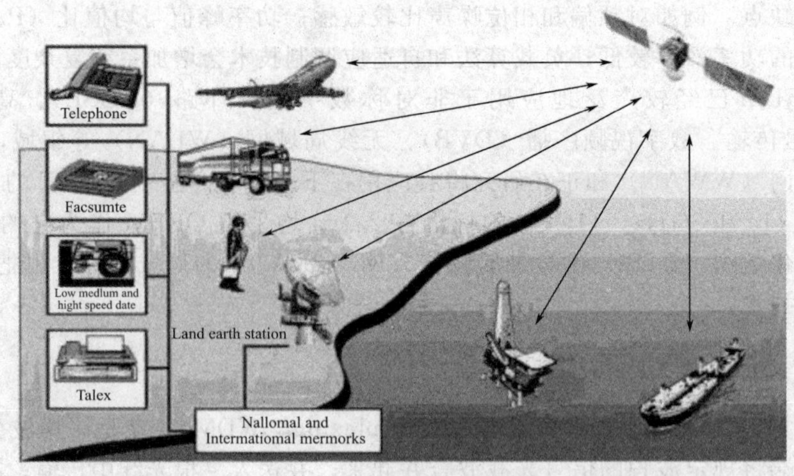

图 8-10 卫星多址通信示意图

实现多址连接技术的基础是信号的分割和识别。通常，发端要进行恰当的信号设计（如将各个载频信号在频域或时域互不干扰地排列起来），使系统中各地球站发射的信号有别，而各地球站接收端具有信号识别能力，能从复合信号中取出本站所需要的信号。考虑到存在噪声和其他因素的影响，最有效的分割和识别方法是利用某些信号具有的正交性实现多址连接。目前，常用的多址技术是频分多址（FDMA）、时分多址（TDMA）和码分多址（CDMA）。

需要指出的是，和多址连接方式密切相关的还有一个信道分配问题。在信道分配技术中，“信道”一词在不同场合有不同的含义，在 FDMA 中，是指各地球站所占用转发器的频段；在 TDMA 中，是指各地球站所占用转发器的时隙；在 CDMA 中，是指各站使用的正交码组。

8.3.1 频分多址（FDMA）

频分多址（Frequency Division Multiple Access，FDMA），是把通信系统的总频段划分成若干个等间隔的频道并按要求分配给请求服务的用户，在呼叫的整个过程中，其他用户不能共享这一频段。这些频道互不交叠，其宽度应能保证传输一站话音信号，且相邻频道之间没有超出允许的串扰信号。

从图 8-11 中可以看出，在 FDMA 系统中，分配给用户一个信道，即一对频谱：一个频谱用作前向信道（即基站向移动台方向的信道），另一个则用作反向信道（即移动台向基站方向的信道）。这种通信系统的基站必须同时发射和接收多个不同频率的信号；任意两个移动用户之间进行通信都必须经过基站的中转，因而必须同时占用 2 个信道（2 对频谱）才能实现双工通信。

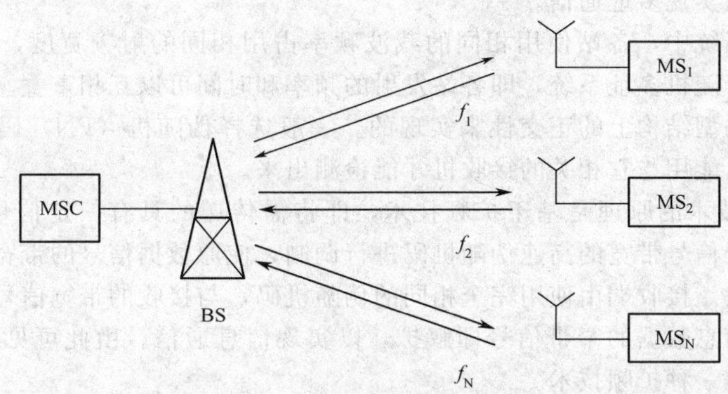

图 8-11　FDMA 系统的工作示意图

频分多址技术比较成熟，易于与模拟系统兼容。第一代蜂窝式移动电话系统采用的就是频分多址技术。但是，利用频分多址技术的模拟移动通信系统由于系统容量、抗干扰性和保密性无法满足日益增长的移动业务需要，目前已被淘汰。

8.3.2 时分多址（TDMA）

时分多址（Time Division Multiple Access，TDMA）是在一个宽带的无线载波上，把时间分成周期性的帧，每一帧再分割成若干时隙（无论帧或时隙都是互不重叠的），每个时隙就是一个通信信道，分配给一个用户。

如图 8-12 所示，TDMA 系统根据一定的时隙分配原则，使各个移动台在每帧内只能按指定的时隙向基站发射信号（突发信号），在满足定时和同步的条件下，基站可以在各时隙中接收到各移动台的信号而互不干扰。同时，基站发向各个移动台的信号都按顺序安排在预定的时隙中传输，各移动台只要在指定的时隙内接收，就能在合路的信号（TDM 信号）中

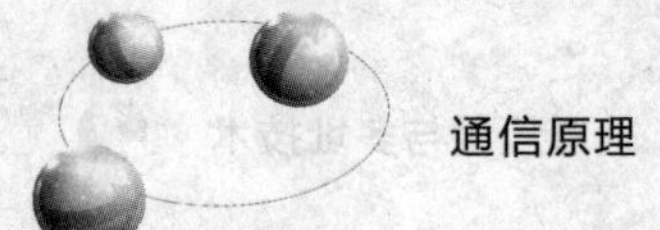

把发给它的信号识别出来。

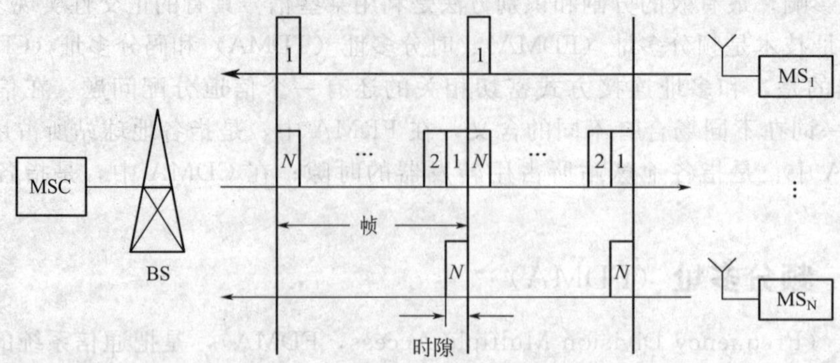

图 8-12 TDMA 系统的工作示意图

目前，第二代数字蜂窝系统广泛采用窄带 TDMA 方式，如我国的 GSM、美国的 ADC 和日本的 PDC 等。由于 TDMA 系统具有较大的信息传输能力，易于实现按需分配，对各种业务的适应能力强，仍是目前以及未来移动通信中广泛采用的技术。

8.3.3 码分多址（CDMA）

码分多址（Code Division Multiple Access，CDMA）是利用各地球站发射不同的编码信号进行通信，从而实现多址通信。

在码分多址系统中，各站使用相同的载波频率占用相同的射频宽度，发射时间是任意的。因此，它属于随机多址系统，即各站发射的频率和时间可以互相重叠。这时，站址的划分是根据各站的码型结构上的正交性来实现的。一般选择伪随机（PN）码作地址码。一个站发出的信号，只能用与它相关的接收机才能检测出来。

CDMA 多址技术的原理是基于扩频技术，即将需传送的具有一定信号带宽信息数据，用一个带宽远大于信号带宽的高速伪随机码进行调制，使原数据信号的带宽被扩展，再经载波调制并发送出去。接收端由使用完全相同的伪随机码，与接收的带宽信号作相关处理，把宽带信号换成原信息数据的窄带信号即解扩，以实现信息通信。由此可见，CDMA 既是一种多址方式，也是一种扩频技术。

CDMA 码分多址技术完全适合现代移动通信网所要求的大容量、高质量、综合业务、软切换等要求，正受到越来越多的运营商和用户的青睐。另外，CDMA 技术的标准化也推进了这项技术在世界范围的应用。目前，在美国、韩国、日本等国家，CDMA 技术已获得了较大规模的应用。在一些欧洲国家，一些运营商也建起了 CDMA 网络。在亚太地区，许多国家和地区都已建有 CDMA 商用网络。同时，CDMA 还是第三代（3G）移动通信技术的核心技术。

本章小结 ▶▶▶

（1）当一条物理信道的传输能力高于一路信号的需求时，该信道就可以被多路信号共享。复用就是解决如何利用一条信道同时传输多路信号的技术。其目的是为了充分利用信道的资源，提高信道的利用率。常用的信道复用方式有频分多路复用、时分多路复用和码分多路复用等。

（2）在时分复用过程中，将低次群合并成高次群的过程称为复接，将高次群分解为低次群的过程称为分接。在复接过程中，需要将各路 TDM 信号的时钟调整统一。

（3）OFDM 是一种无线环境下的多载波传输技术，由于使用无干扰正交载波技术，单个载波间无需保护频带，比传统的 FDM 系统要求的带宽要小很多，因而带宽利用率较高、抗干扰能力强。

（4）波分多路复用（WDM）与频分多路复用相同，只不过不同子信道使用的是不同波长的光波而非频率来承载，主要用于光纤通信系统中。

（5）所谓多址技术，是指把处于不同地址的多个用户接入一个公共的传输媒介，实现各用户之间的通信技术。多址技术又称为“多址连接”。常见的多址通信系统主要有频分多址 FDMA、TDMA 和 CDMA。

思考题与习题 ▶▶▶

8-1　多路复用与多址通信有什么区别？

8-2　简述 PCM 30/32 路的帧结构。

8-3　简述常用的复用方式及特点。

8-4　简述扩频原理。

第9章 同步原理

【本章导读】

- 同步的概念
- 同步的分类和方法

9.1 概 述

同步又称为定时，是指通信系统的收、发双方在时间上步调一致。例如，收、发两端时钟的一致；收、发两端载波频率和相位的一致；收、发两端帧和复帧的一致等。通信系统只有在收、发两端之间建立了同步后才能开始传送信息，所以同步系统是通信系统进行信息传输的必要和前提。另外，同步性能的好坏又将直接影响着通信系统的性能，如果出现同步误差或失去同步就会导致通信系统性能下降或通信中断。因此，在设计通信系统时，通常都要求同步系统的可靠性高于信息传输系统的可靠性。

9.1.1 同步的分类

按同步的功能来区分，同步可分为载波同步、位同步（码元同步）、帧同步（群同步）和网同步（数字通信网中使用）四种。其中，载波同步、位同步和帧同步是基础，针对的是点到点的通信模式，网同步以前三种同步为基础，针对多点到多点之间的通信。

（1）载波同步

由前面的学习可知，无论是模拟调制系统还是数字调制系统，要想实现相干解调，必须在接收端产生相干载波，这个相干载波应与发送端的载波在频率上同频，在相位上保持某种同步关系。在接收端获取这个相干载波的过程称为载波同步（或载波提取）。

（2）位同步

在数字通信系统中，不管采用何种传输方式（基带传输或者频带传输），也不管采用何种解调方式，都需要位同步。因为在数字通信中，任何消息都是通过一连串码元序列表示且传送的，这些码元一般均具有相同的持续时间（称为码元周期）。接收端接收这些码元序列时，必须知道每个码元的起止时刻，以便在恰当的时刻进行抽样判决。这就要求接收端必须提供一个码元定时脉冲序列，该序列的重复频率和相位必须与接收到的码元重复频率和相位一致，以保证在接收端的定时脉冲重复频率与发送端的码元速率相同，相位与最佳抽样判决时刻一致。我们把提取这种码元定时脉冲序列的过程称为位同步。

（3）帧（群）同步

数字通信中的信息数字流，总是用若干码元组成一个“字”，又用若干“字”组成一“句”。因此，在接收这些数字流时，同样也必须知道这些“字”、“句”的起止时刻。而在接收端产生与“字”、“句”起止时刻相一致的定时脉冲序列，就称为帧（群）同步。

（4）网同步

在获得了以上讨论的载波同步、位同步、帧同步之后，两点间的数字通信就可以有序、准确而可靠地进行了。然而，随着数字通信的发展，尤其是计算机通信的发展，多个用户之间的通信和数据交换，构成了数字通信网。在一个通信网中，往往需要把各个方向传来的信息，按不同目的进行分路、合路和交换。为了保证通信网内各用户之间可靠地进行数据交换，整个数字通信网内交换必须有一个统一的时间标准，即整个网络必须同步地工作，这就是网同步需要讨论的问题。

9.1.2 同步信号的获取方式

同步也是一种信息，按照获取和传输同步信息方式的不同，可分为外同步法和自同步法。

（1）外同步法

所谓外同步法是由发送端发送专门的同步信息（常被称为导频），接收端把这个导频提取出来作为同步信号的方法，有时也称为插入导频法。

（2）自同步法

所谓自同步法，是指发送端不发送专门的同步信息，接收端则是设法从收到的信号中提取同步信息的方法，通常也称为直接法。

自同步法是人们最希望的同步方法，因为采用这种方法可以把全部功率和带宽都分配给信号传输，从而提高传输效率。

在载波同步和位同步中，上述两种方法均可采用，但自同步法正得到越来越广泛的应用；而帧（群）同步一般采用外同步法。

9.2 载波同步

在调制通信系统中，接收端都要完成对已调信号的解调过程。如果接收端采用相干解调，则需要一个与发送端同频同相的相干载波。获得这个相干载波的过程称为载波提取或载波同步。载波同步的方法通常有两种：插入导频法和直接法。

9.2.1 插入导频法

插入导频法主要用于已调信号中不包含离散载波频谱分量的情况，比如模拟通信中的DSB-SC、SSB信号，通信时需在发送端插入导频信号。例如，抑制载波的双边带DSB-SC信号在插入了导频信号后的频谱图如图9-1所示。

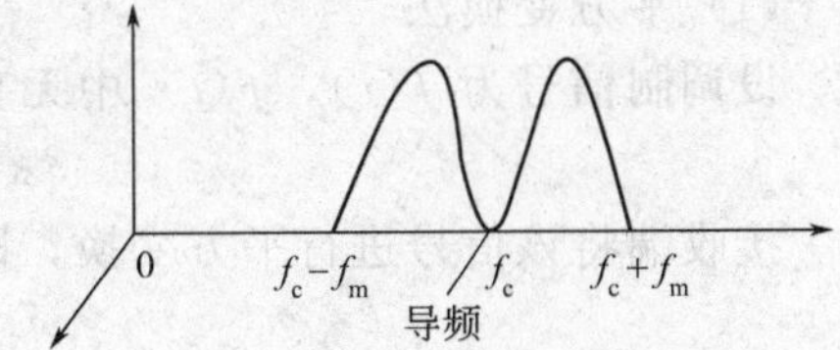

图9-1 插入导频位置示意图

根据DSB-SC已调信号的表达式

$$s(t)=Af(t)\sin\omega_c t$$

插入正交导频信号后

$$s_o(t)=Af(t)\sin\omega_c t+A\cos\omega_c t$$

当接收端收到该已调信号后，利用一个中心频率为 f_c 的窄带滤波器就可取得导频 $A\cos\omega_c t$，再将它移相 $\pi/2$，就可得到与调制载波同频同相的信号 $\sin\omega_c t$。接收端相乘器的输出为

$$v(t)=s_o(t)\sin\omega_c t=Af(t)\sin^2\omega_c t+A\sin\omega_c t\cos\omega_c t$$

$$=\frac{A}{2}f(t)-\frac{A}{2}f(t)\cos2\omega_c t+\frac{A}{2}\sin2\omega_c t$$

再将此信号通过一个低通滤波器，滤除掉 $2\omega_c$ 的频率成分，即可得到调制信号 $f(t)$。其原理框图如图 9-2 所示。

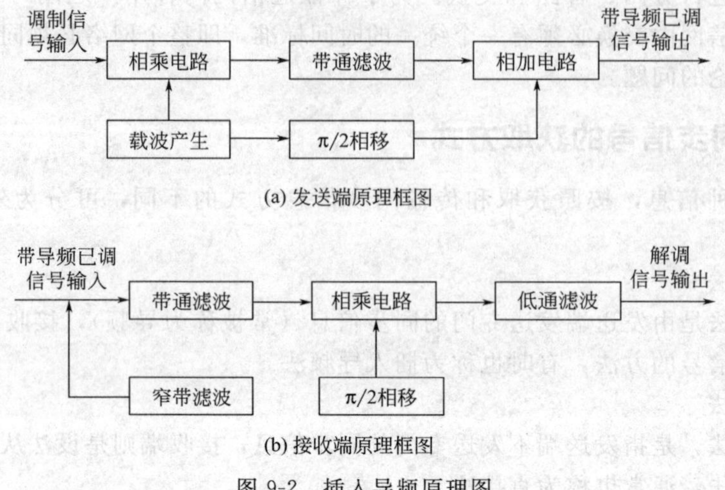

图 9-2　插入导频原理图

需要注意的是，这里如果不采用正交导频，而使用调制载波，则从接收端相乘器的输出可以发现，除了有调制信号外，还包含了直流分量，这个直流分量将通过低通滤波器对数字信号产生影响。

插入导频法提取载波通常需要使用一个窄带滤波器。这个窄带滤波器也可以用锁相环来代替，这是因为锁相环本身就是一个性能良好的窄带滤波器，因而使用锁相环后，载波提取的性能将有所改善。

9.2.2 直接法

在调制通信系统中，有些已调信号本身就包含了调制载波的频谱分量，比如 AM、ASK 信号等，这类信号在接收端可以直接进行载波提取。而某些已调信号，虽然里面不包含调制载波的频谱分量，但如果经过某种非线性变换以后具有了载波频谱分量成分，对这类信号也可以直接进行载波提取，比如 DSB-SC、PSK 信号等。下面介绍两种直接提取载波的方法。

(1) 平方变换法

设调制信号为 $f(t)$，$f(t)$ 中无直流分量，则抑制载波的双边带信号为

$$s(t)=Af(t)\cos\omega_c t$$

接收端将该信号进行平方变换，即经过一个平方律部件后就得到

$$e(t)=f^2(t)\cos^2\omega_c t=\frac{1}{2}f^2(t)+\frac{1}{2}f^2(t)\cos2\omega_c t$$

虽然前面假设 $f(t)$ 中无直流分量，但 $f^2(t)$ 却一定有直流分量，这是因为 $f^2(t)$ 必为大于等于 0 的数，因此，$f^2(t)$ 的均值必大于 0，而这个均值就是 $f^2(t)$ 的直流分量，这样 $e(t)$ 的第二项中就包含 $2\omega_c$ 频率的分量。若用一窄带滤波器将 $2\omega_c$ 频率分量滤出，再进行二分频就可获得载频 ω_c。平方变换法提取载波的原理如图 9-3 所示。

(2) 平方环法

为了改善平方变换的性能，可以在平方变换法的基础上，把窄带滤波器用锁相环替代，构成如图 9-4 所示的框图，这样就实现了平方环法提取载波。由于锁相环具有良好的跟踪、窄带

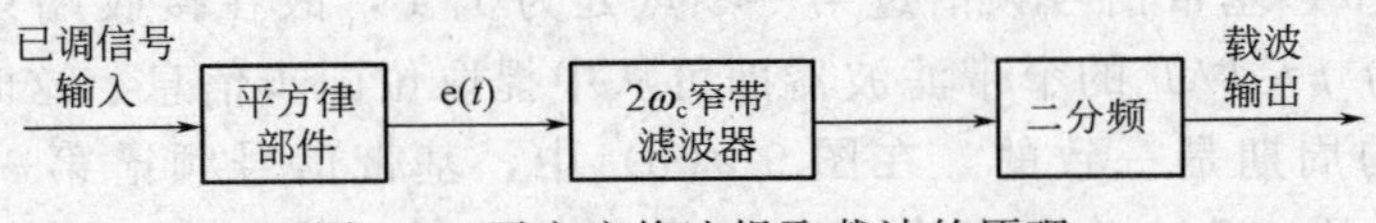

图 9-3　平方变换法提取载波的原理

滤波和记忆性能，因此平方环法比一般的平方变换法具有更好的性能，因而得到广泛的应用。

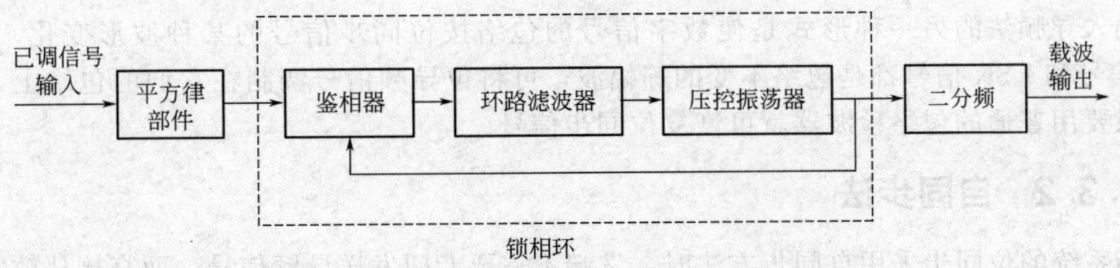

图 9-4　平方环法提取载波的原理框图

需要注意的是，上述两种提取载波的方框图中都用了一个二分频电路。因此，提取出的载波存在 π 相位模糊问题。对相移信号而言，解决这个问题的常用方法就是采用前面已介绍过的相对相移。

9.3 位 同 步

在数字通信系统中，发端按照确定的时间顺序，逐个传输数码脉冲序列中的每个码元。而在接收端必须有准确的抽样判决时刻才能正确判决所发送的码元，因此，接收端必须提供一个确定抽样判决时刻的定时脉冲序列。这个定时脉冲序列的重复频率必须与发送的数码脉冲序列一致，同时在最佳判决时刻（或称为最佳相位时刻）对接收码元进行抽样判决。在接收端产生这样定时脉冲序列的过程称为码元同步，或称位同步。实现位同步的方法和载波同步类似，也有插入导频法（外同步法）和直接法（自同步法）两种。

9.3.1 插入导频法

为了得到码元同步的定时信号，首先要确定接收到的信息数据流中是否包含有位定时的频率分量。如果存在此分量，就可以利用滤波器从信息数据流中把位定时信息提取出来。若基带信号为随机的二进制不归零码序列，这种信号本身不包含位同步信号，为了获得位同步信号需在基带信号中插入位同步的导频信号，或者对该基带信号进行某种码型变换以得到位同步信息。位同步导频必须在基带信号频谱的零点插入，这样才能不影响基带信号频谱，同时保证接收端提取导频的纯度。同步导频插入的方法如图 9-5 所示。

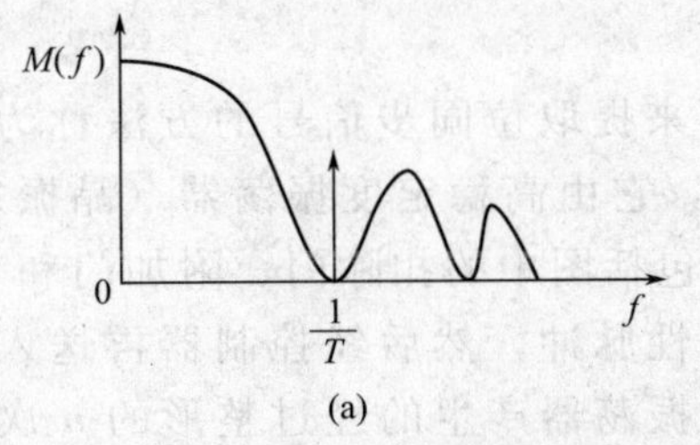

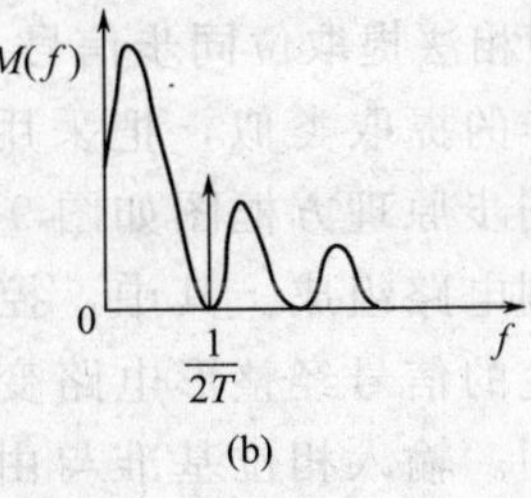

图 9-5　插入导频法示意图

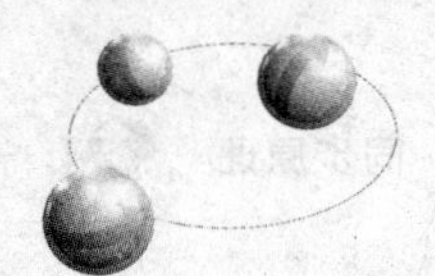

在图 9-5(a) 中，基带信号频谱过第一零点处为 $1/T$，故在接收端只需要将该信号通过一个中心频率为 $f=1/T$ 的窄带滤波器即可从中提取位同步信息。这时，位同步脉冲的周期与插入导频的周期是一致的。在图 9-5(b) 中，基带信号频谱第一零点处为 $1/2T$，故接收端除了需要用一个中心频率为 $f=1/2T$ 的窄带滤波器对其进行提取外，因为这时位同步脉冲的周期为插入导频周期的 1/2，还需要使用一个倍频器，最终得到 $1/T$ 的位同步信息。

插入导频法的另一种形式是使数字信号的包络按位同步信号的某种波形变化。例如，PSK 信号和 FSK 信号都是包络不变的等幅波，可将位导频信号调制在它们的包络上，而接收端只要用普通的包络检波器就可恢复位同步信号。

9.3.2 自同步法

当系统的位同步采用自同步方法时，发端不需要专门发送导频信号，而直接从数字信号中提取位同步信号，这种方法的优点是既不消耗额外的功率，也不占用额外的信道资源。但是，采用这种方法的前提条件是基带信号码流中必须含有位同步频率分量，或者经过简单变换之后可以产生位同步频率分量，为此常需要对信源产生的信息进行重新编码。自同步法具体又可分为滤波法和锁相法。

(1) 采用滤波法提取位同步信号

根据基带信号的谱分析可知，对于不归零的随机二进制序列，不能直接从其中滤出位同步信号。但是，若对该信号进行某种变换，例如变成单极性归零脉冲后，则该序列中就有 $f=1/T$ 的位同步信号分量，经一个窄带滤波器，可滤出此信号分量，再将它通过一移相器调整相位后，就可以形成位同步脉冲，这种方法的原理如图 9-6 所示。

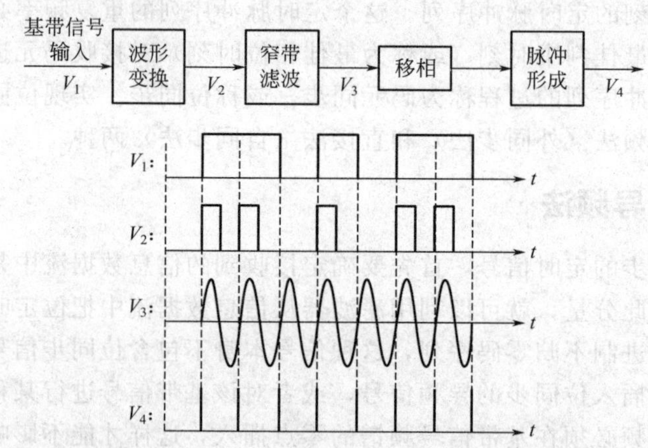

图 9-6 采用滤波法提取位同步信号原理图

(2) 采用锁相法提取位同步信号

与载波同步的提取类似，把采用锁相环来提取位同步信号的方法称为锁相法。采用锁相法提取位同步原理方框图如图 9-7 所示，它由高稳定度振荡器（晶振）、分频器、相位比较器和控制电路组成。其中，控制电路包括图中的扣除门、附加门和“或门”。高稳定度振荡器产生的信号经整形电路变成周期性脉冲，然后经控制器再送入分频器，输出位同步脉冲序列。输入相位基准与由高稳定振荡器产生的经过整形的 n 次分频后的相位脉冲进行比较，由两者相位的超前或滞后，来确定扣除或附加一个脉冲，以调整位同步脉冲的相位。

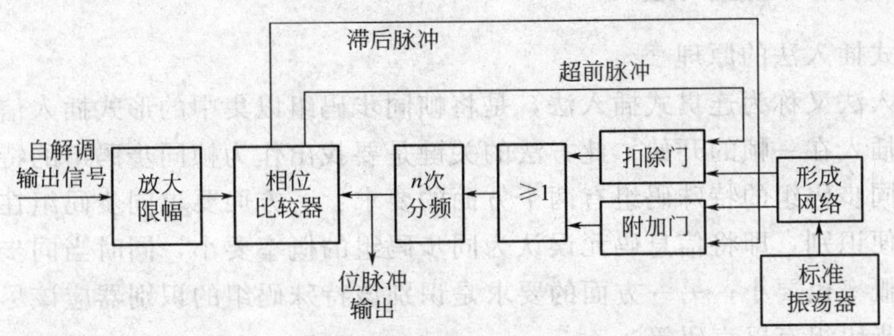

图 9-7 采用锁相法提取位同步信号原理图

9.4 帧 同 步

帧同步是建立在位同步基础之上的一种同步。位同步保证了数字通信系统中收、发两端码元序列的同频同相，这可以为接收端提供各个码元的准确抽样判决时刻。数字通信时，一定数目的码元序列代表着一定的信息（如字母、符号或数字），通常总是以若干个码元组成一个“字”，若干个“字”组成一个“句”，即组成一个个的“帧”进行传输。因此，帧同步信号的频率很容易由位同步信号经分频得到。但是，每个帧的开头和末尾时刻却无法由分频器的输出决定。这样，帧同步的任务就是在位同步的基础上识别出这些数字信息帧（“字”或“句”）的起止时刻，或者说给出每个帧的“开头”和“末尾”时刻，使接收设备的帧定时与接收到的信号中的帧定时处于同步状态。

为了实现帧同步，通常有两类方法：一类是在数字信息流中插入一些特殊码组作为每个帧的头尾标记，接收端根据这些特殊码组的位置就可以实现帧同步；另一类方法不需要外加特殊码组，类似于载波同步和位同步中的直接法，利用数据码组本身彼此之间不同的特性来实现自同步。在此主要讨论插入特殊码组实现帧同步的方法。

9.4.1 起止式同步法

目前，数字电传机中广泛使用的就是起止式同步法。在电传机中，电报的一个字有7.5个码元组成，如图9-8所示。每个字开头，先发一个码元的起脉冲（负值），中间5个码元是消息，字的末尾是1.5码元宽度的止脉冲（正值）。这样，接收端可根据1.5个码元宽度的高电平第一次转换到低电平这一特殊规律来确定一个字的起始位置，从而实现了帧同步。

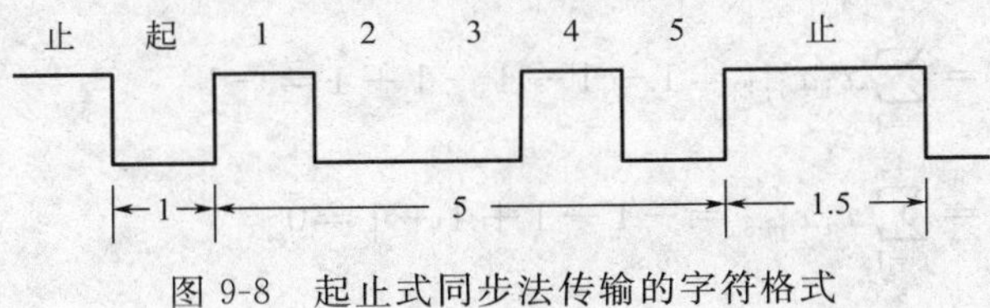

图 9-8 起止式同步法传输的字符格式

这种7.5单位码的起止脉冲宽度与码元宽度不一致会给数字通信的同步传输带来一定困难。另外，在这种同步方式中，7.5个码元中只有5个码元用于传递信息，因此传输效率较低。但起止式同步的优点是结构简单、易于实现，特别适合于异步低速数字传输方式。

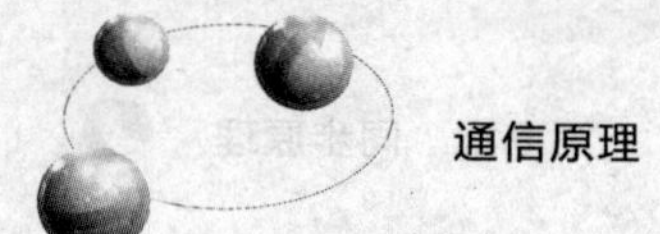

9.4.2 集中式插入法

(1) 集中式插入法的原理

集中式插入法又称为连贯式插入法，是将帧同步码组以集中的形式插入信息码流中，帧同步码组集中插入在一帧的开始。此方法的关键是要找出作为帧同步码组的特殊码组。

对作为群同步码组的特殊码组有两个方面的要求：一方面要求同步码组在信息码元序列中不易出现以便识别，即将信息码元误认为同步码组的概率要小，同时当同步码组中有误码时，漏识别的概率也要小；另一方面的要求是识别该特殊码组的识别器应该尽量简单。目前最常用的帧同步码组有巴克码等。

巴克码是一种非周期序列。一个 n 位的巴克码组为 $\{x_1, x_2, x_3, \cdots, x_n\}$，其中 x_i 取值为+1或−1，它的局部自相关函数为

$$R(j)=\sum_{i=1}^{N-j} x_i x_{i+1}=\begin{cases} n & j=0 \\ 0\text{ 或 }\pm 1 & 0<j<n \\ 0 & j\geqslant n \end{cases}$$

目前已找到的所有巴克码组如表9-1所示，其中“+”和“−”号分别表示该巴克码组第 i 位码元 a_i 的取值为“+1”和“−1”，它们分别与二进制码的“1”和“0”对应。

表 9-1 常见巴克码码组

码长	巴克码组	对应的二进制码
2	(+ +),(− +)	(1 1),(0 1)
3	(+ + −)	(1 1 0)
4	(+ + + −),(+ + − +)	(1 1 1 0),(1 1 0 1)
5	(+ + + − +)	(1 1 1 0 1)
7	(+ + + − − + −)	(1 1 1 0 0 1 0)
11	(+ + + − − − + − − + −)	(1 1 1 0 0 0 1 0 0 1 0)
13	(+ + + + + − − + + − + − +)	(1 1 1 1 1 0 0 1 1 0 1 0 1)

以7位巴克码组（+ + + − − + −）为例，求出它的自相关函数如下：

当 $j=0$ 时，$R(j)=\sum_{i=1}^{7} x_i^2=1+1+1+1+1+1+1=7$

当 $j=1$ 时，$R(j)=\sum_{i=1}^{6} x_i x_{i+1}=1+1-1+1-1-1=0$

当 $j=2$ 时，$R(j)=\sum_{i=1}^{5} x_i x_{i+2}=1-1-1-1+1=-1$

当 $j=3$ 时，$R(j)=\sum_{i=1}^{4} x_i x_{i+3}=-1-1+1+1=0$

当 $j=4$ 时，$R(j)=\sum_{i=1}^{3} x_i x_{i+4}=-1+1-1=-1$

当 $j=5$ 时，$R(j)=\sum_{i=1}^{2} x_i x_{i+5}=1-1=0$

当 $j=6$ 时，$R(j)=\sum_{i=1}^{1}x_i x_{i+6}=-1$

当 $j=7$ 时，$R(j)=\sum_{i=1}^{0}x_i x_{i+7}=0$

另外，再求出 j 为负值时的自相关函数值，一起画在图 9-9 中。

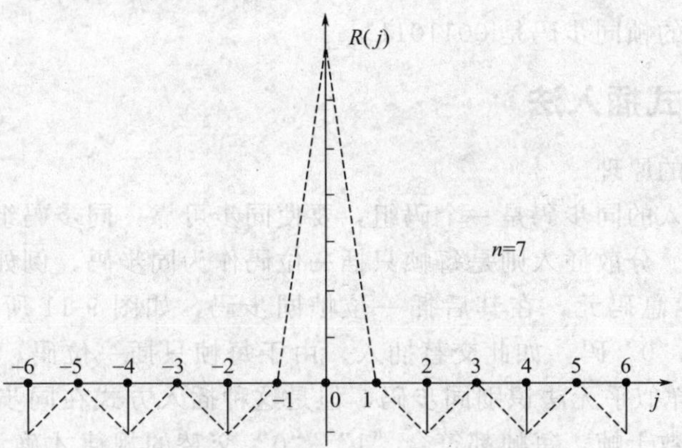

图 9-9　巴克码的局部自相关函数曲线

由图 9-9 可见，其自相关函数在 $j=0$ 时出现尖锐的单峰。

(2) 巴克码识别器

巴克码识别器是比较容易实现的，这里仍以 7 位巴克码为例。用 7 级移位寄存器、相加器和判决器就可以组成一个巴克码识别器，具体结构如图 9-10 所示。

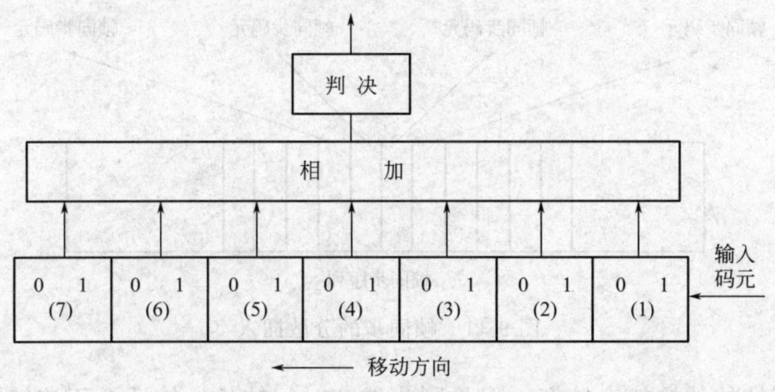

图 9-10　7 位巴克码识别器

7 级移位寄存器的“1”端和“0”端输出按照 1110010 的顺序连接到相加器，注意各级移位寄存器接到相加器处的位置，寄存器的输出有“1”端和“0”端，接法与巴克码的规律一致。当输入码元的“1”进入某移位寄存器时，该移位寄存器的“1”端输出电平为＋1，“0”端输出电平为－1；反之，进入“0”码时，该移位寄存器的“0”端输出电平为＋1，“1”端输出电平为－1。实际上，巴克码识别器是对输入的巴克码进行相关运算。当一帧信号到来时，首先进入识别器的是群同步码组，只有当 7 位巴克码在某一时刻正好全部进入 7 位寄存器时，7 个移位寄存器输出端都输出＋1，相加后的最大输出为＋7，其余情况相加结果均小于＋7。对于数字信息序列，几乎不可能出现与巴克码组相同的信息，故识别器的相

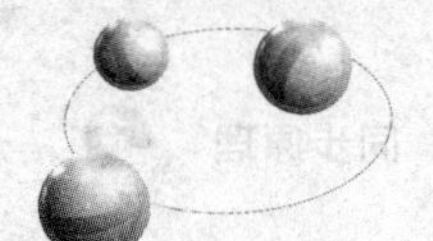
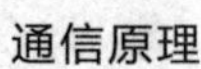

加输出也只能小于+7。

若判决器的判决门限电平定为+6，那么就在7位巴克码的最后一位“0”进入识别器时，识别器输出一个同步脉冲表示一群的开头。一般情况下，信息码不会正好都使移位寄存器的输出为+1，因此实际上更容易判定巴克码全部进入移位寄存器的位置。

巴克码用于群同步是常见的，但并不是唯一的，只要具有良好特性的码组均可用于群同步。例如对于我国和欧洲等国家采用PCM30/32路系统来说，帧同步主要采用的就是集中插入方式，但它插入的帧同步码是0011011。

9.4.3 分散式插入法

(1) 分散插入法的原理

集中式插入法插入的同步码是一个码组，要使同步可靠，同步码组要有一定的长度，这样就使得传输效率低。分散插入则是每帧只插一位码作为同步码，例如，某PCM-24设备每帧有8×24=192个信息码元，在其后插一位帧同步码，如图9-11所示。帧同步码一帧插“1”码，下一个帧插“0”码，如此交替插入。由于每帧只插一位码，那么它与信息码元混淆的概率为1/2，这样似乎无法识别同步码，但是这种插入方式在同步捕获时不是检测一帧两帧，而是连续检测数十帧，每帧都符合“1”、“0”交替的规律才确认同步。如检测10帧都正确，误同步概率则为$1/2^{10}=1/1024$，误同步概率很小。

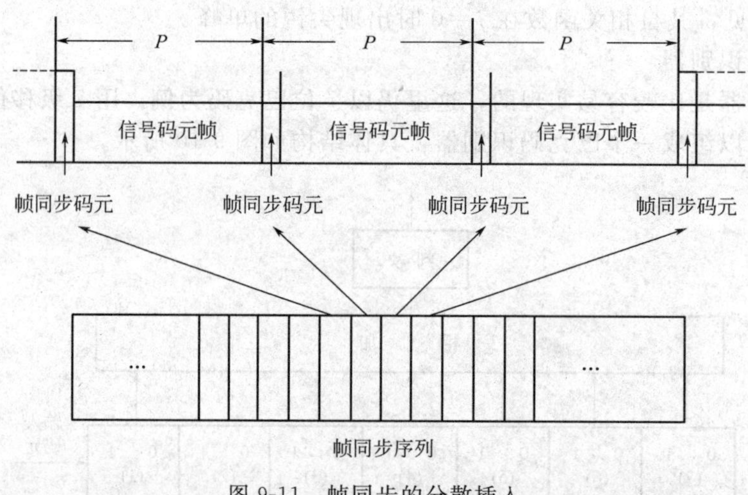

图9-11 帧同步的分散插入

分散插入每帧的传输效率较高，但是同步捕获时间较长，较适合于连续发送信号的通信系统，若是断续发送信号，每次捕获同步需要较长时间，反而降低了效率。

(2) 滑动同步检测原理

分散插入常用滑动同步检测电路，其基本原理是接收电路开机时处于捕捉态，当收到第一个与同步码相同的码元时，先暂认为它就是帧同步码，按码同步周期检测下一帧相应位码元，若也符合插入的同步码规律，则再检测第三帧相应位码元，如果连续检测M帧（通常M为数十帧），每帧均符合同步码规律，则同步码已找到，电路进入同步状态。若在捕捉态接收到的某个码元不符合同步码规律，则码元滑动一位，仍按上述规律周期性地检测，看它是否符合同步码规律，一旦检测不符合，又滑动一位，反复进行下去。若一帧共有N个码元，则最多滑动$N-1$位，一定能把同步码找到。

9.5 网 同 步

当通信是在点对点之间进行时，完成了载波同步、位同步和群同步之后，就可以进行可靠的通信了。但现代通信往往需要在许多通信点之间实现相互连接，从而构成通信网。在一个通信网中，往往需要把各个方向传来的信息，按不同目的进行分路、合路和交换。为了保证数字通信网稳定可靠地进行通信和交换，整个数字通信网内交换必须有一个统一的时间标准，即整个网络必须同步地工作。

数字同步网是电信网的三大支撑网（数字信令网、数字同步网和电信管理网）之一，它保证电信网中各个节点（比如数字交换机）的同步运行。数字通信网的网同步方式可分为两种：准同步方式和同步方式。

9.5.1 准同步方式

准同步方式又称为独立时钟法。各个交换局均设立互相独立、互不牵扯的标称速率相同的高稳定度时钟。它们的频率并不完全相等，但十分接近。这就是准同步方式。由于它们的频率并不完全相同，因此经过时间上的积累可能导致信息丢失或增加假信息。如果各个信息的码元是互相独立表示信息的，这种码元的增加或丢失没有什么关系，无非是引入了一些噪声。但是对于多路信号来说，这种增加或丢失可能引起帧失步，从而造成信号分路、交换的混乱，产生不能容忍的大量信息丢失。因此，需要寻找一种方法，使信息不致损伤，或者损伤很小，不会导致信息混乱。实现这种方式的方法有两种：码速调整法和水库法。

(1) 码速调整法

准同步系统各站各自采用高稳定时钟，不受其他站的控制，它们之间的钟频允许有一定的容差。这样各站送来的信码流首先进行码速调整，使之变成相互同步的数码流，即对本来是异步的各种数码进行码速调整。

(2) 水库法

它不是依靠填充脉冲或扣除脉冲的方法来调整速率，而是依靠在通信网的各站都设置极高稳定度的时钟源和容量足够大的缓冲存储器，使得在很长的时间间隔内存储器不发生“取空”或“溢出”的现象。容量足够大的存储器就像水库一样，即很难将水抽干，也很难将水库灌满，因而可用作水流量的自然调节，故称为水库法。

水库法的连续稳定工作时间总是有限的，所以每隔一定时间间隔必须对同步系统校准一次。

9.5.2 同步方式

在同步系统中，各站的时钟彼此同步，各站的时钟频率和相位都保持一致。建立这种网同步的主要方法有主从同步法、相互同步法和分级的主从同步法。

(1) 主从同步法

网内有一个中心局，它设有一个高稳定度的主时钟源，用以产生网内的标准频率被送到各交换局作为各局的时钟基准。各个交换局设有从时钟，它们同步于主时钟。用锁相环法使主时钟和从时钟之间的相位差保持不变或为零。图 9-12(a) 所示为主从同步法示意图，这种方法简单、经济，缺点是过分依赖于主时钟，一旦主时钟发生故障，将使整个通信网的工作陷于瘫痪。

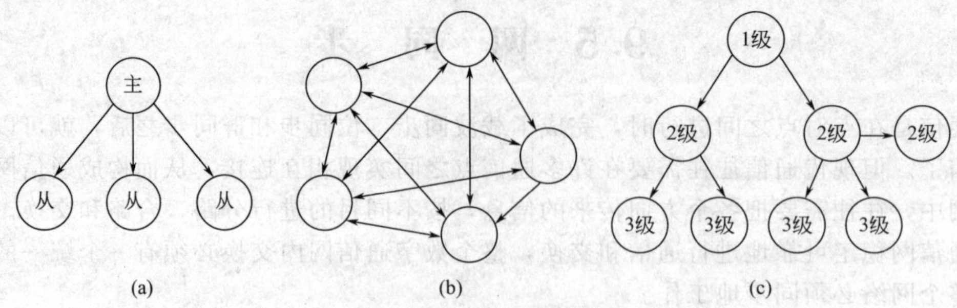

图 9-12　网同步法示意图

(2) 相互同步法

网内各交换局都有自己的时钟，并且相互连接。它们无主从之分，互相控制，互相影响。最后各个交换局的时钟锁定在所有输入时钟频率的平均值上，以同样的时钟频率工作，图 9-12(b) 所示为互控同步法示意图。相互同步法的优点是网内任何一个交换局发生故障只停止本局工作，不影响其他部分的工作，从而提高了通信网工作的可靠性，其缺点是同步系统较为复杂。

(3) 分级的主从同步法

这是介于主从同步法和相互同步法之间的等级主从系统。它把网内各交换局分为不同等级，级别越高，振荡器的稳定度越高，图 9-12(c) 所示为分级的主从同步法示意图。每个交换局只与附近的交换局有连线，在连线上互送时钟信号，并送出时钟信号的等级和转接次数。一个交换局收到附近各交换局来的时钟信号以后，就选择一个等级最高、转接次数最少的信号去锁定本局振荡器。这样使全网最后以网内高等级的时钟为标准。一旦该时钟出故障，就以一级时钟为标准，不影响全网通信。分级的主从同步法克服了主从同步法和互相同步法的部分缺点。

上面简要介绍了数字通信网网同步的几种主要方式。但是，网同步方式目前世界各国仍在继续研究，究竟采用哪一种方式合适与许多因素有关。前面所介绍的方式，各有其优缺点。随着数字通信的迅速发展，可以预期今后一定会有更加完善、性能良好的网同步方法出现。

 本章小结 ▶▶▶

(1) 同步是使通信系统中接收信号与发送信号保持正确的节拍，从而能正确地提取信息的一种重要技术。同步是通信系统重要的不可缺少的部分。同步方法可以分为外同步和自同步两类。同步内容包括载波同步、位（码元）同步、帧（群）同步和网同步。

(2) 载波同步的目的是使接收端产生的本地载波和接收信号的载波同频同相。实现载波同步的方法通常有插入导频法和直接法两种。

(3) 位同步的目的是使接收到的每个码元都能得到最佳的解调和判决。实现位同步的方法与载波同步类似，也有插入导频法和直接法两种。

(4) 帧同步的目的是能够正确地将接收码元分组，使接收信息能够被正确理解。实现帧同步的方法通常有起止式同步法、集中式插入法和分散式插入法。

(5) 网同步的目的是解决通信网的时钟同步问题。网同步方式有准同步方式和同步方式两种。实现同步方式的方法有主从同步法、相互同步法和分级的主从同步法。

思考题与习题 ▶▶▶

9-1　同步的功能？

9-2　什么是外同步法和自同步法？

9-3　什么是载波同步？为什么需要解决载波同步问题？

9-4　简述位同步和帧同步的功能？有了位同步，为什么还要帧同步？

9-5　在点到点的数字通信系统中，不需要的是哪种同步？

9-6　什么是主从同步、相互同步和分级的主从同步方式？

第 10 章　差错控制编码

【本章导读】

- 差错控制编码的基本概念
- 常用的简单差错控制码
- 线性分组码的特点
- 循环码的特点
- 卷积码的特点

10.1 引　　言

在实际信道上传输数字信号时，由于信道传输特性不理想以及加性噪声和人为干扰的影响，接收端所接收到的数字信号不可避免地会发生错误而引起误码。为了降低误码率、提高可靠性，常采用的方法有两种：一是降低数字信道本身引起的误码，如选择高质量的传输线路，改善信道的传输特性，增加信号的发射功率，选择有较强抗干扰能力的调制解调方案等；二是采用信道编码，在待传输信息码元中加入冗余码元，以适当付出带宽代价，通过编码换取信噪比来提高抗干扰能力，降低误码率。在信道特性无法得到较好的改善时（比如，功率受限的信道不可能无限制提高发射功率），则必须采用信道编码。差错控制编码就是一种重要的信道编码技术。

10.2 差错控制编码的基本概念

10.2.1 差错控制编码的基本原理

差错控制编码的基本原理是：在发送端被传输的信息码元上附加一些监督码元，使这些多余的码元与信息码元之间构成某种确定的制约关系，接收端通过判断这一监督关系是否遭到破坏来断定接收码元的正确性，有的监督关系还给接收端纠正错误码元提供了信息，这样就可以很好地保证信息的可靠传输了。因此，差错控制编码的实质是通过增加冗余信息来检测或纠正差错，或者说，差错控制编码是通过牺牲有效性来换取可靠性。

在上述过程中，发送端完成的任务称为差错控制编码。在接收端，根据信息码元与监督码元的监督关系，实现检错或纠错，输出原信息码元，完成这个任务的过程称为解码。研究各种编码和译码方法正是差错控制编码所要解决的问题。

差错控制编码的理论依据是 1948 年美国人香农提出的“信道编码定理”，该定理指出：对于一个给定的有扰信道，若信道容量为 C，只要发送端以低于 C 的码元速率 R_B 发送信息，则总存在着一种编码方式，使编码差错概率 P 随编码长度 n 的增加按指数规律下降到任意小的值，虽然定理本身并没有给出具体的差错控制编码方法和纠错码的结构，但它从理论上为信道编码的发展指出了努力方向。后来经海明（Hamming）等人的进一步发展，差

错控制编码形成了一套较为完整的理论体系。

需要注意的是，在数字通信中，根据不同的目的，编码可分为信源编码和信道编码。信源编码是为了尽量减少信源的冗余度，即尽可能用最少的比特数来表示信源，从而提高通信系统的有效性，如话音压缩编码、图像压缩编码等；信道编码是通过对待传输的信息码元上加入冗余信息的方式来达到差错控制的目的，从而提高通信系统的可靠性。可能很多读者看到这里不禁要感到疑惑，似乎信道编码正好和信源编码是逆过程，信源编码减少信息冗余度，而信道编码又增加了冗余度，采用这两类编码究竟有何意义？事实是，这两种冗余度是截然不同的，信源编码减少的冗余度是由随机的、无规律的无用消息形成；而信道编码增加的冗余度是特定的、有规律的人为消息，使接收端在接收信息后可以利用它发现错误，进而纠正错误。

10.2.2 差错控制编码的分类

在差错控制理论中，可以从不同的角度对差错控制编码进行分类。

按照差错控制编码的不同功能，可以将其分为检错码和纠错码。检错码仅具备识别错码功能，而无纠正错码的功能，比如简单的奇偶监督码、恒比码等；纠错码不仅具备识别错码功能，同时具备纠正错码功能，比如线性分组码、循环码等。

按照信息码元和附加的监督码元之间的函数关系可分为线性码和非线性码。若信息码元与监督码元之间的关系为线性关系（这里的线性关系，是指满足二进制加法运算法则的一组线性方程式），则称为线性码。反之，若两者不存在线性关系，则称为非线性码。

按照信息码元和监督码元之间的约束方式不同可分为分组码和卷积码。在分组码中，编码后的码元序列每 n 位为一组，其中 k 个是信息码元，r 个是监督码元（$r=n-k$）。监督码元仅与本码组的信息码元有关，而与其他码组的信息码元无关；卷积码则不然，虽然编码后序列也划分为码组，但监督码元不但与本组信息码元有关，而且与前面码组的信息码元也有约束关系，就像链条那样一环扣一环，所以卷积码又称连环码或链码。

按照纠正错误的类型不同，可分为纠正随机错误的码和纠正突发错误的码。前者主要用于局部的、发生零星独立错误的信道，而后者则用于对付大面积的突发错误为主的信道。

10.2.3 差错控制编码的基本方式

常用的差错控制方式有四种：自动请求重发（ARQ）、前向纠错（FEC）、混合纠错（HEC）和反馈检验（IRQ）。

（1）自动请求重发

自动请求重发是计算机网络中较常采用的差错控制方法。其原理是：发送端将要发送的数据附加上一定的冗余检错码一并发送，接收端则根据检错码对数据进行差错检测，如果发现差错，则接收端返回请求重发的信息，发送端在收到请求重发的信息后，再重新发送一次数据，如果没有发现差错，则发送下一个数据。这种方法的优点是译码设备简单，对突发错误和信道干扰较严重时比较有效。缺点是需要反馈信道，实时性差。其原理如图 10-1 所示。

自动请求重发方式又分为三种情况：停发等待重发、返回重发和选择重发。

① 停发等待重发　在这种方式中，不论接收端收到的信息是否正确，都需要接收端回发反馈信号，并且发送端只有收到接收端的确认信号，才会发送下一个信号，其原理如图 10-2 所示。其中 ACK 是确认信号，NAK 是否认信号，该方式的特点是系统简单，时延长。

② 返回重发　在这种方式中，发送端不需要接收到 ACK 确认信号后才发送下一个信

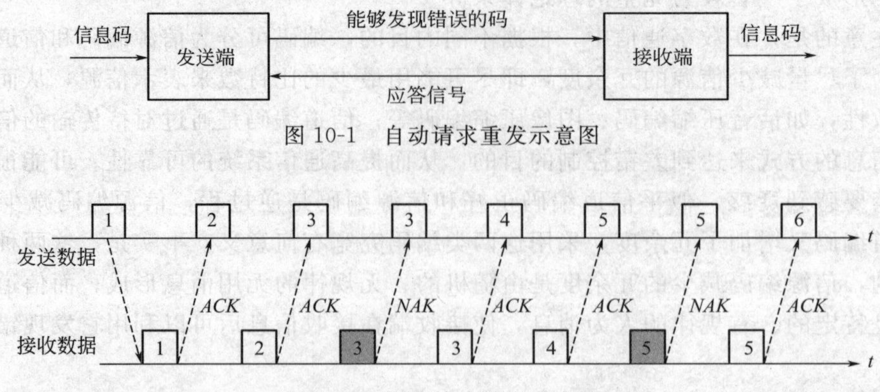

图 10-1　自动请求重发示意图

图 10-2　停发等待重发示意图

号，而是不停地发送。当发送端收到接收端回发的 NAK 信号后，将重发错误码组以后的所有码组。该方式的特点是系统较为复杂，时延减小，其原理如图 10-3 所示。

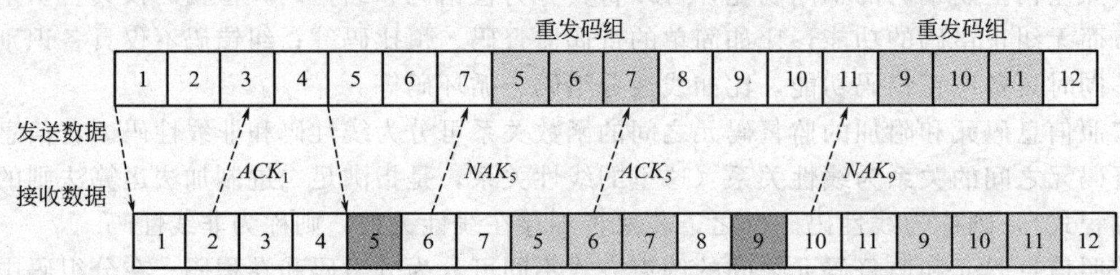

图 10-3　返回重发示意图

③ 选择重发　在这种方式中，发送端不停地发送信号，当发送端收到接收端回发的 NAK 信号后，将只重发错误码组。该方式的特点是系统复杂，时延最小，其原理如图 10-4 所示。

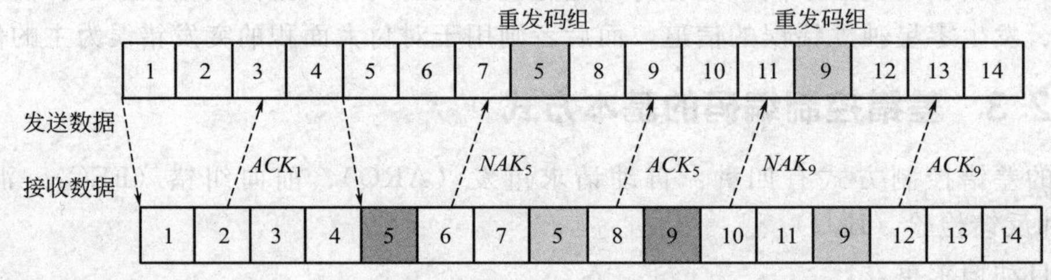

图 10-4　选择重发示意图

(2) 前向纠错

前向纠错的原理是：发送端将要发送的数据附加上一定的冗余纠错码一并发送，接收端则根据纠错码对数据进行差错检测，如果发现差错，由接收端进行纠正。这种检测方法的优点是使用纠错码和单向信道，发送端无需设置缓冲器。缺点是设备复杂、成本高，其原理如图 10-5 所示。

(3) 混合纠错

混合纠错方式是 FEC 和 ARQ 方式的结合。其原理是：发送端发送具有检错和纠错能力的码，接收端收到该码后，首先检查差错情况。如果错误发生在该码的纠错能力范围内，则自动进行纠错，如果超过了该码的纠错能力，但能检测出来，则经过反馈信道请求发送端

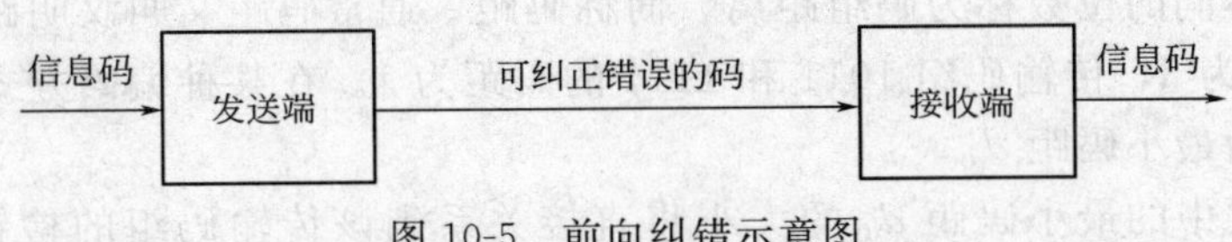

图 10-5　前向纠错示意图

重发。混合纠错方式在实时性和译码复杂性方面是前向纠错和检错重发方式的折中，可达到较低的误码率，较适合于环路延迟大的高速数据传输系统，其原理如图 10-6 所示。

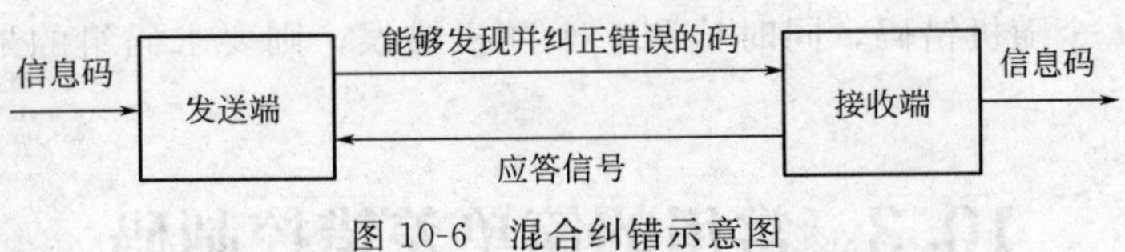

图 10-6　混合纠错示意图

(4) 反馈检验

反馈检验的原理是：接收端将收到的信息原封不动地回送给发送端，发送端将此回送的信码与原发送的信码进行比较。如果发现错误，则发送端再重新发送一次。这种检验方式需要双向信道，设备简单，可以纠正任何错误，但缺点是会引入较大的时延，其原理如图 10-7 所示。

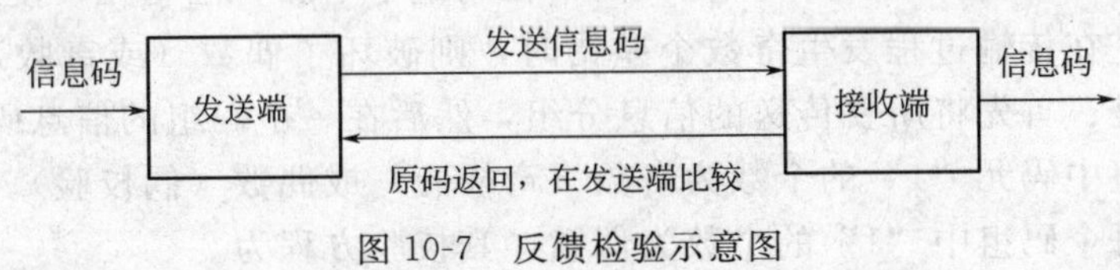

图 10-7　反馈检验示意图

10.2.4　最小码距与检错/纠错的关系

前已提及，信道编码的基本思想是在被传送的信息中附加一些监督码元，在两者之间建立某种校验关系，当这种校验关系因传输错误而受到破坏时，可以被发现并予以纠正。下面我们通过一个例子进一步说明检错纠错的原理以及最小码距与检错/纠错的关系。

例如，若传送“晴”和“雨”两种天气信息，则只需一位数字编码就可以表示（假设“1”表示“晴”，“0”表示“雨”）。当传输代表晴的码组“1”时，由于受到信道干扰，在接收端收到的却是码组“0”，这种情况下接收端是无法发现这一差错的。因为码组“1”和“0”都是许用码组（一般把按照规则允许使用的码组称为许用码组，不符合规则的码组称为禁用码组），所以接收端收到码组“0”就认为发送端传输的是“雨”的天气。但是，如果发送端分别用两位编码来表示“晴”和“雨”时，情况则不一样。比如用“11”表示“晴”，用“00”表示“雨”，当传输代表晴的码组“11”时，由于受到信道干扰，发生了一位误码，在接收端收到的码组为“10”，此时接收端就能判断收到的信息有误，因为码组“10”属于禁用码组，但却不能纠正。因为许用码组“11”和“00”错一位后都可以变成“10”。如果采用三位编码，用“111”表示“晴”，用“000”表示“雨”，当传输代表晴的码组“111”．时，由于受到信道干扰发生了一位误码，在接收端收到的码组为“110”，此时接收端不但能够判断错码，而且还能进行纠错。因为码组“110”属于禁用码组，所以能够检错。又因为“110”是许用码组错一位得到的，故发送端发送的一定是码组“111”。

在上述例子中，把传输码组中“1”的数目称为码组的重量，简称码重，把两个传输码

组对应位上数字不同的位数称为码组距离，简称码距。通常码距又叫汉明距离。比如，传输码组 1011 的码重为 3，传输码组 1011 和 1111 的码距为 1。在某种编码方式中，各个码组间距离的最小值称为最小码距 d_0。

一种编码方式中的最小码距 d_0 的大小将直接关系到该传输码组的检错和纠错的能力。具体关系如下：

① 为了检测 e 个随机错误，则要求码组的最小码距 $d_0 \geqslant e+1$；

② 为了纠正 t 个随机错误，则要求码组的最小码距 $d_0 \geqslant 2t+1$；

③ 为了纠正 t 个随机错码，同时检测 e 个随机错误，则要求码组的最小码距 $d_0 \geqslant e+t+1$ $(e \geqslant t)$。

10.3 常用的简单差错控制码

在介绍差错控制码之前，先列出几种常用的简单差错控制码，对以后理解纠错码原理可以有所启发。

(1) 奇偶校验码

在二进制数据的传输中，发生差错就是码元由“1”变为“0”，或者由“0”变为“1”，这样使码组中的“1”码的个数发生变化。如果在码组中增加一位码元，使码组中“1”的个数为偶数或奇数。在传输过程发生奇数个差错时，则破坏了偶数（或奇数）个“1”码的规则。其编码规则是：首先将所要传送的信息分组，然后在一个码组的信息码元后面附加校验码元，使得该码组中码元“1”的个数为奇数（奇校验）或偶数（偶校验）。。

偶校验是使每个码组中“1”的个数为偶数，其校验方程为

$$a_{n-1} \oplus a_{n-2} \oplus a_{n-3} \oplus \cdots \oplus a_0 = 0 \tag{10.3-1}$$

其中 a_{n-1} 为增加的校验位，其他位为信息位。

同样奇校验码组中“1”的个数为奇数，其校验方程为

$$a_{n-1} \oplus a_{n-2} \oplus a_{n-3} \oplus \cdots \oplus a_0 = 1 \tag{10.3-2}$$

其中 a_{n-1} 也为增加的校验位，其他位为信息位。

奇偶校验只能检出码字中任意奇数个差错，对于偶数个差错则无法检测，因此它的检测能力不强。但是它的编码效率很高，实现起来容易，因而被广泛采用。国际标准化组织 ISO 规定，对于串行异步传输系统采用偶校验方式，串行同步传输系统采用奇校验方式。

为了提高奇偶校验码的检错/纠错能力，在实际的数据传输中，奇偶校验又分为垂直奇偶校验、水平奇偶校验和垂直水平奇偶校验。在此不再赘述，感兴趣的读者可查阅相关资料。

(2) 群计数码

在群计数码中，监督码元附加在信息码元之后，每一个监督码元在数值上表示其对应的信息码元中“1”的个数。比如信息码元为 101101，其中信息码元中“1”的个数为 4，转变成二进制为“100”，则监督码元就为“100”，传输码组为“101101100”。

群计数码的特点是检错能力很强，除非传输码组中发生 1 变成 0 和 0 变成 1 的成对错误时无法检错，其他所有形式的错码它都能检测出来。

(3) 恒比码

在恒比码中，每个传输码组均包含相同数目的“1”和“0”，即“1”数目和“0”数目的比值是恒定的。接收端只要计算“1”的数目是否正确就可以检测错码。

恒比码主要应用在类似于电传通信系统中。比如我国邮电部门广泛采用的五单位数字保护电码就是一种五中取三的恒比码，如表 10-1 所示。

表 10-1　五中取三的恒比码

数字	电码	数字	电码
0	01101	5	00111
1	01011	6	10101
2	11001	7	11100
3	10110	8	01110
4	11010	9	10011

（4）正反码

在正反码中，信息码元与监督码元的位数是相同的，根据信息码元中“1”的数目的不同，监督码元与信息码元完全相同或者完全相反。

比如电报码中的正反码码长为 10，信息位为 5，监督位也为 5。编码规则是：当信息位中“1”的个数为奇数时，监督码元是信息码元的简单重复。当信息位中“1”的个数为偶数时，监督码元是信息码元的反码。比如信息码元为 10101，“1“为奇数个，则传输码组为 1010110101；信息码元为 11011，“1”为偶数个，则传输码组为 1101100100。接收端通过信息码元与监督码元的模 2 运算很容易恢复出信息来。

10.4　线性分组码

按照信息码元和监督码元之间是否具有线性关系，差错控制编码可以分为线性码和非线性码两种基本形式。如果信息码元与监督码元之间的关系为线性关系，则称为线性码。反之，则称为非线性码。

分组码是对信息码元按固定长度分段，每个码段有 k 个码元，并加入 r 个监督码元，组成长度为 $n=k+r$ 的分组码，也称（n，k）分组码。在分组码中，如果信息码元与监督码元之间的关系又为线性关系时，则这种分组码就称为线性分组码。

前面介绍的奇偶校验码就是一种最简单的线性分组码，根据偶校验方程（10.3-1），在接收端解码时，可将式(10.3-1）写成

$$S=a_{n-1}\oplus a_{n-2}\oplus a_{n-3}\oplus\cdots\oplus a_0 \tag{10.4-1}$$

式中 a_{n-1} 是监督码元，其他是信息码，校验时就是按上式计算 S 值。当 $S=0$ 时，认为该码组无错码；$S=1$ 时，认为该码组有错码。式(10.4-1）称为监督关系式，S 称为校正子。由于校正子 S 的取值只有两种可能，只能表示有错和无错两种信息，所以不能指出错误的位置。如果设置两位监督位，就可以组成两个监督关系式，有两个校正子 S_1 和 S_2 组成 00、01、10、11 共 4 种组合，表示 4 种信息，即 1 个表示无错，其余 3 个信息表示错码的位置。如果设置 r 位监督位，r 个监督关系式能指示 1 位错码的 2^r-1 个可能位置。

一般说来，若码长为 n，信息位数为 k，则监督位数 $r=n-k$。如果希望用 r 个监督位构造出 r 个监督关系式来指示 1 位错码的 n 种可能位置，则要求

$$2^r-1\geqslant n\quad 或\quad 2^r\geqslant k+r+1 \tag{10.4-2}$$

下面通过一个例子来说明如何构造监督关系式。

设分组码（n，k）中 $k=4$。为了纠正 1 位错码，由式(10.4-2）可知，要求监督位数 $r\geqslant$

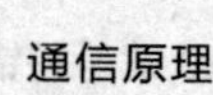

3。若取 $r=3$，则 $n=k+r=7$。用 $a_6a_5\cdots a_0$ 表示这 7 个码元，用 S_1、S_2、S_3 表示 3 个监督关系式中的校正子，则 S_1、S_2、S_3 的值与错码位置的对应关系可以规定如表 10-2（当然，也可以规定成另一种对应关系，这不影响讨论的一般性）所示。

表 10-2 （7，4）码校正子与误码位置

$S_1S_2S_3$	错码位置	$S_1S_2S_3$	错码位置
001	a_0	101	a_4
010	a_1	110	a_5
100	a_2	111	a_6
011	a_3	000	无错码

由表中规定可见，仅当错码位置在 a_2、a_4、a_5 或 a_6 时，校正子 S1 为 1；否则 S1 为 0。这就意味着 a_2、a_4、a_5 和 a_6 这 4 个码元构成偶数监督关系：

$$S_1=a_6\oplus a_5\oplus a_4\oplus a_2 \tag{10.4-3}$$

同理，a_1、a_3、a_5 和 a_6 构成偶数监督关系：

$$S_2=a_6\oplus a_5\oplus a_3\oplus a_1 \tag{10.4-4}$$

a_0、a_3、a_4 和 a_5 构成偶数监督关系：

$$S_3=a_5\oplus a_4\oplus a_3\oplus a_0 \tag{10.4-5}$$

在发送端编码时，信息位 $a_6a_5a_4a_3$ 的值决定于输入信号，因此它们是随机的。监督位 $a_2a_1a_0$ 应根据信息位的取值按监督关系来确定，即监督位应使上式中 S_1、S_2 和 S_3 的值为零（表示编成的码组中应无错码）。即

$$\left.\begin{aligned}a_6\oplus a_5\oplus a_4\oplus a_2=0\\ a_6\oplus a_5\oplus a_3\oplus a_1=0\\ a_5\oplus a_4\oplus a_3\oplus a_0=0\end{aligned}\right\} \tag{10.4-6}$$

由上式经移项运算，解出监督位为

$$\left.\begin{aligned}a_2=a_6\oplus a_5\oplus a_4\\ a_1=a_6\oplus a_5\oplus a_3\\ a_0=a_5\oplus a_4\oplus a_3\end{aligned}\right\} \tag{10.4-7}$$

由式(10.4-7) 可得到表 10-3 所示的 16 个许用码组。

表 10-3 （7，4）码校正子与误码位置

信息位 $a_6a_5a_4a_3$	监督位 $a_2a_1a_0$	信息位 $a_6a_5a_4a_3$	监督位 $a_2a_1a_0$
0000	000	0100	110
0001	011	0101	101
0010	101	0110	011
0011	110	0111	000
1000	111	1100	001
1001	100	1101	010
1010	010	1110	100
1011	001	1111	111

接收端在收到每个传输码组后，计算出 $S_1S_2S_3$ 的值，如果该值不全为 0，说明有误码产生，将予以纠正。例如，接收码组为 0000011，可算出 $S_1S_2S_3=011$，由表 10-3 可知在 a_3 位置上有一误码。不难看出，上述（7，4）分组码的最小码距 $d_0=3$，因此，它能纠正一个误码或检测两个误码。如超出纠错能力，则反而会因“乱纠”而增加新的误码。

线性分组码是建立在代数群论基础之上的，各许用码的集合构成了代数学中的群，它们的主要性质如下：

① 任意两许用码之和（对于二进制码这个和的含义是模 2 和）仍为一许用码，也就是说，线性分组码具有封闭性；

② 码组间的最小码距等于非零码的最小码重。

10.5 循 环 码

循环码是线性分组码的一个重要分支，是目前研究得最成熟的一类码。由于循环码有许多特殊的代数性质，特别是它的编译码器易于实现，目前其编码、译码、检测和纠错已由集成电路产品实现，是目前通信传送系统和磁介质存储器中广泛采用的一种编码。

10.5.1 循环码的特点及码多项式

循环码是一种线性分组码（n，k），前 k 位为信息码元，后 r 位为监督码元。它除了具有线性分组码封闭性之外，还具有独特的循环性。所谓循环性是指任一许用码组经过循环移位后所得到的码组仍为许用码组。若 $C=[c_1,c_2,\cdots,c_n]$ 是一个循环码组，一次循环移位得到 $C^{(1)}=[c_2,\cdots,c_n,c_1]$ 也是许用码组，移位 i 次得到 $C^{(i)}=[c_{i+1},c_{i+2},\cdots,c_n,c_1,\cdots,c_i]$ 也是许用码组。不论右移或左移，移位位数多少，其结果均为循环码组。表 10-4 给出了（7，3）循环码的全部码组。

表 10-4 （7，3）循环码的全部码组

码组编号	信息位 $a_6a_5a_4$	监督位 $a_3a_2a_1a_0$	码组编号	信息位 $a_6a_5a_4$	监督位 $a_3a_2a_1a_0$
1	000	0000	5	100	1011
2	001	0111	6	101	1100
3	010	1110	7	110	0101
4	011	1001	8	111	0010

基于循环移位的特性，使用多项式描述其性质是很方便的。为了将码组 C 与 $n-1$ 次多项式之间建立一一对应关系，可使用以下表达式：

$$c(x)=c_1x^{n-1}+c_2x^{n-2}+\cdots+c_n \tag{10.5-1}$$

上式 $c(x)$ 称为码多项式，这种多项式中的 x 仅仅是码元位置的标记。这里我们并不关心 x 的取值而特别关注 x 多项式的系数，将 x 多项式的系数用二进制码组的“0”和“1”表示，系数之间的加法和乘法运算服从模 2 规则。

关于模运算，实际上是取余数的过程。一般说来，对于一个整数 m 可以表示为

$$\frac{m}{n}=Q+\frac{p}{n},\quad p<n \tag{10.5-2}$$

式中，Q 为整数，则整数作模 n 运算的结果为

$$m \bmod n = p \tag{10.5-3}$$

即一个整数 m 作模 n 运算的结果是取它被 n 除得的余数。

对于码多项式的模运算来说，也有类似的取余过程。若任意一个多项式 $F(x)$ 被一个 n 次多项式 $N(x)$ 除，得到商式 $Q(x)$ 和一个次数小于 n 的余式 $R(x)$，即

$$F(x) = N(x)Q(x) + R(x) \tag{10.5-4}$$

则在模 $N(x)$ 运算下，有

$$F(x) \bmod N(x) = R(x) \tag{10.5-5}$$

有了上述码多项式的模运算规则，就可以很方便地表示一个移位后的码多项式。可以证明：对于码长为 n 的码多项式 $T(x)$ 和经过 i 次左移位后所得到的码多项式 $T^{(i)}(x)$ 的关系为

$$T^{(i)}(x) = x^i T(x) \bmod (x^n + 1) \tag{10.5-6}$$

例如，(7，3) 循环码的一个码组为 (1110100)，用码多项式表示为

$$T(x) = x^6 + x^5 + x^4 + x^2$$

经过 3 次移位后所得到的码多项式 $T^{(3)}(x)$ 可用下式来求：

$$T^{(3)}(x) = x^3 T(x) \bmod (x^7+1) = \frac{x^3(x^6+x^5+x^4+x^2)}{x^7+1}$$

$$= (x^2+x+1) + \frac{x^5+x^2+x+1}{x^7+1} = x^5+x^2+x+1$$

即所对应的码组为 (0100111)，其仍然为 (7，3) 循环码的许用码组。

10.5.2 循环码的生成多项式

通过代数变换，可以得到循环码 $c(x)$ 的表示式：

$$c(x) = m(x) \cdot g(x) \tag{10.5-7}$$

式中，$m(x)$ 表示信息码元的代数多项式；$g(x)$ 为循环码的生成多项式。

显然，生成的循环码的多项式 $c(x)$ 由其码组长度 n 及生成多项式 $g(x)$ 所决定，它是 $g(x)$ 的倍式，即凡能被 $g(x)$ 除尽，且次数不超过 $(n-1)$ 的多项式，一定是这一组循环码的码多项式。

那么，如何确定生成多项式 $g(x)$ 呢？数学分析发现，$g(x)$ 是一个能除尽 x^n+1 的 $n-k$ 阶多项式，所以，对 x^n+1 进行因式分解所得到的因式就是 $g(x)$。

例如，为了寻找 (7，4) 循环码的生成多项式，则应当将 (x^7+1) 作因式分解。

$$x^7+1 = (x+1)(x^3+x^2+1)(x^3+x+1)$$

由于 $n-k=7-4=3$，故 (7，4) 循环码的生成多项式 $g(x)$ 为

$$g(x) = x^3+x^2+1 \quad 或 \quad g(x) = x^3+x+1$$

上两式都可以作为生成多项式。不过，选用的生成多项式不同，产生出的循环码组也不同。

实际中，当码位 n 越大时，对 x^n+1 作因式分解往往比较困难，目前这项工作一般由计算机来完成。

10.5.3 循环码的生成

对于 $(n，k)$ 循环码，首先将它的信息码用次数不高于 $(n-k)$ 次的码多项式表示（称为信息码多项式）后，再用 x^{n-k} 乘以它，然后用所得多项式除以生成多项式 $g(x)$，所

得余式就是该循环码的监督码的代数多项式（称为监督码多项式）。通过代数变换，可以得到循环码 $c(x)$ 的表示式。

【例】（7，4）循环码的生成多项式为 $g(x)=x^3+x+1$，求出其所有的（7，4）循环码。

【解】对任意一个四元信息码组如 0111，其信息码多项式为 $m(x)=x^2+x+1$。将它乘以 $x^{n-k}=x^3$ 后得 $x^3m(x)=x^5+x^4+x^3$，再用 $g(x)=x^3+x+1$ 除该式。所得余式为 $r(x)=x$，故该信息码的（7，4）循环码多项式为

$$c(x)=x^{n-k}m(x)+r(x)=x^5+x^4+x^3+x$$

即该信息码 0111 的（7，4）循环码为 0111010。同理，可求得其他四位信息码元的（7，4）循环码。

10.5.4　循环码的译码

在检错时，当接收码组没有错码时，接收码组 $R(x)$ 必定能被 $g(x)$ 整除，即

$$\frac{R(x)}{g(x)}=Q(x)+\frac{r(x)}{g(x)}$$

式中，余项 $r(x)$ 应为零；否则，有错码。当接收码组中的错码数量过多，超出了编码的检错能力时，有错码的接收码组也可能被 $g(x)$ 整除。这时，错码就不能检测出来了。

在纠错时，先用生成多项式 $g(x)$ 除接收码组 $R(x)$，得出余式 $r(x)$，然后按照余式 $r(x)$，用查表的方法或计算方法得出错误图样 $E(x)$，最后从 $R(x)$ 中减去 $E(x)$，便可得到已经纠正错码的原发送码组 C。

10.6　卷　积　码

卷积码又称为连环码，是 1955 年由麻省理工学院的伊利亚斯（P. Elias）提出的一种纠错码。它与前面几节讨论的分组码不同，卷积码是一种非分组码。由于卷积码在编码过程中充分利用各码组之间的相关性，其性能要优于分组码，而且实现简单，因此在通信领域应用越来越广泛。

在分组码中，编码器把 k 个信息码元编成长度为 n 位的码字，每个码字的 r（$r=n-k$）个监督码元仅与本码字的 k 个信息码元有关，而与其他码字的信息码元无关。卷积码则不同，它虽然也是把 k 比特的信息码序列编成长度为 n 比特的码组，但是监督码元不仅与当前的 k 比特信息段有关，同时还与前面 $N-1$ 个信息段密切相关。换句话说，各码组内的监督码元不仅对本码组的信息比特有监督作用，而且对前面 $N-1$ 个码组内的信息比特也有监督作用。即一个码组中的监督码元监督着 N 个信息段。通常将 N 称为编码约束度，单位是组，并将 N_n 称为编码约束长度，单位是位。我们将卷积码记为（n，k，N）。

10.6.1　卷积码的编码原理

卷积码是通过卷积码编码器来实现的，卷积码编码器的一般结构如图 10-8 所示，它包括一个由 N 段组成的输入移位寄存器，每段有 k 级，共 Nk 位寄存器；一组 N 个模 2 加法器；一个由 N 级组成的输出移位寄存器，对应于每段 k 位的输入序列，输出 N 位。

下面用一个简单例子来说明卷积码的编码原理。图 10-9 所示的电路是一个简单的（2，

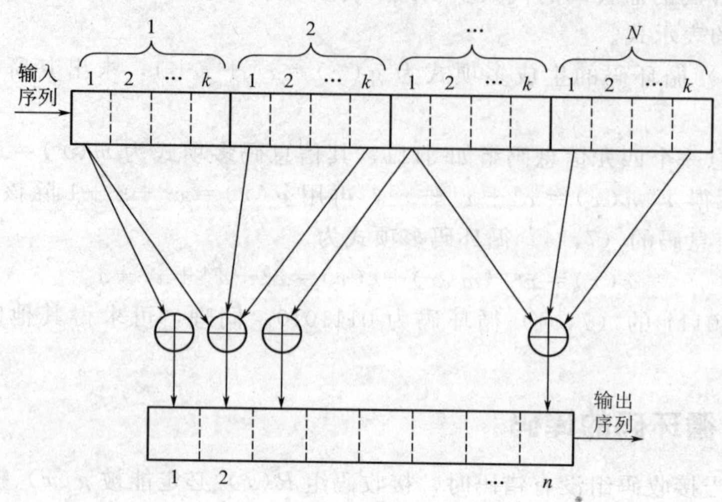

图 10-8 卷积码编码器的一般结构

1，3）卷积码的编码器，它由有两个触点的转换开关和一组 3 位移位寄存器 m_1，m_2，m_3 及模 2 相加电路组成。编码前各移位寄存器清零，信息码元按顺序 $a_1a_2\cdots a_j\cdots$ 依次输入到编码器。每输入一个信息码元 a_j，开关依次接到每一个触点各一次，编码器每输入一个信息码元，经该编码器后产生 2 个输出比特。

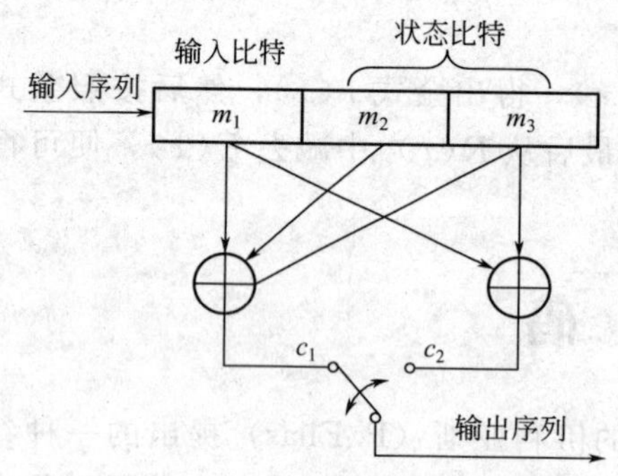

图 10-9 （2，1，3）卷积码编码器

假设该移位寄存器的起始状态全为零，编码器的输出比特 c_1c_2 表示为

$$c_1 = m_1 + m_2 + m_3$$

$$c_2 = m_1 + m_3$$

其中，m_1 表示当前的输入比特，而 m_3m_2 表示存储的以前的信息。当第一个输入比特为 1 时，即 $m_1=1$，因 $m_3m_2=00$，所以输出 $c_1c_2=11$，这时 $m_1=1$，$m_3m_2=01$，$c_1c_2=01$，依此类推，为保证输入的信息［11010］都能通过移位寄存器，还必须在输入信息位后填加 3 个 0。为了说明编码器的状态，采用如图 10-10 所示的图解方式给出整个编码器的工作过程。

将上述编码过程列成表格形式，如表 10-5 所示列出了它的状态变化过程（也可以用树状图的形式来描述）。

表 10-5 （2，1，3）卷积码编码器的状态变化表

m_1	1	1	0	1	0	0	0	0
m_3m_2	00	01	11	10	01	10	00	00
c_1c_2	11	01	01	00	10	11	00	00
状态表示	a	b	d	c	b	c	a	a

由表 10-5 可以看出：输入序列［11010］经过（2，1，3）卷积码编码器的输出序列为［1101010010110000］，即表 10-5 的第 3 行。

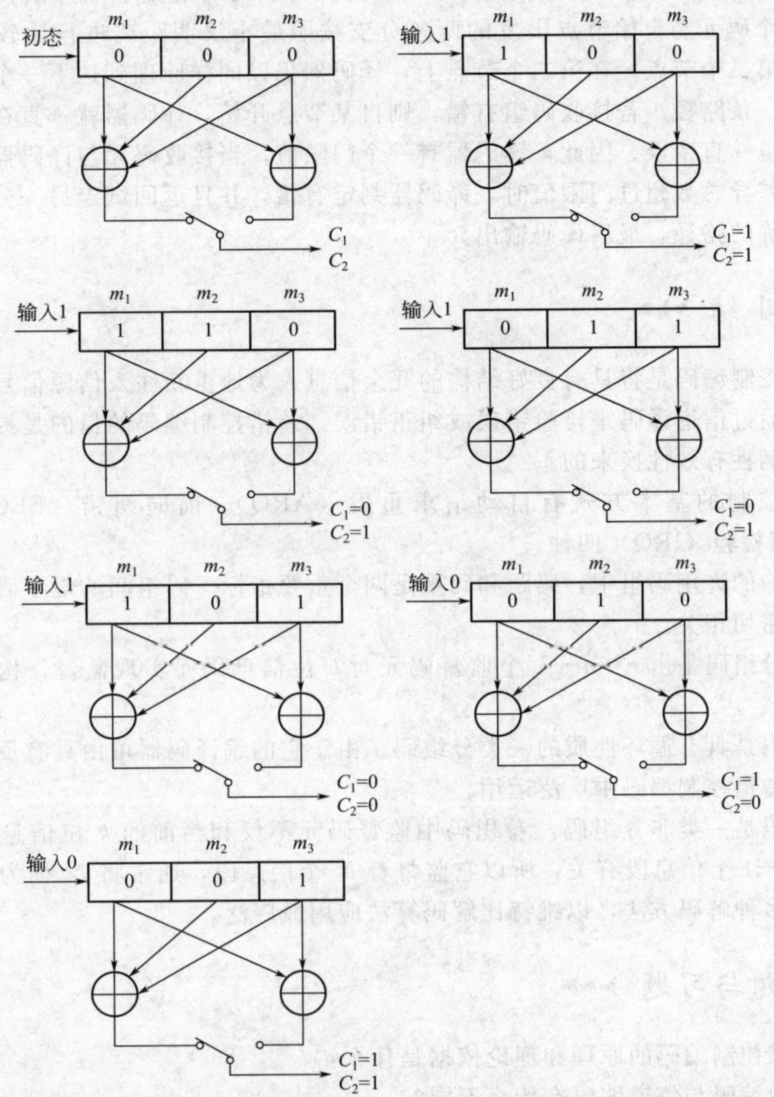

图 10-10　(2，1，3) 卷积码编码的过程（输入自上而下为 110100）

10.6.2　卷积码的译码

卷积码译码可以分为代数逻辑译码和概率译码。代数逻辑译码是利用生成多项式来译码。概率译码比较实用的有两种：维特比译码和序列译码。目前，概率译码已成为卷积码最主要的译码方法。

(1) 维特比译码

维特比译码主要应用在卫星通信和蜂窝网通信系统中，这种译码方法比较简单、计算快，故得到广泛应用。其基本方法是将接收到的信号序列和所有可能的发送信号序列作比较，选择其中汉明距离最小的序列认为是当前发送信号序列。若发送一个 k 位序列，则有 2^k 种可能的发送序列。计算机需事先存储这些序列，以便用作比较。当 k 较大时存储量会很大，使实用受到限制。

(2) 序列译码

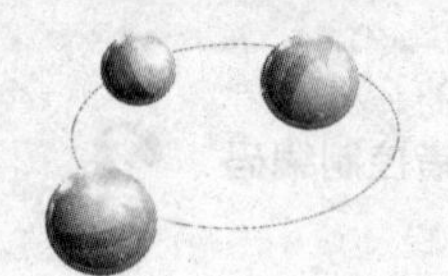

当 m 很大时，可以采用序列译码法。译码先从树状图的起始节点开始，把接收到的第一个子码的 n 个码元与自始节点出发的两条分支按照最小汉明距离进行比较，沿着差异最小的分支走向第二个节点。在第二个节点上，译码器仍以同样原理到达下一个节点，依此类推，最后得到一条路径。若接收码组有错，则自某节点开始，译码器就一直在不正确的路径中行进，译码也一直错误。因此，译码器有一个门限值，当接收码元与译码器所走的路径上的码元之间的差异总数超过门限值时，译码器判定有错，并且返回试走另一分支。经数次返回找出一条正确的路径，最后译码输出。

本章小结 ▶▶▶

(1) 差错控制编码是将具有良好结构的冗余信息人为地重新注入信源信号中。在接收端根据编码规则通过信道译码来检验错误或纠正错误。差错控制编码的目的是提高系统的可靠性，它是通过牺牲有效性换来的。

(2) 差错控制的基本方式有自动请求重发（ARQ）、前向纠错（FEC）、混合纠错（HEC）和反馈检验（IRQ）四种。

(3) 在传输的许用码组中，码距和码重是两个重要指标。码组间的最小码距与码组的检错和纠错能力密切相关。

(4) 线性分组码是由 $r=n-k$ 个监督码元对 k 位信息码元实现监督，构成码字长为 n 的码组。

(5) 循环码是具有循环性质的一类分组码。由于它的编译码器可由具有反馈的移位寄存器实现，故在差错控制编码中广泛运用。

(6) 卷积码是一类非分组码，卷积码中监督码元不仅和当前的 k 位信息码元有关，而且还同前面 $N-1$ 个信息段有关，所以它监督着 N 个信息段，通常将 N 称为卷积码的约束度。卷积码有多种解码方法，以维特比解码算法应用最广泛。

思考题与习题 ▶▶▶

10-1 差错控制编码的原理和理论依据是什么？

10-2 信源编码与信道编码有什么不同？

10-3 差错控制编码的基本方式有哪些？

10-4 码组间最小码距与其检错和纠错能力有什么关系？

10-5 已知两码组为（00000）、（11111）。若该码集合用于检错，能检出几位错码？若用于纠错，能纠正几位错码？若同时用于检错与纠错，各能纠、检几位错码？

10-6 已知（7，4）循环码的生成多项式为 $g(x)=x^3+x^2+1$。若输入信息码为11001011，试求编码后的码组。

10-7 卷积码和分组码之间有何异同点？

第11章 通 信 网

【本章导读】

- 通信网的拓扑结构
- 电话网的交换技术和信令系统
- 数据通信网的体系结构
- 综合业务数字网的模型
- 小区制蜂窝式移动通信系统

11.1 概 述

前面已重点讨论了点到点（或者说一对一）的通信模型，若要实现多用户间的通信，则需要一个合理的拓扑结构将多个用户有机地连接起来，并按照规定的通信协议进行协同工作，这样就形成了一个通信网。因此，通信网是指由一定数量的节点（包括终端设备和交换设备）和连接节点的通信链路按照一定的拓扑结构相互有机地结合在一起，并按照相关协议来实现两个或多个规定节点之间信息传输的通信体系。

从定义不难看出，通信网包括硬件和软件两大部分。硬件包括通信链路、交换设备和终端设备，软件包括实现互连互通的信令、协议。通信链路是指终端设备与交换设备之间或节点之间的传输媒介，它占用一定的频带和物理空间，这个物理空间可以是自由空间，也可以是一条用于传导电磁信号的媒体；交换设备是按照信令将通信链路传来的信号转接到另一条链路的设备。

最早的通信网是公用电报网，随后产生了公用电话交换网、用户电报网和电视网等。每出现一种新的通信功能，就要建立一种相应的通信网。于是就形成了多个不同功能的通信网覆盖同一个地区的现象。这就造成线路利用率低、资源不能共享及重复建设等缺点。为了解决这个问题，相继又产生了窄带综合业务数字网（Narrowband lntegrated Services Digital Network，即 N-ISDN）和宽带综合业务数字网（Broadband lntegrated Services Digital Network，即 B-ISDN）。另一方面，随着通信技术向个人通信方向发展，产生了移动通信网并得到了惊人的发展。因此，本章从通信的业务功能入手，简要介绍一下电话交换网、数据通信网、综合业务数字网和移动通信网。

决定通信网络性质的关键因素之一是通信网的拓扑结构，所谓拓扑结构是指通信网络中的各节点设备与通信链路相互连接而构成的不同物理结构。通信网的拓扑结构主要有：网形网、星形网、环形网、总线形网和复合形网。

网形网又称为点点相连制，网中任何两个节点之间都有直达链路相连接，在通信建立的过程中，不需任何形式的转接，如图 11-1(a) 所示。用这种形式建网时，如果通信网中的节点数为 N，则连接网络的链路数 $N(N-1)/2$。当 N 增大时，所需链路数目将急剧增加，这就造成传输线路的利用率降低。由于此网络的冗余度较大，因此其接续质量和网络稳定性较好。

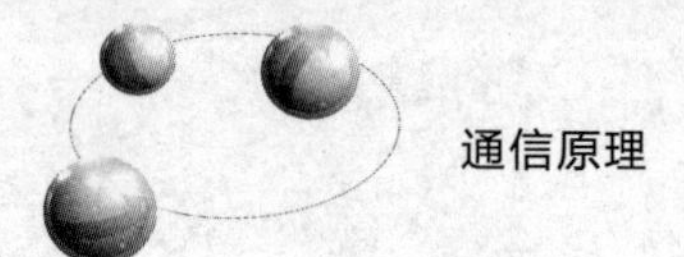

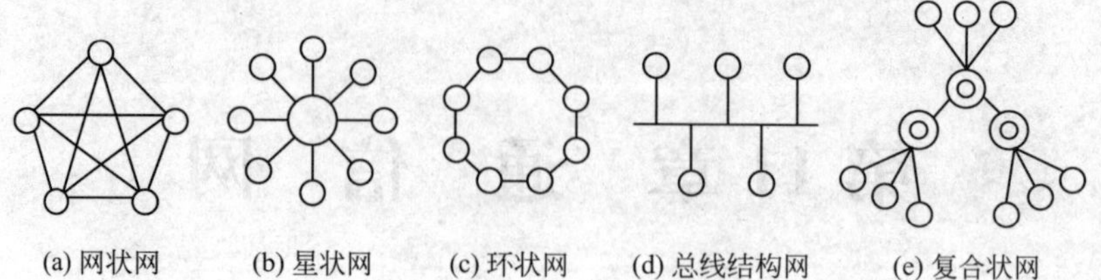

图 11-1 通信网的拓扑结构

星型网又称为辐射网，在地区中心设置一个中心节点，地区内的其他节点都与中心节点有直达电路，而其他节点之间的通信都经中心节点转接。如图 11-1(b) 所示。用这种形式建网时，如果通信网中的节点数为 N，则连接网络的链路数为 $N-1$。与网形网相比，星形网需要的链路数目减少了，但是需要增加交换设备，通信网的成本可能增加。从可靠性上考虑，星形网的中心节点至关重要，若中心节点的交换设备的转接能力不足或发生故障时，将会对网络的接续质量和网络的稳定性产生影响，甚至可能造成全网瘫痪。

环形网的结构特点是各节点设备通过一条首尾相连的通信链路连接而形成的一个闭合环结构，因此，环形网所需的链路数目 N 等于节点数目，如图 11-1(c) 所示。环形网容易安装和监控，但容量有限，网络建成后难以增加新的站点。

总线形网的结构特点是网络上各节点设备都与一根总线挂接，如图 11-1(d) 所示。所以，在任一时刻只能有一个节点设备发送数据。

复合形网又称为辐射汇接网，是以星形网为基础，在通信量较大的地区间构成网形网。复合形网吸取了网形网和星形网二者的优点，比较经济合理，且有一定的可靠性，是目前通信网的基本结构形式，如图 11-1(e) 所示。

由上面的介绍可以看出，通信网的拓扑结构与计算机网络的拓扑结构基本上是一样的。

11.2 电话交换网

电话交换网是传递话音信息的电信网，同时，电话交换网也是业务量最大、服务面最广的电信网，因此电话交换网是电信网的基础。

11.2.1 电话交换网的拓扑结构

电话交换网由交换设备、传输设备和终端设备（电话机）组成。按照用途区分，电话交换网可以分为专用交换电话网和公共交换电话网（Public Switch Telephone Network, PSTN)。现以 PSTN 为例，介绍其结构和功能。图 11-2 为 PSTN 拓扑结构示意图，按覆盖范围区分，PSTN 可分为本地电话网、国内长途电话网和国际长途电话网。

本地电话网是指在一个统一号码长度的编号区内，由电话机、用户线、用户端局（简称端局)、汇接局、局间中继线和长话——市话中继线组成的电话交换网。各用户的电话机经过用户线接到端局，在一个端局内的线路一般构成星形网。在端局中的用户交换机用于按照呼叫用户的信令连接被呼叫用户。汇接局则汇聚各端局的连接，并与其他汇接局连接。各端局和汇接局之间用局间中继线连接。长话——市话中继线则用于将本地电话交换网和国内长途电话交换网相连接。中继线一般是大容量电（光）缆，用于传输时分复用 PCM 信号。

国内长途电话交换网是指全国各市（县）间用户进行长途通话的电话交换网，网中各市（县）都设一个或多个长途电话局，各长途局间由长途电话线路连接起来。国内长途电话交换网的结构在我国采用分级汇接制，它包含 4 个等级的交换中心，即大区交换中心（C1），省交换中心（C2），地区交换中心（C3）和县市交换中心（C4）。

国际长途电话交换网是指将世界各国的电话交换网相互连接起来进行国际通话的电话交换网。为此，每个国家都需设有一个或几个国际电话局。国际长途通话实际上需要经过通话双方国内电话交换网和国际电话局以及国际电路等几部分进行的。

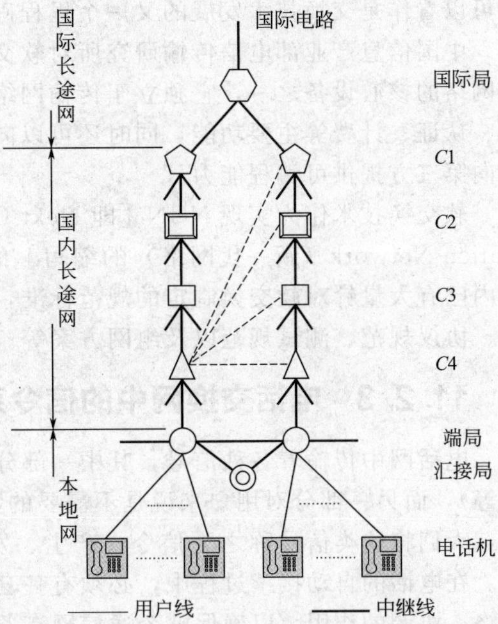

图 11-2 PSTN 拓扑结构示意图

11.2.2 电话交换网中的交换技术

在电话网中，要实现两个电话机的连接，最简单的形式是用传输线直接将两个电话机连接，即点对点通信。但是，用这种方法，要实现网络中所有设备之间的通信是不现实的。因为，对于 n 个终端，要有 $n(n-1)/2$ 条双工链路，而且每个终端还要有 $n-1$ 个 I/O 端口，系统的成本将大大增加，效率也很低。通常要在各用户线间增加交换设备，通过交换设备的控制进行连通。

自 1876 年贝尔发明电话以来，电话交换技术先后经历了人工交换、步进制交换、纵横制交换、程控交换、IP 交换和软交换等应用阶段，但从交换技术角度归结起来可分为电路交换技术、IP 交换技术、软交换技术三个阶段。

(1) 电路交换技术

人工、步进制、纵横制、程控交换技术都属于电路交换。电路交换的基本特点是采用面向连接的方式，在双方进行通信之前，需要为通信双方分配一条具有固定带宽的通信电路，通信双方在通信过程中将一直占用所分配的资源，直到通信结束，并且在电路的建立和释放过程中都需要利用相关的信令协议。这种方式的优点是在通信过程中可以保证为用户提供足够的带宽，并且实时性强，时延小，交换设备成本较低，但同时带来的缺点是网络的带宽利用率不高，一旦电路被建立不管通信双方是否处于通话状态，分配的电路都一直被占用。

(2) IP 交换技术

随着 Internet 的巨大成功，基于 IP 协议的分组交换技术成为未来信息网络的支柱技术。Internet 网络是对每个分组根据路由信息和网络情况独自进行传输和选路。基于 TCP/IP 的 Internet 网络主要用来传送数据业务，但传统的电信运营商开始尝试使用 IP 技术来传送话音业务。最早出现的在分组网上传送语音业务的应用就是 IP 电话技术。IP 电话的成功应用已经成为“三网合一”大潮中最引人注目的应用之一。

(3) 软交换技术

随着 IP 电话技术的发展，针对 IP 电话存在的缺点从技术角度进行了改进，将网关呼叫控制和媒体交换的功能相分离，进而最终提出了软交换的概念。

软交换技术虽然仍然采用分组网络作为承载网络，但是从技术角度来讲，软交换技术仍

然可以看作是交换技术发展的又一个里程碑，必将成为未来网络发展过程中一个重要技术。

中国信息产业部电信传输研究所对软交换的定义是："软交换是网络演进以及下一代分组网络的核心设备之一，它独立于传输网络，主要完成呼叫控制、资源分配、协议处理、路由、认证、计费等主要功能，同时还可以向用户提供现有电路交换机所能提供的所有业务，并向第三方提供可编程能力。"

软交换技术作为实现 NGN［即 Next Generation Network（下一代网络）或 New Generation Network（新一代网络）的缩写］的核心技术，已发展成为成熟的交换技术，目前国内已有大量针对软交换制定的规范标准，包括软交换网络中涉及的大量设备规范、业务规范、协议规范、测试规范以及组网方案等。

11.2.3 电话交换网中的信令系统

电话网中传输着各种信号，其中一部分是人们需要的（例如打电话的语音、上网的数据包等），而另一部分对用户来说是不需要的，这类信号是用来专门控制交换机产生动作的命令，人们将这类信号称之为信令，产生、发送和接收信令所需软、硬件的集合称为信令系统。在电话的自动接续过程中，必须有一套完整的信令系统，它在电话通信网中起着指挥、联络、协调的作用，以确保整个通信网有条不紊地运转。

按照信令的功能，信令可分为线路信令、路由信令和管理信令。其中，线路信令具有监视功能，用来监视主被叫的摘、挂机状态及设备忙闲；路由信令具有选择功能，指主叫所拨的被叫号码，用来选择路由；管理信令具有操作功能，用于电话网的管理和维护。

按照信令的工作区域，信令可分为用户信令和局间信令。其中，用户信令是用户和交换机之间的信令，在用户线上传送。主要包括用户向交换机发送的监视信令和选路信令，交换机向用户发送的铃流和各种音信号；局间信令是交换机和交换机之间的信令，在局间中继线上传送，用来控制呼叫接续和拆线。局间信令又分为随路信令和共路信令，随路信令是指信令和用户信息（话音）在同一信道中传输的信令，共路信令则将呼叫控制信息和其他业务信息通过一个独立的信令网络传输。目前最通用的局间信令为国际标准 R2 和 SS7 信令；中国国内通常将其称为 1 号信令和 7 号信令。

11.3 数据通信网

11.3.1 概述

以传输数据为主要业务的网络称为数据通信网，数据通信网主要是在计算机之间传输数据，因此，从广义来说，数据通信就是计算机通信，由此形成的数据通信网也就是计算机通信网。数据通信网是继电报、电话业务之后的第三种最大的通信业务，目前已经部分地代替了电话网。

按照覆盖范围大小，数据通信网可分为局域网 LAN（Local Area Network）、城域网 MAN（Metropolitan Area Network）、广域网 WAN（Wide Area Network）和个（人区）域网 PAN（Personal Area Network）。

按照传输媒介的不同，数据通信网可分为有线数据通信网和无线数据通信网。譬如，目前普遍使用的无线局域网（IEEE 称为 Wireless LAN，简称 WLAN 或 ITU-R 称为 Radio LAN，简称 RLAN）就是无线数据通信网。

数据通信网中也存在交换和信令，只是采用的交换技术与电话网中的不同，而且信令在数据通信网中被称为通信协议（也叫通信规程）。下面将分别给予介绍。

11.3.2　数据通信网中的交换技术

在电话网中，采用的交换技术是电路交换，其特点是在用户之间建立一条连接通路，以直接传递信号。而在数据通信网中，采用的是信息交换，其特点是它并不在通信两端用户之间建立通路，而是先由交换设备将发送端送来的信号存储起来，然后按照信号中包含的目的地址信息，将它转发到接收端。所以，这种方式又称为“存储—转发”方式。

电路交换时，在两个用户通话的持续时间内，需要有一条通信电路始终保持在为他们连接的状态。若此电路包含多条通路，则这两个通话的用户至少持续占用其中一条通路，不论他们是否正在讲话。平均而言，在通话时间内，一个用户收听和讲话的时间各占一半（50%），再考虑到找人等待时间和讲话时的间隙，实际发送话音的时间只占不到 40%。所以通路多一半时间是空闲的。这是很大的资源浪费。

信息交换时，一个通路可以被多个用户发送的信息分时利用，所以通路的时间利用率可以大为增加。此外，由于交换设备需要将收到的数据格式变成适合传输的格式，在数据到达接收端前再将其格式变成适合接收端的格式，所以收发两端设备所用的数据格式可以不同。但是，由于信息交换是按照存储—转发方式工作的，交换设备将收到的数据先存储起来，等到有通路可以利用时才转发，所以有一定的时间延迟。信息交换又可以分为报文交换（message-switching）和分组交换（packet-switching）两种。报文交换是将整个报文（message）一次转发，由于其长度可能很长，所以，其存储时间也可能很长，从而造成时延可能很大。而分组交换则是首先将消息在交换设备中分成长度相等的短的分组（或称“包”，packet），由于每组的长度都很短，所以通常延迟时间很小，故信息一般都能准确地传输。目前广泛应用的是分组交换。

11.3.3　数据通信网的体系结构

数据通信网中的通信协议所起的作用与电话网中的信令是一样的，它也是一种协调网络运行的“语言”。在电话网中，对每次通话的全过程都有详细的规定，例如拨号脉冲的长度、双音多频的频率、拨号音和回铃音或忙音的频率和持续时间等。在数据通信中也有类似规定。在数据通信中，终端和交换设备必须遵守的规定称为通信协议，也叫通信规程。

为了使协议具有安全性、加密性、硬件可行性以及系统结构标准化，便于计算机之间的互联互通，需要将复杂的通信过程分成若干层次，每个层次承担一定的任务，并为每个层次制定相应的协议。我们将这些层次和相应的协议的总和称为数据通信网的体系结构（architecture）。1983 年国际标准化组织（International Standard Organization，ISO）提出了开放系统互连参考模型（Open Systems Interconnection Reference Model，OSI-RM），作为指导计算机网络发展的标准协议。所谓“开放系统”，就是指一个系统与其它系统进行通信时能够遵循 OSI 标准的系统，按照 OSI 标准研制的系统，均可实现互联互通。

（1）OSI 体系结构

OSI 参考模型中将数据通信网的体系结构分为 7 层，如图 11-3 所示，最下层称为第 1 层，最上层称为第 7 层，每一层完成特定的功能，每一层有相应的协议，在数据发送时，数据从第 7 层传到第 1 层，接收数据时则相反。现将各层的功能介绍如下。

第 7 层应用层：应用层是 OSI 参考模型的最高层，是用户与网络的接口。该层通过应

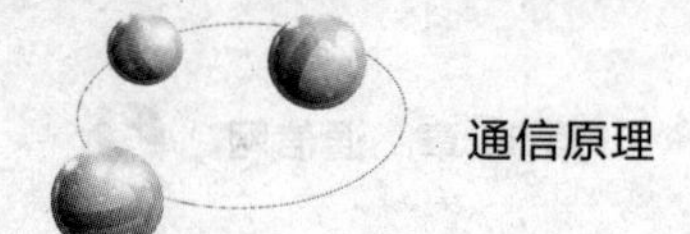

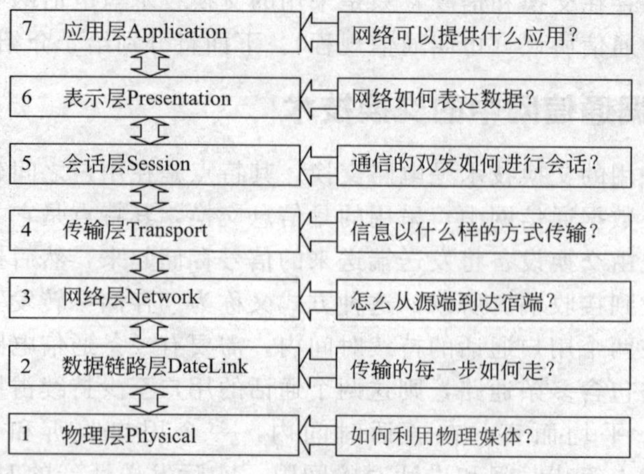

图 11-3　OSI 体系结构

用程序来完成网络用户的应用需求，如文件传输、收发电子邮件等。常见的协议有：HTTP、HTTPS、FTP、TELNET、SSH、SMTP 和 POP3 等。

第 6 层表示层：表示层处理流经节点的数据编码的表示方式问题，以保证一个系统应用层发出的信息可被另一系统的应用层读出。

第 5 层会话层：会话层主要功能是管理和协调不同主机上各种进程之间的通信，即负责建立、管理和终止应用程序之间的会话。会话层得名的原因是它很类似于两个实体间的会话概念。例如，一个交互的用户会话以登录到计算机开始，以注销结束。

第 4 层传输层：传输层的作用是为上层协议提供端到端的可靠和透明的数据传输服务，包括处理差错控制和流量控制等问题。该层向高层屏蔽了下层数据通信的细节，使高层用户看到的只是在两个传输实体间的一条主机到主机的、可由用户控制和设定的、可靠的数据通路。传输层传送的数据称为段或报文。

第 3 层网络层：网络层是为传输层提供服务的，传送的数据称为数据包或分组。该层的主要作用是解决如何使数据包通过各节点传送的问题，即通过路径选择算法（路由）将数据包送到目的地。

第 2 层数据链路层：数据链路层是为网络层提供服务的，传送的数据称为数据帧。数据帧中包含物理地址（又称 MAC 地址）、控制码、数据及校验码等信息。该层的主要作用是通过校验、确认和反馈重发等手段，将不可靠的物理链路转换成对网络层来说无差错的数据链路。

第 1 层物理层：处于 OSI 参考模型的最底层。物理层的主要功能是利用物理传输介质为数据链路层提供物理连接，以便透明的传送比特流。

上面介绍的 OSI 体系结构虽然在理论上比较完整，但是由于它的全部标准制定周期太长，实现起来过于复杂，层次不太合理和缺乏商业驱动力等原因，至今未能得到广泛应用。而在它的全部标准制定出来之前，因特网已经在全球得到了极大发展。因特网的体系结构是从实践中产生的，它称为 TCP/IP 体系结构。虽然 OSI 在市场化方面失败了，但也给计算机网络发展翻开了宝贵的一页。

（2）TCP/IP 体系结构

TCP/IP（Transmission Control/Internet Protocol）是指传输控制协议/网际协议。它起源于美国 ARPANET 网，由它的两个主要协议即 TCP 协议和 IP 协议而得名。TCP/IP 是

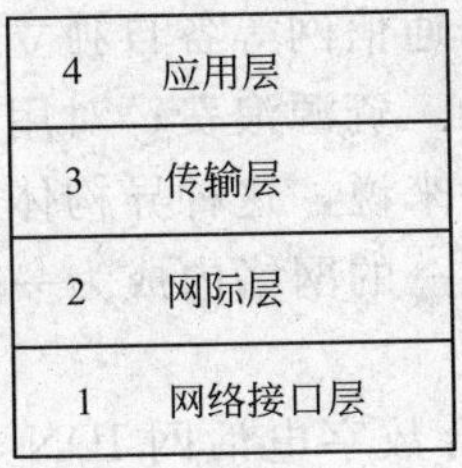

4	应用层
3	传输层
2	网际层
1	网络接口层

图 11-4　TCP/IP 体系结构

Internet 上所有网络和主机之间进行交流所使用的共享“语言”，是 Internet 上使用的一组完整的标准网络连接协议。通常所说的 TCP/IP 协议实际上包含了大量的协议和应用，且由多个独立定义的协议组合在一起的协议集。

TCP/IP 体系结构只分 4 层（如图 11-4 所示），最下层称为第 1 层，最上层称为第 4 层，各层的功能为

第 4 层应用层：应用层为用户提供网络应用，并为这些应用提供网络支撑服务，把用户的数据发送到低层，为应用程序提供网络接口。

第 3 层传输层：传输层的作用是在源节点和目的节点的两个对等实体间提供可靠的端到端的数据通信。

第 2 层网络互联层：网络互联层负责独立地将分组从源主机送往目的主机，为分组提供最佳路径选择和交换功能，并使这一过程与它们所经过的路径和网络无关。

第 1 层网络接口层：网络接口层是 TCP/IP 模型的最底层，负责接收从网络层交付的 IP 数据包，并将 IP 数据包通过底层物理网络发送出去，或者从底层物理网络上接收物理帧，抽出 IP 数据包，交给网络层。

但从实质上讲，TCP/IP 只有三层，即网络互联层、传输层和应用层。因为最下面的网络接口层并没有什么具体内容和定义，这也意味着各物理类型的网络都可以纳入到 TCP/IP 体系中，这也是 TCP/IP 流行的一个原因。但网络不可能脱离物理网络而存在，因此为了便于实际分析，我们通常在 TCP/IP 协议体系的基础上结合 OSI 参考模型，将网络分为物理层、数据链路层、网络互联层、传输层和应用层五层协议的体系结构。由于 TCP/IP 对网络接口层并没有什么具体内容和定义，因此 TCP/IP 协议与低层的数据链路层和物理层无关，这也是 TCP/IP 的重要特点。图 11-5 表明了计算机网络的三种体系结构以及各层的数据格式。

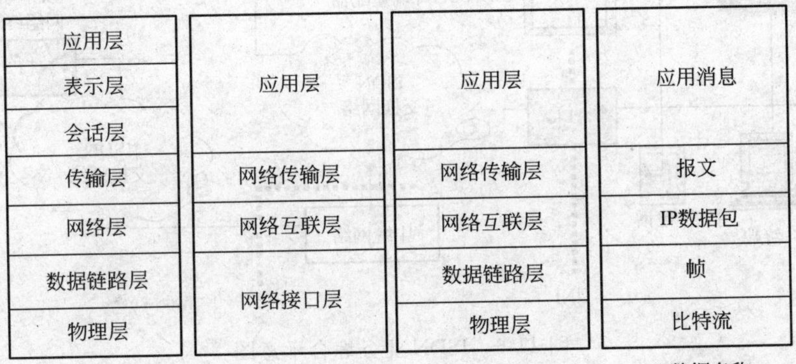

(a) OST	(b) TCP/IP	(c) 五层协议	(d) 数据名称
应用层 表示层 会话层	应用层	应用层	应用消息
传输层	网络传输层	网络传输层	报文
网络层	网络互联层	网络互联层	IP数据包
数据链路层	网络接口层	数据链路层	帧
物理层		物理层	比特流

图 11-5　计算机网络三种体系结构

11.4　综合业务数字网

11.4.1　概述

在 11.1 节中已经提到，ISDN 的提出最早为了综合电信网的多种业务网络。由于传统

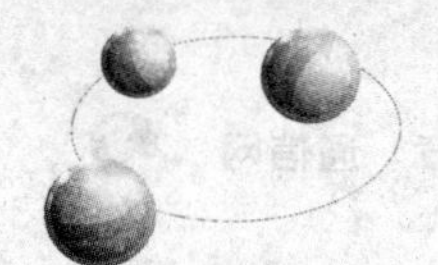

通信网是业务需求推动的，所以各个业务网络如电话网、电报网和数据通信网等各自独立且业务的运营机制各异，这样对网络运营商而言，运营、管理、维护复杂，资源浪费；对用户而言，业务申请手续复杂、使用不便、成本高；同时对整个通信的发展来说，这种异构体系对未来发展适应性极差。于是将话音、数据、图像等各种业务综合在统一的网络内成为一种必然，这就是综合业务数字网产生的背景。

按照原 CCITT 的定义，ISDN 是以提供了端到端的数字连接的综合数字电话网 IDN 为基础发展起来的通信网，用以支持电话及非话的多种业务；用户通过一组有限的标准用户网络接口接入 ISDN 网内。

由于综合业务数字网是全数字化的电路，因此它能够提供稳定的数据服务和连接速度，不像模拟线路那样对干扰比较明显。在数字线路上更容易开展更多的模拟线路无法或者比较难保证质量的数字信息业务。

ISDN 有 2 种信道：B 信道和 D 信道。其中 B 信道用于数据和语音信息，D 信道用于信号和控制（也能用于数据）。

11.4.2 ISDN 概念模型

（1）ISDN 的业务综合

ISDN 概念中的业务综合的核心是从用户端出发，建立了一套标准的用户和网络接口协议体系（User-Network Interface，UNI）。同时给出了各 ISDN 网络间互联的 UNI 接口。这样，非常简单地统一了开发标准，提供了一个厂商间开放的竞争环境，如图 11-6 所示。

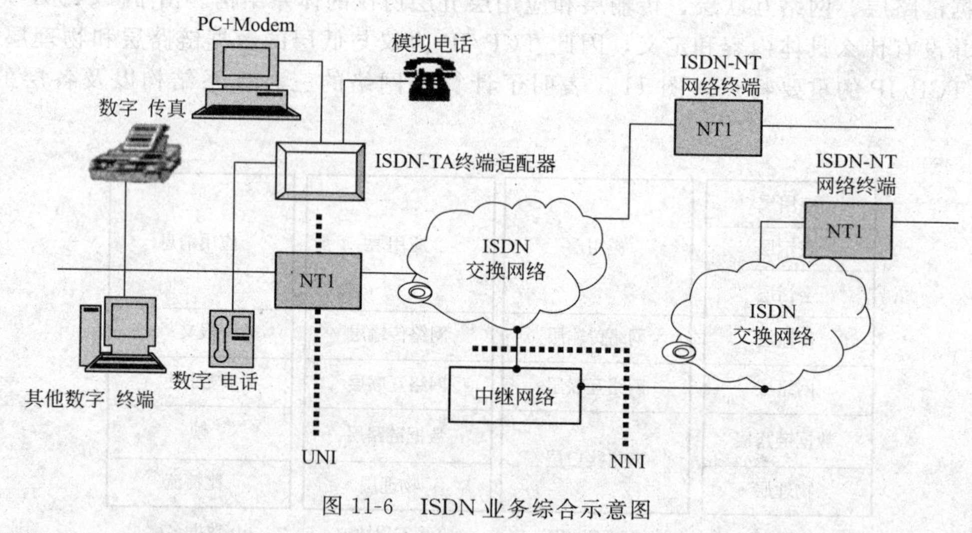

图 11-6　ISDN 业务综合示意图

（2）ISDN 的承载业务类型

在 ISDN 概念模型中，各种业务类型按照业务的数据率分为两级。

基本速率接口（Basic Rate Interface，BRI），通常称为 2B+D，该速率由两个承载信道（即 2B，指代两个传输通道）和一个数据控制信道（即 D，指代一个数据通道）构成，如图 11-7 所示，其中 B 为标准 PCM 速率 64Kbps，D 为 16Kbps。该速率适用于家用或小型企业需要。

基群速率接口（Primary Rate Interface，PRI），该速率支持 T1（23B+D：1.544Mbps）和 E1（30B+D：2.048Mbps），适用于大容量用户或集团用户，其中 T1 主要适用于日本和北

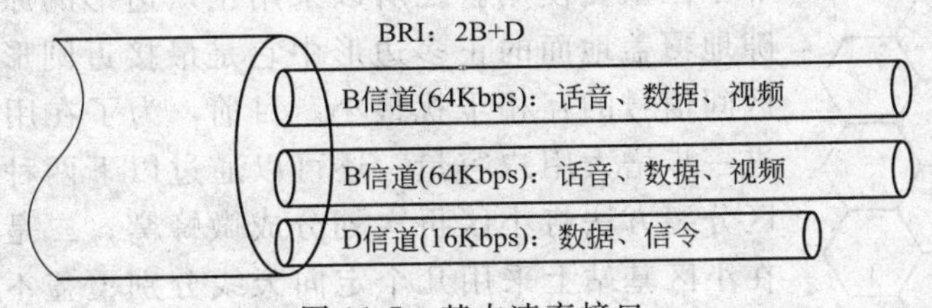

图 11-7 基本速率接口

美地区，E1 适用于欧洲和中国等地区。其中 B 和 D 均为 64Kbps。

11.4.3 ISDN 协议模型

参照 OSI 参考模型，ISDN 分为四层，如图 11-8 所示。

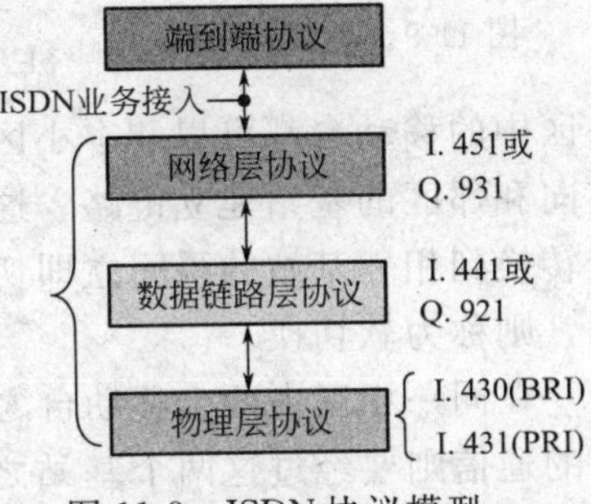

图 11-8 ISDN 协议模型

第一层：物理层，规定了 ISDN 各种设备的电气机械特性，及物理电气信号标准；

第二层：数据链路层，完成物理连接间的数据成帧/解帧及相应的纠错等功能，向上层提供一条无差错的通信链路；

第三层：网络层，进行路由选择、数据交换等，负责把端到端的消息正确地传递到对端。

第四层描述进程间通信、与应用无关的用户服务及其相关接口和各种应用，这部分协议不在 ISDN 规定之内，由相关应用决定。

11.5 移动通信网

11.5.1 蜂窝网概述

在 1.2 节中已经提到，根据传送信息的媒介不同，通信可分为有线通信和无线通信，有线通信是利用导线（如电缆、光缆等）来传递信息，无线通信是利用电磁波信号可以在自由空间中传播的特性进行信息交换的一种通信方式，无线通信在使用中又分为两种：一种是固定点与固定点进行通信的固定无线电通信，另外一种是固定点与移动体或移动体与移动体之间进行联系的移动无线通信，简称移动通信。移动通信是近些年发展最快、应用最广的通信技术。

按照组网方式区分，移动通信有专线、广播网、集群网、蜂窝网（cellular network）等。本节主要介绍目前广泛应用的蜂窝电话网。

无线通信需要无线频率资源。无线频率资源和矿藏、森林、土地、河流等其他自然资源一样，属于有限资源。长期以来频率资源就成为建立无线公共电话网的瓶颈。蜂窝网的体制就是企图在不同地区重复使用相同频率解决这个问题。这是因为，在微波频段附近，电磁波仅在视距范围内传播。因此，在相距较远的两个地区可以重复使用同一频率工作而互相不干扰。这样就能增大系统可以使用的频率数量。为此，将地面按正六边形划分成蜂窝状，将每个正六边形称为一个小区（cell），小区的半径 r 一般在 10 公里至 30 多公里。在一个小区内使用的频率经过一定距离后在另一小区可以重复使用，如图 11-9 所示。图中频率不得在相

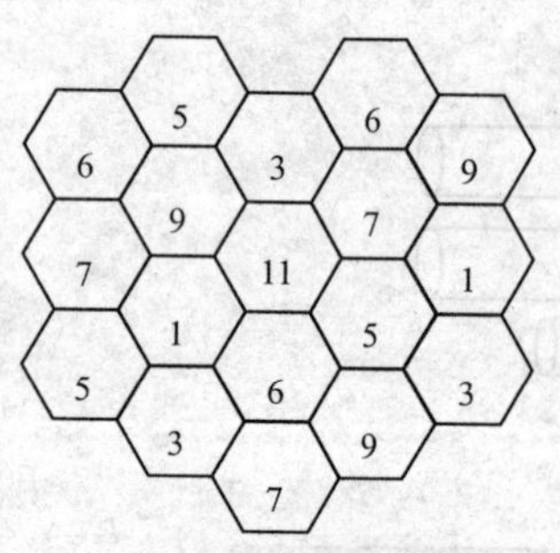

图 11-9 蜂窝网结构

邻小区重复使用。之所以采用正六边形的原因是，在能够无缝隙地覆盖地面的正多边形中它是最接近圆形的一个，从而使小区间信号的互相干扰最小。目前，为了在用户非常密集的地区进一步增大用户容量，还可以通过以下两种方法：一是采用小区分裂方法将小区再次划分成微蜂窝；二是采用扇区方法，即在小区基站上采用几个定向天线分别覆盖不同方向，形成几个扇区。

蜂窝网在每个小区的中心建立一个固定无线电台，称为基站（base station）。车载电台或手（持）台称为移动台。在一个小区中的移动台都可以和本小区的基站直接建立无线链路。在移动台运动到相邻小区时，即转向和邻区的基站建立链路。这一过程称为越区“切换”。若切换是瞬间完成的，即移动台在转换到相邻基站的瞬间立即切断和原基站的联系，则称为硬切换；若切换过程是缓慢过渡的，则称为软切换。

在同一小区内两个移动台之间的通信必须经过基站的转接。在不同小区的两个移动台之间的通信则要经过这两个基站之间的转接。信号在基站之间的转接是由移动交换中心进行的。移动交换中心和各基站之间还有线链路相连，以便转接移动台和有线电话用户通话的信号。移动台在不同移动交换中心之间的运动则称为漫游。

早期的蜂窝网采用模拟调制体制，称为第一代蜂窝网，1991 年诞生了第二代蜂窝网，并采用数字调制体制，其中，数字调制有 GSM 和 CDMA 两种体制。为了进一步提高蜂窝网的性能和解决全球漫游问题，2000 年第三代蜂窝网诞生。本节简要介绍 GSM 移动通信网和第三代移动通信网。

11.5.2 GSM（2G）移动通信网

GSM 是于 1990 年由欧洲电信标准协会（ETSI）制定的蜂窝网标准。GSM 的工作频段有两个，即 900MHz 频段和 1800MHz（1800 MHz 的 GSM 系统又称为 DCS1800 系统），每个信道占用 200MHz 频带宽度。

在 900MHz 频段，它共有 174 个双向信道；上行（自移动台向基站发送）信道占用 880MHz～915MHz 频段，下行（自基站向移动台发送）信道占用 925MHz～960MHz 频段。在 1800MHz 频段，它共有 374 个双向信道；上行信道占用 1710MHz～1785MHz 频段，下行信道占用 1805MHz～1880MHz 频段。

GSM 系统由若干个功能实体构成，每个实体完成特定的功能。其结构框图如图 11-10 所示。

在图 11-10 中，NSS（Network Switching Subsystem，网络交换子系统）的主要作用是完成交换功能和用户数据与移动性管理、安全性管理所需的数据库功能。NSS 由如下一系列功能实体所构成：MSC（Mobile Switching Center，移动交换中心）、VLR（Visitor Location Register，访问位置寄存器）、HLR（Home Location Register，归属位置寄存器）、AUC（Authentication Center，鉴权中心）和 EIR（Equipment Identification Register，设备识别寄存器），其中，MSC 是蜂窝网的核心。

BSS（Base Station Subsystem，基站子系统）是指在一定的无线覆盖区中由 MSC 控制，与 MS（Mobile Station，移动台）进行通信的系统设备，完成信道的分配、用户的接入和寻呼、信息的传送等功能。基站子系统可分为 BSC（Base Station Controller，基站控制器）

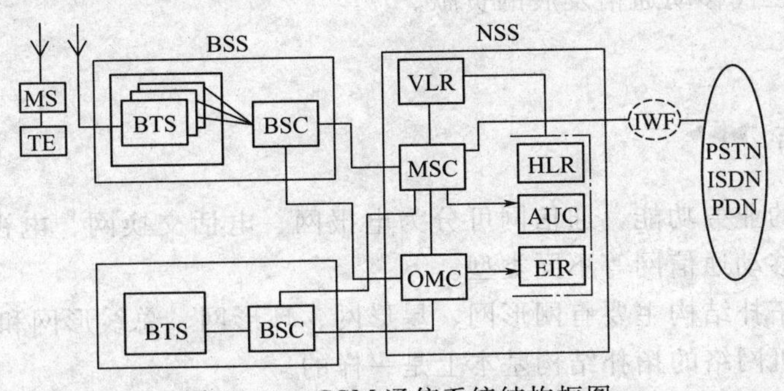

图 11-10　GSM 通信系统结构框图

和 BTS（Base Transceiver Station，基站收发信机）。BTS 包括无线传输所需的各种硬件和软件，如发射机、接收机、天线、接口电路及检测和控制装置；BSC 是 BTS 与 MSC 之间的连接点，为 BTS 与 MSC 之间交换信息提供接口，BSC 主要功能是进行无线信道管理，实施呼叫和通信链路的建立及拆除，并为本控制区内移动台的过区切换进行控制。

MS 由用户设备构成，用户使用这些设备可接入蜂窝网中，得到所需要的通信服务。移动台主要有车载台、便携台和手持机三种形式。

11.5.3　第三代（3G）移动通信网

第三代移动通信技术（3rd Generation，3G）是指将无线通信与国际互联网等多媒体通信结合的新一代移动通信系统。它能够处理图像、语音、视频流等多种媒体形式，提供包括网页浏览、电话会议、电子商务等多种信息服务。第三代通信网络的主要目标定位于实时视频、高速多媒体和移动 Internet 访问业务。

目前，3G 移动通信主要有三种制式，即欧洲提出的 WCDMA（中国联通采用）、美国提出的 CDMA2000（中国电信采用）和中国提出的 TD-SCDMA（中国移动采用）三种制式。它们的共同特点是都采用了码分多址（CDMA）技术。

WCDMA 全名是 Wideband CDMA，中文译名为“宽带码分多址”，它可支持 384Kbps 到 2Mbps 不等的数据传输速率，在高速移动的状态，可提供 384Kbps 的传输速率，在低速或是室内环境下，则可提供高达 2Mbps 的传输速率。而 GSM 系统目前只能传送 9.6Kbps，固定线路 Modem 也只是 56Kbps 的速率，由此可见 WCDMA 是无线的宽带通信。在这些传输通道中，它还可以提供电路交换和分组交换的服务，因此，消费者可以同时利用交换方式接听电话，然后以分组交换方式访问因特网。

CDMA2000 是由美国高通北美公司为主导提出，摩托罗拉、Lucent 和韩国三星参与，韩国现在成为该标准的主导者。这套系统是从窄频 CDMAOne 数字标准衍生出来的，可以从原有的 CDMAOne 结构直接升级到 3G，建设成本低廉。

TD-SCDMA 是由中国大陆独自制订的 3G 标准，1999 年 6 月 29 日，中国原邮电部电信科学技术研究院（大唐电信）向 ITU 提出的，在频谱利用率、对业务支持、频率灵活性及成本等方面具有独特优势。另外，由于国内庞大的市场，该标准受到各大主要电信设备厂商的重视，全球一半以上的设备厂商都宣布可以支持 TD-SCDMA 标准。

TD-SCDMA 的中文含义为时分同步码分多址接入，该项通信技术也属于一种无线通信的技术标准，它是由中国第一次提出并在此无线传输技术（RTT）的基础上与国际合作，完成了 TD-SCDMA 标准，成为 CDMA TDD 标准的一员，这是中国移动通信界的一次创举，也是中国对第三代移动通信发展的贡献。

本章小结 ▶▶▶

（1）按照通信的业务功能，通信网可分为电报网、电话交换网、电视网、数据通信网、综合业务数字网和移动通信网等不同类型。

（2）通信网的拓扑结构主要有网形网、星形网、环形网、总线形网和复合形网。通信网的拓扑结构与计算机网络的拓扑结构基本上是一样的。

（3）电话交换技术先后经历了人工交换、步进制交换、纵横制交换、程控交换、IP 交换和软交换等应用阶段，但从交换技术角度归结起来可分为电路交换技术、IP 交换技术、软交换技术三个阶段。

（4）信令系统在电话通信网中起着指挥、联络、协调的作用，以确保整个通信网有条不紊地运转。在数据通信中，我们将终端和交换设备必须遵守的规定称为通信协议，也叫通信规程。

（5）数据通信网的体系结构主要有 OSI 参考模型、TCP/IP 体系结构以及实际网络应用中的五层协议体系结构。

（6）综合业务数字网是一种将话音、数据、图像等各种业务综合在一起的通信网，它有 2 种信道：B 信道和 D 信道。

（7）蜂窝网是解决地面移动通信的主要方法，它包括第一代移动通信系统、第二代移动通信系统和第三代移动通信系统，其中第一代移动通信系统目前已被淘汰，第二代移动通信系统全部采用数字调制，主要有 GSM 和 CDMA 两种制式；第三代移动通信系统主要有 WCDMA、CDMA2000 和 TD-SCDMA 三种制式。

思考题与习题 ▶▶▶

11-1　通信网有哪几种拓扑结构，并比较它们的优缺点。

11-2　制定 OSI 的目的是什么？试述 OSI 参考模型各层的功能。

11-3　简述电话交换网中的交换技术。

11-4　简述信令的功能。

11-5　画出 OSI 体系结构、TCP/IP 体系结构和五层协议的体系结构。

11-6　简述综合业务数字网中 B 信道和 D 信道的功能。

11-7　在蜂窝网中为什么采用正六边形作为小区？

11-8　阐明 GSM 系统的构成及功能。

11-9　网络交换子系统（NSS）由哪几部分构成？各部分的主要功能是什么？

11-10　基站子系统（BSS）由哪两部分构成？各部分的主要功能是什么？

11-11　简述 3G 移动通信三种主要制式的特点。

第 12 章　MATLAB 系统仿真软件

【本章导读】

- MATLAB 编程语言的特点
- MATLAB 常用指令和函数
- MATLAB 编程仿真的特点和步骤
- Simulink 仿真的特点和步骤

12.1　MATLAB 概述

系统仿真是 20 世纪 40 年代末以来伴随着计算机技术的发展而逐步形成的一门新兴学科。仿真（Simulation）就是通过建立实际系统模型并利用所见模型对实际系统进行实验研究的过程。最初，仿真技术主要用于航空、航天、原子反应堆等价格昂贵、周期长、危险性大、实际系统试验难以实现的少数领域，后来逐步发展到电力、石油、化工、冶金、机械等一些主要工业部门，并进一步扩大到社会系统、经济系统、交通运输系统、生态系统等一些非工程系统领域。可以说，现代系统仿真技术和综合性仿真系统已经成为任何复杂系统，特别是高技术产业不可缺少的分析、研究、设计、评价、决策和训练的重要手段，其应用范围在不断扩大，应用效益也日益显著。通过仿真，参与者的创造性、想象力可以在仿真平台上尽情发挥与展现。每个仿真模型建立的过程，从构思、建设到调试通过，直至最后得出结果，都是一次对专业知识、数理基础和计算机知识的复习、巩固、完善与提高。可以毫不夸张地说，建模、仿真能力对年轻一代通信技术人才已经不是特长，而是基本的技能和交流工具。因此，学习掌握 MATLAB 软件工具，在某种意义上说是在科学计算、工程设计和工具应用上与国际接轨。

MATLAB 是 MATrix LABoratory（矩阵实验室）的缩写，是一款由美国 The MathWorks 公司出品的商业数学软件，与 Maple、MathCAD 和 Mathematica 并称当今科技和工程界著名的“四大数学软件”。MATLAB 是一种用于算法开发、数据可视化、数据分析以及数值计算的高级语言和交互式环境。除了矩阵运算、绘制函数/数据图像等常用功能外，MATLAB 还可以用来创建用户界面及调用其他语言编写的程序。

尽管 MATLAB 主要用于数值运算，但利用为数众多的附加工具箱（Toolbox），它也适合不同领域的应用，例如控制系统设计与分析、图像处理、信号处理与通讯、金融建模和分析等。另外还有一个配套软件包 Simulink，提供了一个可视化开发环境，常用于系统模拟、动态/嵌入式系统开发等方面。

12.2　MATLAB 的操作界面

MATLAB 可以安装在 Windows、UNIX 及 Mac OS X 等不同平台，本书以 Windows XP 下的 MATLAB 2010b 为例（在 Windows Vista、Windows 7 等版本下操作类似）。双击

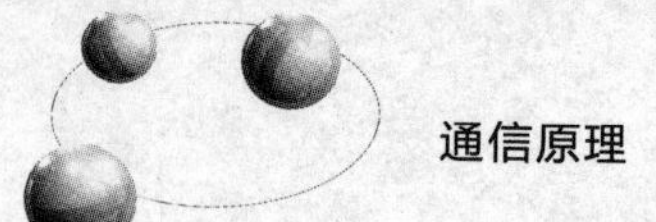

MATLAB 快捷图标，即可进入以下操作界面，如图 12-1 所示。

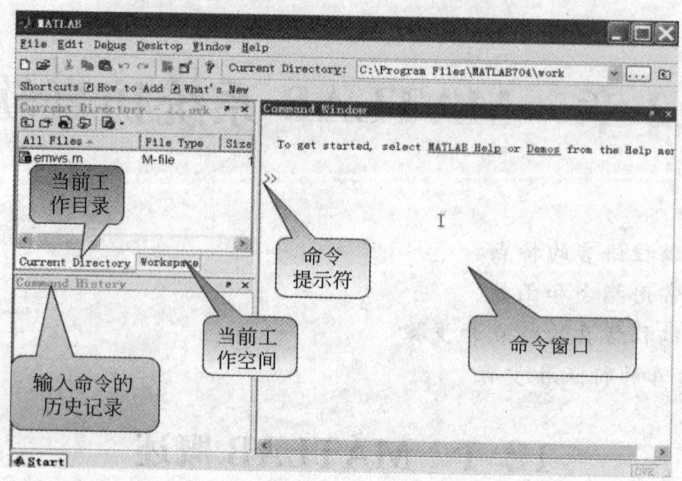

图 12-1　MATLAB 的操作界面

从图 12-1 可以看出，MATLAB 为用户提供了友好的用户界面，其主要包括：菜单栏、工具栏、开始按钮和四个交互性强的工作窗口，让用户可以便捷地进行操作。四个交互性工作窗口的功能如下。

(1) Command Window（命令窗口）

用于输入各种 MATLAB 指令、函数、表达式、变量等，并显示除图形外的所有运算结果。

(2) Command History（历史命令窗口）

用于记录命令窗口中已经运行过的指令、函数。

(3) Workspace（工作空间窗口）

用于显示变量名字（Name）、维数（Size）、字节数（Bytes）和类型（Class）。

(4) Current Directory（当前目录窗口）

用于显示 MATLAB 当前工作目录的名称及所包含的文件。

12.3　MATLAB 语言编程

MATLAB 语言是演算纸式（便签式）的科学工程计算语言，MATLAB 的语法非常贴近人的思维方式，用 MATLAB 语言编写程序，与人进行科学计算的思路和笔算时表达方式完全一样，犹如在一张演算纸上排列书写公式，运算、求解问题十分方便。因此，MATLAB 语言易写易读，易于在科技人员之间交流。下面简要介绍 MATLAB 语言特点。

(1) 变量赋值

在 MATLAB 中，变量的赋值主要有以下几种形式。

标量的赋值方式　a=8

矢量的赋值方式　a=[1 2 3 4 5]，a=1：2：3：4：5

矩阵的赋值方式　A=[1 2 3；4 5 6；7 8 9]，该矩的结果相当于

$$A=\begin{bmatrix}1 & 2 & 3\\4 & 5 & 6\\7 & 8 & 9\end{bmatrix}$$

(2) 常用函数

常用函数包括：三角函数、指数函数、复数函数和数据分析函数。

三角函数包括正弦函数 sin、余弦函数 cos、正切函数 tan 和反正切函数 atan 等；指数函数包括 e 的指数 exp、自然对数 log、常用对数 log10、平方根 sqrt 等；复数函数包括求模 abs、角度 angle、共轭 conj、实部 real 及虚部 imag 等；数据分析函数包括求最大值函数 max、最小值函数 min、均值函数 mean、标准差函数 std、升序排序函数 sort、求和函数 sum 等。

(3) 绘图指令

MATLAB 提供丰富的绘图功能，下面作简要介绍。

① 绘图函数 plot　三维绘图函数的格式为：plot（x，y，s)，其中，x 为横轴变量，y 为纵轴变量，s 表示绘图的颜色和绘制方式。

② 命令 hold 和 clf　命令 hold 表示保持的意思，即先前已经绘了一个图，如果使用该命令后再进行绘图的话，两次绘图都将在一个图的坐标系中表现出来。命令 clf 表示清除当前的图形窗口，但是它不会改变 hold 的状态。

③ 命令 grid 和 axis　命令 grid on 表示给图形窗口打上网格线，而命令 grid off 表示取消图形窗口中的网格线；命令 axis 表示给图形窗口设定 x 轴和 y 轴的坐标范围，格式如下。

axis（[xmin，xmax，ymin，ymax])

④ 命令 xlable、ylable 和 title　命令 xlable（str）表示给 x 轴上加上一个以字符串 str 为内容的标签；命令 ylable（str）表示给 y 轴上加上一个以字符串 str 为内容的标签；命令 title（str）表示给整个图形加上一个以字符串 str 为内容的标题。

⑤ 命令 figure 和 close　命令 figure 表示在同一个程序中可以打开多个图形窗体。figure（n）表示把第 n 个图形窗体作为当前图形窗体。命令 close 表示关闭程序中的图形窗体。close（n）表示关闭第 n 个图形窗体。

⑥ 命令 subplot　命令 subplot 表示在同一个图形窗体中创建一个子图。

12.4 MATLAB 仿真方式

MATLAB 主要使用两种仿真方式，一种是通过编制 M 脚本文件进行仿真，另一种是通过 Simulink 进行仿真。下面只作简单介绍。

12.4.1 MATLAB 编程仿真

MATLAB 是解释语言，输入一行语句回车，就立即得出结果。如果要实现比较复杂的功能，单靠一条一条地在命令窗口中输入指令执行效率是很低的。如何解决这个问题呢？为此 MATLAB 提供了扩展名为“.m”的文本文件，在文件中事先写入一行行的 MATLAB 命令，只要以“.m”为扩展名保存，即可在 MATLAB 中调用运行。M 文件有两种形式，一种是脚本文件，另一种是函数文件。采用 M 脚本文件进行仿真的步骤如下。

(1) 建立数学模型

根据仿真系统分析的结果，确定系统中的参数、变量及其相互之间的关系，并以数学形式将这些关系描述出来，从而构成仿真系统的数学模型。数学建模是系统仿真中最关键的一步。电子与通信系统的数学模型通常以方框图形式或数学方程形式来表达。

(2) 编制 M 脚本文件

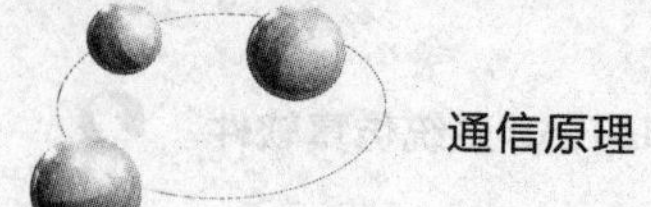

选择 MATLAB 菜单栏的“File”项中的“New”（或选择工具栏的“New”）即可新建一个 M 脚本文件，然后按照要求编写程序。

（3）保存文件，运行仿真，观察结果

M 脚本文件保存时，扩展名为“. m”。然后点击运行（Run）按钮即可得到仿真数据或波形。

12.4.2 Simulink 仿真

Simulink 仿真工具包是 MATLAB 的一个附加组件，是一个用来对动态系统进行建模、仿真和分析的面向框图的仿真软件，它支持连续、离散及二者混合的线性和非线性系统，也支持具有多种采样频率的系统。Simulink 提供建立系统模型、选择仿真参数和数值算法、启动仿真程序对该系统进行仿真、设置不同的输出方式来观察仿真结果等功能。采用 Simulink 进行仿真的步骤如下。

（1）画出系统的框图

系统框图是数学模型的另一种表现形式，分析方法与 MATLAB 编程仿真中的方法相同。

（2）启动 Simulink，搭建系统仿真模型

按照系统框图要求，从 Simulink 库中选取相应模块进行搭建。

（3）设置、调整参数

按照系统要求，对系统中各模块的参数进行设置、调整。

（4）保存文件，运行仿真，观察结果

模型文件保存时，扩展名为“. mdl”。然后点击开始仿真（Start simulation），双击相关显示模块（示波器、频谱仪等），即可得到相应的波形或频谱图。

需要注意的是，MATLAB 编程仿真是一种基于数据流的仿真。所谓基于数据流的仿真，是指在数值计算的一个阶段完成之后，所得出的数据才进入下一个阶段的数值计算中。也就是说，只有当处于信号流上游的部分数据仿真得出以后，才能将数据送入其后的部分；而 Simulink 仿真是一种基于时间流的仿真。也就是说，仿真时间每前进一步，各个模块的状态也都前进一步。

基于数据流的 MATLAB 编程仿真和基于时间流的 Simulink 仿真各有所长，总的来说，基于数据流的仿真可以比较灵活的进行控制仿真，但这种方法不直观，用户不了解系统的体系构成，对于复杂系统的仿真对编程水平有较高的要求。基于时间流的仿真无需编写程序，系统结构比较直观，且“实时”性较好，但这种方法的不足之处在于人机交互不太理想，因为很多模块都是事先做好的，用户只能设置参数，而不能修改模块中的内容。

12.5 MATLAB 在通信原理中的应用

《通信原理》课程的研究对象是通信系统，传统的教学是搭建一个实际的硬件系统，利用各种仪器仪表进行观测分析，参与者要花费很长的时间、一定量的资金用于系统的构建，而且系统参数调整麻烦，随着通信系统的日益复杂，其弊端尤为明显。而 MATLAB 软件可以很方便地对通信系统进行建模、参数设置，并以直观的方式“实时”将系统模型的仿真结果（如波形、频谱、数据曲线等）显示出来，加深了对通信系统的物理概念和运行过程的直观理解。同时，在系统结构的观测和数据的存储方面也比传统教学有很大优势。下面结合常

规双边带幅度调制分别简述 MATLAB 的两种仿真流程。

12.5.1　MATLAB 编程仿真

（1）建立数学模型

常规双边带幅度调制是用调制信号去控制高频正弦载波的幅度，使其按调制信号的规律变化的过程。其数学模型为：

$$s_{AM}(t)=(m(t)+A_0)*\cos\omega_c t$$

其中：$m(t)$ 为调制信号，A_0 为直流分量，$\cos\omega_c t$ 为载波信号，$s_{AM}(t)$ 为已调波信号。

（2）编制 M 脚本文件

选择 MATLAB 菜单栏的"File"项中的"New"（或选择工具栏的"New".）即可新建一个 M 脚本文件，根据常规双边带幅度调制原理，编写 MATLAB 脚本程序如下（简单起见，假设调制信号为一单频振荡信号，频率为 1Hz，载波为 10Hz 的振荡信号)。

```
dt=0.01;                     %时间采样间隔
T=5;                         %信号时长
N=T/dt;                      %数据长度
t=[0: N-1] *dt;
fm=1;                        %调制信号频率
fc=10;                       %载波中心频率
mt=cos (2*pi*fm*t);          %调制信号
uct=cos (2*pi*fc*t);         %载波信号
A=2;                         %直流分量
mt1=A+mt;
s(t)=mt1.*uct;               %已调波信号
figure (1)
subplot (2, 1, 1);
plot (t, mt);                %绘制调制信号
title (' 调制信号');          %给图加标题
subplot (2, 1, 2);
plot (t, s (t));             %绘制已调波信号
hold on;
title (' 已调波及其包络');
plot (t, mt1,' r--');        %标出上包络
hold on;
plot (t, -mt1,' r--');       %标出下包络
%以上为时域部分，以下为频域部分
y1=fft (mt, N);              %进行 fft 变换
mag1=abs (y1);               %求幅值
y2=fft (s (t), N);
mag2=abs (y2);
figure (2)
```

```
subplot (2, 1, 1);
plot (f, mag1);                    %做频谱图
title (' 调制信号频谱图');
axis ([0, 15, 0, 500]);
f=(0: N-1) *100/N;                 %横坐标频率
grid on;
subplot (2, 1, 2);
plot (f, mag2);                    %做频谱图
title (' 已调波信号频谱图');
axis ([0, 15, 0, 500]);
grid on;
```

(3) 保存文件，运行仿真，观察结果

M 脚本文件保存时，扩展名为“.m”。然后点击运行（Run）按钮即可得到仿真数据或波形，具体波形如图 12-2 和图 12-3 所示，其中图 12-2 为调制信号与已调波信号的波形图，图 12-3 为调制信号与已调波信号的频谱图。

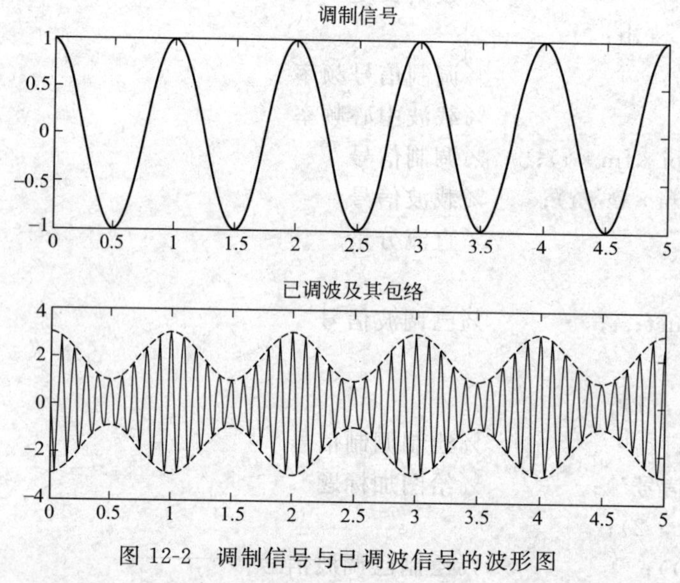

图 12-2　调制信号与已调波信号的波形图

12.5.2 MATLAB 编程仿真

(1) 画出系统的框图

将所要仿真的系统根据功能划分成一个个小的模块，然后用一个个小的模块来搭建系统框图（图 12-4，图 12-5）。

(2) 启动 Simulink，搭建系统仿真模型

按照系统框图要求，从 Simulink 库中选取相应模块，依次选取信源（调制信号（Base Wave)、载波信号（Carry Wave））、常数（Constant，作为直流分量）、加法器（Sum）、乘法器（Product）、零阶保持器（Zero-Order Hold）、示波器（Scope）、频谱仪（Spectrum Scope）。

(3) 设置、调整参数

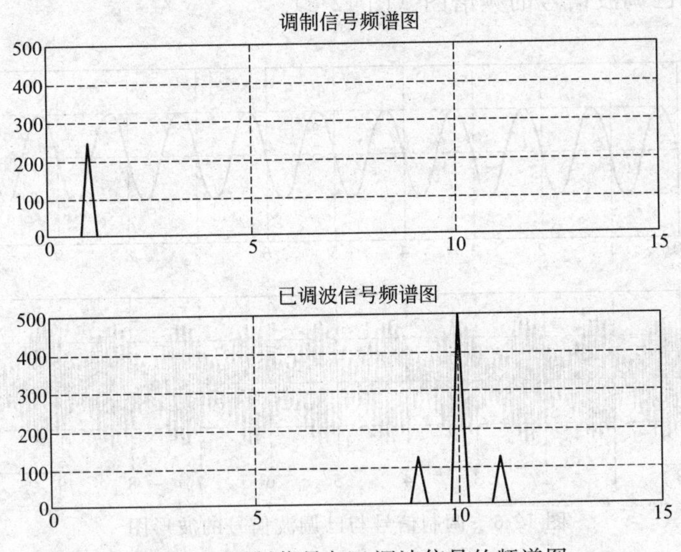

图 12-3　调制信号与已调波信号的频谱图

主要设置信源的幅度（Amplitude）、幅值偏移值（Bias）、频率（Frequency）和采样时间（Sample time）；示波器的通道数（Number of axes）；频谱仪的 Buffer size（缓存长度）、Buffer overlap（缓存交叠）、FFT length（FFT 长度）、Number of spectral averages（谱（计算）平均（点）数）和频率显示范围（Frequency range 或 Spectrum type 与 MATLAB 版本有关），其中，频率显示范围有两个选项［-Fs/2... Fs/2］或［0... Fs/2］，若希望所研究的谱线内容出现在频谱仪显示窗的中间，可选择［0... Fs/2］，此时须将输入信号的采样频率设为期望的频率显示窗最大值的 2 倍。

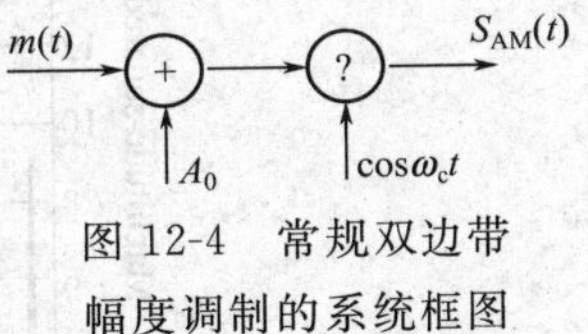

图 12-4　常规双边带幅度调制的系统框图

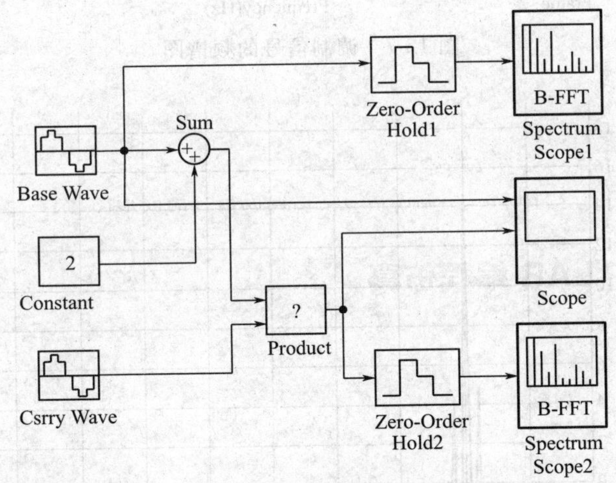

图 12-5　常规双边带幅度调制系统的仿真模型

（4）保存文件，运行仿真，观察结果

模型文件保存时，扩展名为“.mdl”。然后点击开始仿真（Start simulation），双击示波器即可看到调制信号与已调波信号的波形图（图 12-6），双击频谱仪即可看到调制信号频

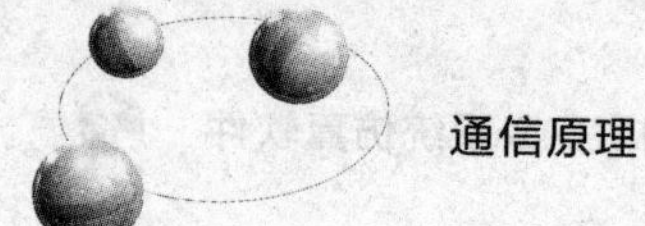

谱图（图 12-7）和已调波信号的频谱图（图 12-8）。

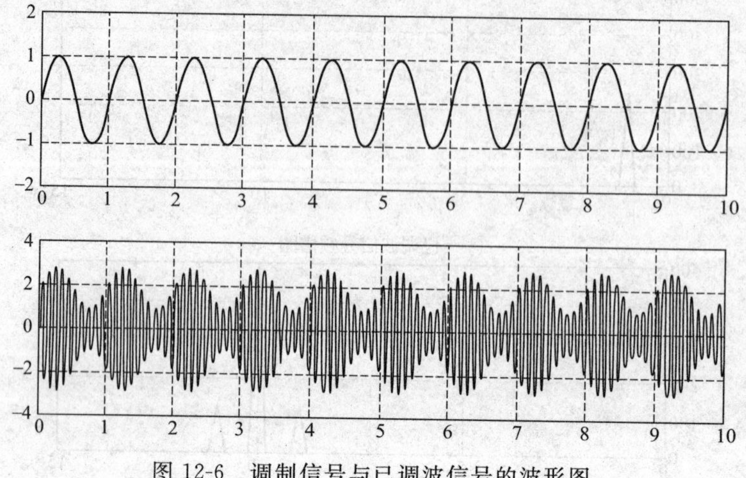

图 12-6 调制信号与已调波信号的波形图

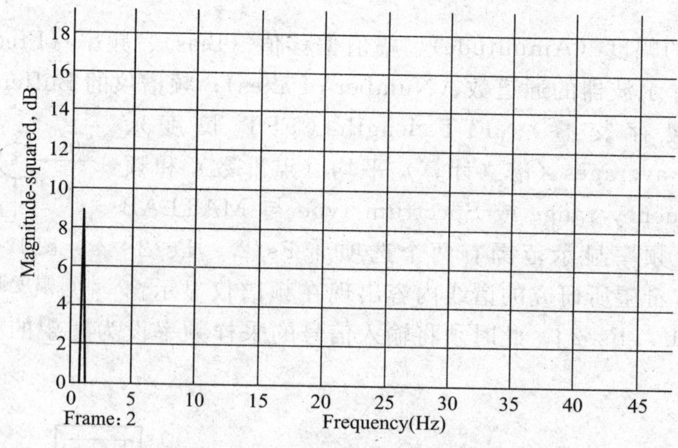

图 12-7 调制信号的频谱图

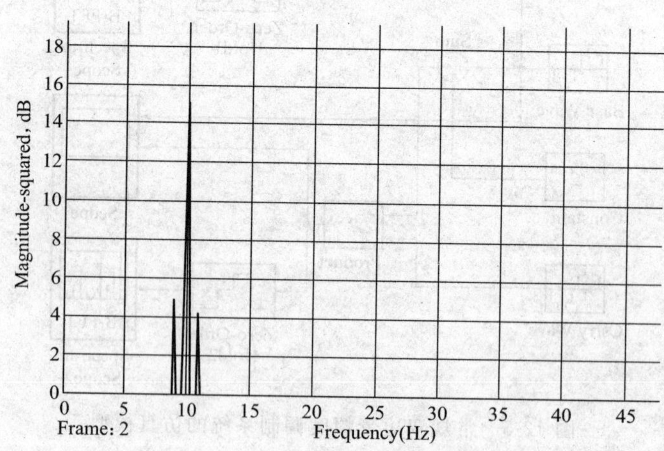

图 12-8 已调波信号的频谱图

从上述仿真范例可以看出，两种仿真方式的结果均与理论分析一致，从时域看，调制信号与已调波信号的包络具有严格的线性关系；从频域看，通过调制，调制信号的频谱被线性搬移到载波频率的两边。

利用 MATLAB 软件对通信系统进行建模、仿真和分析，有助于学生对抽象概念和枯燥理论的理解，激发学生的学习兴趣和创新思维，弥补院校硬件设备投资不足、更新速度慢的软肋；

通信领域很多问题研究的都是系统问题，本文介绍的两种仿真方式对其他通信类课程的教学改革具有借鉴意义。

本章小结

(1) MATLAB 是演算纸式（便签式）的科学工程计算语言，MATLAB 的语法非常贴近人的思维方式，用 MATLAB 语言编写程序，与人进行科学计算的思路和笔算时表达方式完全一样，犹如在一张演算纸上排列书写公式，运算、求解问题十分方便。

(2) MATLAB 主要使用两种仿真方式，一种是通过编制 M 脚本文件进行仿真，另一种是通过 Simulink 进行仿真。

(3) 基于数据流的仿真比较灵活，但不直观，用户不了解系统的体系构成，对于复杂系统的仿真对编程水平有较高的要求；基于时间流的仿真无需编程，系统结构比较直观，但人机交互不理想，用户只能设置模块参数，而不能修改模块中的内容。

(4) 由于“通信原理”课程的研究对象是通信系统，因此，在课程教学中引入 MATLAB 软件可以很方便地对通信系统进行建模、参数设置，并以直观的方式“实时”将系统模型的仿真结果（如波形、频谱、数据曲线等）显示出来，既加深了对通信系统的物理概念和运行过程的直观理解。同时，在系统结构的观测和数据的存储方面也有明显优势。

思考题与习题

12-1 简述 MATLAB 编程语言的特点。

12-2 简述 MATLAB 编程仿真的步骤。

12-3 简述 Simulink 仿真的步骤。

12-4 比较 MATLAB 编程仿真和 Simulink 仿真的特点。

参 考 文 献

[1] 樊昌信，曹丽娜．通信原理．北京：国防工业出版社，2011.

[2] 曹志刚，钱亚生．现代通信原理．北京：清华大学出版社，2004.

[3] 冯玉珉，郭宇春．通信系统原理．北京：清华大学出版社，北京交通大学出版社，2012.

[4] 李斯伟．数字通信系统原理．北京：人民邮电出版社，2012.

[5] 黄小虎．现代通信原理．北京：北京理工大学出版社，2012.

[6] 强世锦，荣健．数字通信原理．北京：清华大学出版社，2012.

[7] 徐文燕．通信原理．北京：北京邮电大学出版社，2009.

[8] 沈瑞琴．通信原理．北京：中国铁道出版社，2011.

[9] 朱志良．通信概论．北京：高等教育出版社，2008.

[10] 张玉平．通信原理与技术．北京：化学工业出版社，2013.

[11] 强世锦，荣健．数字通信原理．北京：清华大学出版社，2012.

[12] 徐明远，邵玉斌．MATLAB仿真在通信与电子工程中的应用（第二版）．西安：西安电子科技大学出版社，2010.

[13] 孙青华．现代通信技术．北京：人民邮电出版社，2009.

[14] 刘树棠（译）．信号与系统（第二版）．西安：西安交通大学出版社，2011.

[15] 赵新颖．信号处理技术．郑州：河南科学技术出版社，2009.

[16] 陶亚雄．现代通信原理．北京：电子工业出版社，2003.

[17] 王兴亮．通信系统原理教程．西安：西安电子科技大学出版社，2007.

[18] 黄载禄等．通信原理．北京：科学出版社，2005.

[19] 王福昌．通信原理学习指导与题解．北京：清华大学出版社，2002.

[20] 孙学军．通信原理．北京：电子工业出版社，2001.

[21] 杨心强．数据通信与计算机网络．北京：电子工业出版社，1998.